马千 译

CHAMPAGNE

寻找

香槟

THE ESSENTIAL GUIDE TO THE WINES, PRODUCERS,
AND TERROIRS OF THE ICONIC REGION

〔美〕彼得·林 著

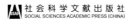

社会科学文献出版社
SOCIAL SCIENCES ACADEMIC PRESS (CHINA)

中文版序

过去 20 年间，香槟已经发生了显著变化，香槟的演变是葡萄酒世界中最激动人心的故事之一。同时，中国人对香槟及优质葡萄酒的需求大增。纵使中国香槟进口增速仍逊于其他葡萄酒，但 2018 年香槟的消费规模还是创下了纪录。据 CIVC（香槟管理组织）的报告，超过 200 万瓶香槟进入了中国内地，还有 200 万瓶在中国香港。考虑到 1999 年中国进口香槟仅有区区 20000 瓶，所以这可以说是翻天覆地的增长，未来中国对香槟的赏鉴和消费能力无疑还会持续增长。

在世界许多地方，香槟与节庆联系在一起，在中国文化中这可能是白酒（或其他酒类）的传统功能。然而，和其他优质葡萄酒一样，香槟与美食可谓相得益彰，由于中国烹饪文化的博大精深，香槟的搭配尚有许多可以探索的空间。尽管香槟的气泡及高酸度使它算不上中国美食的传统伴侣，但我相信，二者的"琴瑟相合"具有巨大潜力。香槟常常作为奢侈、华贵的象征而名声在外，然而，它并非总局限于特殊甚或精致的场合。其实，香槟非凡的多面性使它既能列席豪华宴会，又能佐餐家常饺子。香槟多样的风格确保了其丰富的搭配：白中白香槟配蒸鱼，桃红香槟配烤鸭，抑或丰熟的年份香槟配小笼包，总有一种香槟风格能与浩如烟海的中国美食匹配，唯一例外的是辛辣食品。

香槟区和香槟区的葡萄酒都在发展之中，随着世界各地对香槟品鉴能力的提高，葡萄酒的老主顾对它也有了更多的领悟。我很高兴能够呈献此书的中文版，其中还包括金特尔与海尔斯*的绝妙照片以及路易·拉玛的香槟地图。对本书的付梓，我对社会科学文献出版社和我的中文编辑王雪、杨轩女士，以及译者马千先生深表谢意，希望本书能有助于打开错综复杂的香槟世界。

彼得·林

2019 年 8 月

---

* 来自美国纽约的摄影师二人组合，成员包括安德烈亚·金特尔（Andrea Gentl）和马丁·海尔斯（Martin Hyers）。——译注

中文译序

香槟区作为曾经的香槟伯爵领地和古老的行省，在法国历史上留下了浓墨重彩的印记。中世纪时，香槟区位于意大利与佛兰德斯、德意志与西班牙两条商路的交汇之处，曾为欧洲重要的国际贸易区，香槟集市（Foires de Champagne）一度誉满天下，甚至金衡制也因香槟伯国首府特鲁瓦（Troyes）而得名。香槟伯爵中亦不乏名人。例如，亨利二世便在第三次十字军东征中大放异彩，最终成了耶路撒冷国王（1192—1197 年在位）。香槟区的另一名城兰斯（Reims）传统上则为法国国王加冕之地，共有 25 位国王于兰斯主教座堂（Notre-Dame de Reims）涂油登基……当然，如今提到香槟区，国人首先想起的恐怕并非其辉煌的历史，而是当地的起泡葡萄酒。世界各地起泡葡萄酒种类繁多，但根据法国法律，唯有在法国香槟产区，选用指定葡萄品种，根据指定的生产方法酿造的起泡酒，才有资格冠以"香槟"之名——法国人对这一品牌的珍视可见一斑。香槟为何独特？香槟于何时何地诞生？香槟的品种、风格如何归类？风土对香槟有着怎样的影响？如何挑选一支称心如意的香槟？针对困扰国内爱好者的难题，相信彼得·林的《寻找香槟》一书，会带给读者一份满意的答卷。

彼得·林，著名美国华裔葡萄酒专家、香槟指南网创始人，与其他许多职业鉴酒师不同，他离开繁华都市纽约，长年居住在香槟区的乡间。本书凝聚了十余年间彼得·林与香槟区的酒农、酒商乃至酿酒师交流、实践的心得，可谓第一手资料，弥足珍贵。同时，作为来自大洋彼岸的"外人"，他往往能跳出法国本土鉴酒师的窠臼，提供更为客观、中立的视角与见解。值得一提的是，在一次媒体访谈中，彼得·林曾提到自己在家最偏爱的饮食依然为东方的中餐及日本料理——这或许能打消某些读者"香槟难与本土美食搭配"的疑虑。"定居法国香槟区的美籍华裔专业鉴酒师"，独特的三重身份也赋予本书以某种高屋建瓴的架构。

《寻找香槟》一书可谓雅俗共赏。对几乎零起点的读者而言，能通过本书了解香槟的历史，香槟制作的工艺步骤，能够直面香槟区复杂迷人的风土并结识一批极具个性的酒农；而对于香槟爱好者来说，本书不啻一本香槟精品指南，随书附送的极为详尽的香槟区《拉玛地图》，几乎标出了每座知名葡园，而全书第三部分则是香槟区全部知名酒农、酒商的介绍——倘若读者能前往法国香槟区，按图索骥，想必定会收获颇丰。

彼得·林拥有自己的香槟哲学。在他看来，一款优秀的香槟必须要能够承载当地的风土特色，能够让人通过感官领悟其原产地的精髓。他甚至举例说，两座相隔仅500米的葡园，酿造的香槟便已截然不同。因此，他在书中毫不掩饰自己对单一村、单一园香槟的偏爱。而传统香槟大多采用混酿的方式，以多个来源、不同品种甚至不同年份的葡萄为素材，有些类似于调配香水。在每个重要产区的文末，彼得·林所推荐的皆为单一村、单一园香槟，正是基于以上哲学——但这并不意味着传统多产地混酿香槟乏善可陈，敬请读者留意。

本书涉及的时空范围较广，书中出现了大量人名、地名和术语，且多为法语，可谓翻译的难点。译者在力所能及范围，对各专有名词进行了考证，尽可能按照我国葡萄酒业内约定俗成的译名及《世界地名大词典》《世界人名大词典》等工具书的规范进行翻译。专有名词第一次出现时在括号中附上原文拼写，以方便读者查询。原书中相关历史背景和某些香槟知识，国内读者可能颇为陌生，对此译者尽量在译注中做了介绍。

译者不自量力翻译专业香槟著作，译文、注释难免有谬误、欠妥之处，还望读者不吝指正。

马　千

2019 年 6 月

目　录

序 言

作为一名年轻的酒业从业者，我理所当然地享受着香槟，不过，第一种真正意义上改变我对香槟认识的奇妙之作却是 1979 年款沙龙香槟 [1]（Salon）。1996 年，我在自己工作的旧金山酒庄品尝到了它：当年售价 99 美元，以当时标准看相当昂贵，不过与今天它的天价相比，仍相去甚远。

大多数香槟是混合酒，以多种成分共同塑造整体风味，提供一种复调式效果。与之相反，沙龙酒仅来自一座村庄 [2]——奥热尔河畔勒梅尼勒（Le Mesnil-sur-Oger），口感明显更加纯粹且不失完满。一品尝到它，我立即意识到它与我之前喝过的香槟迥然不同，充满了疑问："勒梅尼勒在哪儿？为何它的酒口感如此？所有勒梅尼勒香槟都是这样吗？或许更重要的问题是，如果沙龙代表着勒梅尼勒，来自其他村庄的香槟风味又如何呢？"

当时，大部分关于香槟的讨论集中在品牌风格上：巴黎之花（Perrier-Jouët）和泰廷爵（Taittinger）生产相对精致细腻的酒，而库克（Krug）与堡林爵（Bollinger）则更加馥郁，等等。时至今日，这依然有意义，它是许多人一直以来了解香槟的方式。然而，另一种理解香槟的方法是审视它的土地本身。最好的香槟能充分体现其葡萄园的"血统"，风土（terroir，即葡萄酒反映出其产地的特质）的观念对香槟酒与对其他葡萄酒同等重要。

可是，要体会某地区的风土条件，你需要对这片土地相当熟悉。作为酒业从业者，我幸运地拥有很多与世界顶级佳酿一亲芳泽的机会，正是前往香槟区及其他产酒地区的旅行构成了我品酒经验与训练的核心。在学习酒类知识过程中，旅行的作用无可替代，我认为，除非你目睹葡萄果实生长的地方并检视制造它的酒窖，否则不可能完全了解葡萄酒。自我初次邂逅沙龙香槟的第二年起，我便开始每年造访香槟区，拜访酿酒商，徜徉于葡萄园，品尝美酒。此后 10 年，我每年多次前往香槟区，每次逗留一两周，但这仍无法令我满足——香槟区吸引我之处在于，它是个日新月异的产酒区，而其酿酒者与这片土地密不可分。我想要亲自见证这番变化，并获得对香槟区及其葡萄酒更深入、更直接的看法。我想以若身在其外便不可能做到的方式去把握香槟区。

2004 年，我成为纽约《葡萄酒与烈酒》（Wine & Spirits）杂志的鉴酒师，从而给了我更加全面地探寻香槟的机会。几年后，我决定离开纽约，移居香槟区，成为世界上唯一定居于此的全职鉴酒师。我以迪济（Dizy）为家，它是埃佩尔奈（Épernay）城外一座拥有大约 1000 人口的村庄。香槟人对我的出现的反应，有羡慕，也有困惑。许多人对我的加入印象深刻，而其他人则对我放弃纽约的繁华雅致来到法国的穷乡僻壤（它并非多数人想象的那种田园牧歌般的生活）感到诧异。亚裔身份自然更让我引人注目，甚至在同一座村庄、同样的人群、同样的房子中生活多年后，每当我行驶在街道上时，依然会让邻居们驻足凝望。

2009 年，我开始撰写、运营香槟指南网（ChampagneGuide.net），这是关于香槟区、当地酿酒者和葡萄酒的在线指南。作为世上不多的完全倾注于香槟的资料库，它试图提供对这种葡萄酒的全景式理解以及评价、评分。于我而言，一种酒的背景是至关重要的。要真正懂得一种酒，知晓它在哪里生长、如何酿制、由谁制作，意义重大。缺乏背景的酒只能沦为风味饮料。我以在香槟区多年的经验方才了解了这种背景，我的这本著作及香槟指南网的目标正是为其他人提供类似的背景。

当代香槟区的变化不仅仅是种植园的兴起、药物使用的减少、单一园（single-vineyard）葡萄酒的创立，或者有机、活机葡萄种植法的实行。上述一切是香槟区现状的缩影，不过，它们反映出一种更大的转变，就是香槟和其他品类一样，作为葡萄酒获得认可。尽管消费者和生产者近来满足于将"香槟"视为一个商标、一种生活方式的体现，抑或在葡萄酒世界中略逊于勃艮第葡萄酒、巴罗罗（Barolo）[3]葡萄酒的存在，但至少竞技场上主流的看法已然改变。如今，香槟酒面临与其他葡萄酒同样的问题和同样的标准。既然如此，它必须提供满意的答案。

无论来自何方，真正上等葡萄酒的主要功能之一便是反映某些它生长之处的特质。风土条件在香槟区中尚未得到充分发掘，而它如同在其他产酒区那样，于创立葡萄酒特性上扮演着重要角色。正因为此，我才将本书的主题聚焦于"风土"。

考虑到与其他历史区域相比可用工具和信息的匮乏，撰写全面的香槟区风土条件分析尚不可能。然而，我希望此书能够对确认香槟酒是一种"能表达风土韵味"的葡萄酒起到抛砖引玉的作用。此番探讨的复杂性还体现在香槟处于不断发展之中，这亦是香槟区如今成为令人心驰神往的葡萄酒产区的部分原因。

彼得·林

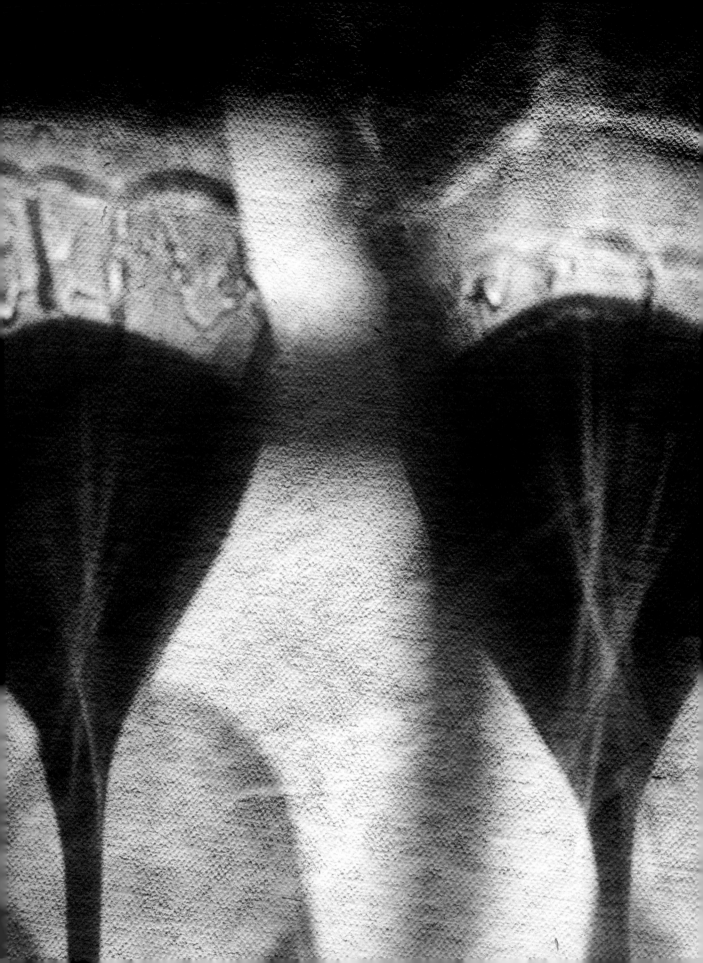

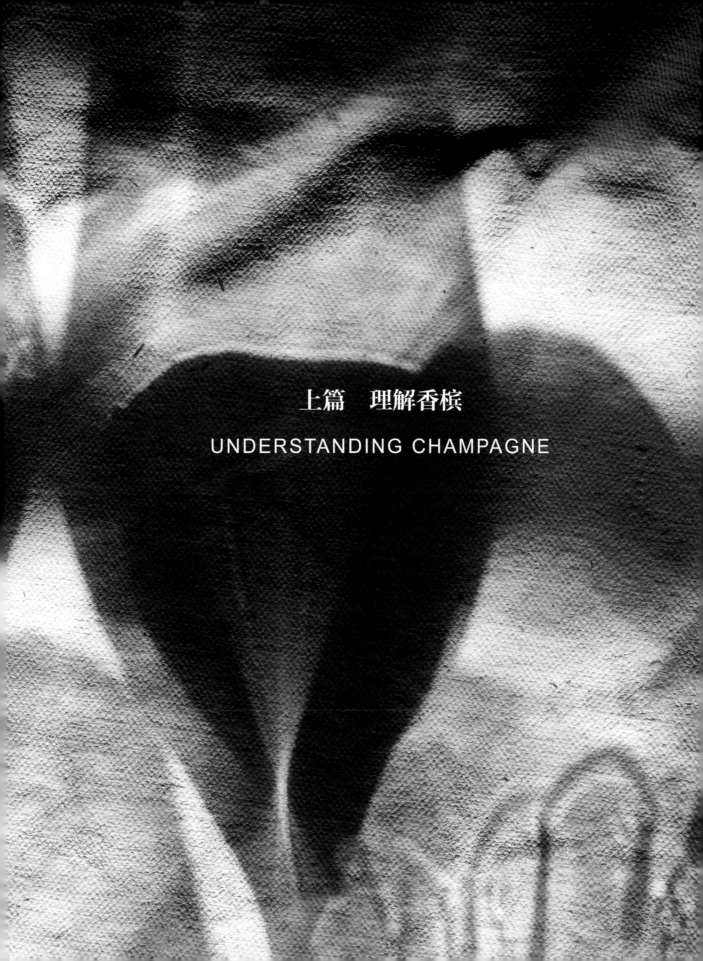

上篇　理解香槟

UNDERSTANDING CHAMPAGNE

CHAPTER I

首选之地

在兰斯城的一个温暖春日，我身处香槟品牌路易王妃（Louis Roederer）[1] 小小的私人鉴酒室内，面前的大圆桌上摆满了玻璃杯。我品尝的是该品牌首席酿酒师让－巴蒂斯特·莱卡永（Jean-Baptiste Lécaillon）酿制的低度葡萄酒（*vins clairs*，以新收获的葡萄酿造的无泡葡萄酒）。这是一种完全发酵但尚未调配、装瓶以便二次发酵的葡萄酒（香槟由此获得它标志性的气泡），是路易王妃精酿香槟的基础——此次品尝的是基于 2014 年的收获。我和莱卡永每年品鉴低度葡萄酒，已有十载，这成了我一年中最钟爱的活动之一。

在路易王妃鉴赏这些原酒尤其引人入胜，因为它们几乎都来自独有的产地。[2] 现阶段，大部分香槟品牌将来自某个村庄的不同低度葡萄酒混合调配在一起，例如，来自布齐（Bouzy）的黑比诺葡萄（Pinot noir）可能单独装入酒桶，也可能与十分不同的产于阿维兹的霞多丽葡萄混合。然而，路易王妃酒庄却一丝不苟地将这些村庄中的各个葡萄园分隔开，以便酿造一系列更复杂、更多样的葡萄酒。

"我们拥有 410 个不同产地以及 450 个酿造它们的不同酒桶。"莱卡永说。这使酒窖增加了不少工作量，因为所有这些葡萄酒在完成前都必须保存在独立的酒桶或大桶内。不过对莱卡永而言，让每个产地得以传达其自身特色是至关重要的。

许多关于香槟的著作常常认为（甚至言之凿凿）原酒本是中性、清淡的低度葡萄酒，甚少水果风味。此说不论是对酒本身还是对水果在更寒冷的北方气候[3] 下的生长方式而言，都是说不通的。这里，葡萄能够轻易地在保持潜在低酒精度前提下实现生理成熟。这意味着原酒可以是各种口味，但却恰恰不是中性的。

让－巴蒂斯特·莱卡永
路易王妃

致 读 者

当你阅读此书时，有几个细节需要澄清。首先是术语。大写的 Champagne 指的是香槟区。而小写的 champagne 指的是香槟酒。本书还使用了许多酿酒及香槟的法语术语。倘若遇到不熟悉的词，请查阅 295 页开始的"术语表"。此外，要了解文中提及的更多生产者信息，诸如他们来自哪座村庄，他们种植哪种葡萄，请翻阅下篇中的生产者章节（按照字母排序）。

众所周知，在香槟区，葡萄园名称的拼写颇不规范。但谈及各个小块土地（lieux-dit）或葡萄园时，如果可以的话，我选择使用手上《拉玛地图》的拼写方式。不过，当引用其他文本或特定葡萄酒商标上的葡萄园名时，我将保留其原有拼写。这可能会引起混淆，也印证了本地区地名的标准化是多么不完善。

对路易王妃低度葡萄酒的品尝显示出，优质葡萄酒最首要的是表现它的生长之地。例如，南接马恩河的艾伊村（Aÿ）所产的葡萄酒成熟、鲜美，然而，不同产地间的区别还是非常明显的。桌上这些2014年份的葡萄酒中，来自艾伊拉维莱（La Villers）葡萄园的黑比诺葡萄酒华丽、丰富，韵味悠长。相比艾伊，坐落于兰斯山北麓的韦尔兹奈（Verzenay）凉爽气候下出产的葡萄酒便没有那么华丽。我们品尝的来自韦尔兹奈皮斯勒纳尔（Les Pisse-Renards）葡萄园的黑比诺酒，鲜活、凝聚，富有张力。然而，来自1500英尺（450米）外勒巴塞库蒂尔（Les Basses Coutures）葡萄园的葡萄酒则更饱满醇厚，体现了那里厚重的黏性土质。

即使原酒能表现其来源，那瓶中的葡萄酒能够展现风土条件吗？批评者称，既然香槟主要是一种混合葡萄酒，那么它的风土条件对营造其特色品质作用甚微。他们认为，倘若数百种来自不同葡萄园的酒被调配在一起，独特的风味便被冲淡、模糊，甚至消失。依据这种逻辑，香槟获得其个性主要靠酿制过程——瓶中的二次发酵以及酒泥多年的陈化（废酵母细胞仍能发酵），而非它生长于何处。

依照上述思路，我们很容易认为唯有单一园葡萄酒能体现风土条件。例如，在勃艮第，单一葡园的韵味成了酿酒师们魂牵梦绕的终极目标。这毕竟是让勃艮第的收藏家们花费天价购买诸如罗曼尼康帝酒庄[4]（Domaine de la Romanée-Conti）踏雪葡萄酒（La Tâche）的原因，它与酒庄的李奇堡葡萄酒（Richebourg）截然不同。尽管杜雅克酒庄（Dujac）的石头葡萄园（Clos de la Roche）和圣但尼葡萄园（Clos Saint-Denis）近在咫尺，但将这些勃艮第特级园葡萄酒调配在一起似乎是大逆不道，因为每种酒的高贵特质将会荡然无存。

相形之下，香槟酒则处于另一番境地。甚至在17世纪末18世纪初获得气泡之前便一直是种混合葡萄酒。尽管如今有了越来越多的单一园和单一村香槟，但绝大多数还是复杂的调配酒。这是由一系列原因造成的。从务实的角度看，调配是一种预防歉收的手段。香槟区是法国最靠北的葡萄种植区，气候潮湿、凉爽，恰好处于葡萄能够生长的临界点上。香槟人不得不与冰雹、春冻、霉菌等各种威胁抗争。通过以区域内不同产地的葡萄为原料，酿酒者得以规避风险，并确保即便在歉收之年也有原料供应。

不过，调配还能让葡萄酒更加丰富、完满。风土条件为原酒提供了一系列不同的特质，这令酿酒师可以像主厨那样运用各式原料完成一道菜品。因此，大多数香槟由数十甚至数百种（例如路易王妃这样的品牌）源自不同村庄、不同葡萄园乃至不同葡萄品种的原酒调和而成。风土条件对调配葡萄酒的重要性不逊于单一园葡萄酒。不同之处在于它的角色。

事实上，所有香槟品牌按照传统均拥有依靠村庄划分开来的原酒。在香槟区的白丘（Côte des Blancs，马恩河以南的种植区）产区，由于当地的白垩土，克拉芒村（Cramant）得以出产醇厚的葡萄酒。更南边的奥热尔河畔勒梅尼勒村因为表层土相对匮乏，导致白垩基岩产生了更大影响，从而酿制出更清爽的葡萄酒。长期以来，酿酒师们都很重视这两个村庄的鲜明特色，并据此调配混合酒。尽管如此，如今许多顶级生产者开始寻求更细微的区别，将来自特有产地的葡萄酒打造出更精妙的风土差异。一位生产者不愿仅仅仰仗奥热尔河畔勒梅尼勒的霞多丽葡萄，而更愿意拥有勒梅尼勒几处特定葡萄园的产品：莱沙蒂永（Les Chétillons）、莱米塞特（Les Musettes）、尚德阿卢埃特（Champ d'Alouettes），等等。

这在勃艮第并不稀奇，因为它拥有鉴别一座村庄内的各个葡萄园并用于酿酒的漫长历史，但对此的认可在香槟区却意味着重大变革。此外，依据小块土地（甚至更严格的标准，例如各个葡萄园）而非村庄来区分原酒——与淡化风土背道而驰。相反，它证明了风土条件的价值。

"我们恰恰没有一种昂博奈（Ambonnay）黑比诺葡萄，"有一年奥利维耶·库克（Olivier Krug）对我说，当时我们正在品尝来自兰斯山地区这一村庄的低度葡萄酒，"我们拥有 17 种来自熟悉的酒农的昂博奈黑比诺葡萄——有雅克、安托万、伯努瓦，以及其他许多种。它们都有着不同的个性，我们想要把每种都保存下来。"与路易王妃类似，库克的酿酒师极为注重保持各种原酒的特质，将不同葡萄园的葡萄放入数百个小橡木桶内单独发酵。

有个很好的理由能说明为何像库克这样的品牌会做上述努力。多年以前，我有幸与奥利维耶的叔父雷米·库克（Rémi Krug，时任公司总裁）一道品鉴原酒。为了诠释库克各个酒桶内葡萄酒之间概念性的差别，他喜欢借用音乐术语来描述本品牌的酒。他将特酿（Grande Cuvée，由十几个年份的多达 200 种葡萄酒调配而成）比作交响乐队，许多不同的成分凝聚为一个和谐完满的整体。库克的年份干香槟（vintage brut，由同一年收获的葡萄酒酿造而成）被比作四重奏或室内乐。在更狭窄的范畴里，单一园年份香槟梅尼勒葡园（Clos du Mesnil）则类似于独奏。

这是我所听过的最有用的香槟类比。如同大提琴独奏，一支单一园香槟凸显出演奏者（不论它是生产者抑或产地）的精湛技艺。一支年份香槟体现了该年的独特个性，而一款非凡的混合香槟（例如库克的特酿）宛如伦敦交响乐团演奏的柴可夫斯基第六交响曲，给人以多面、环绕的体验。犹如独奏者与交响乐队，与混合香槟相比，单一园香槟未必更好、更纯，或更富表现力；而混合香槟也未必较之单一园香槟更丰富，更完满。它们不过是在表达不同的东西。

如今，香槟区正处于深刻变革当中。过去 20 年里，我目睹了香槟生产者在态度与审美上的显著变化，香槟消费者及酒业人士对这种葡萄酒的理解也有了转变。过去半个世纪，许多关于香槟的讨论聚焦于酒窖内的工序，诸如调配的艺术，通过瓶内发酵而起泡，以及酒泥令葡萄酒成熟。这些在塑造香槟的特质上都起到了重要作用。

然而，与现代葡萄酒世界的其他人一样，香槟酿酒师逐渐意识到，最独特、最真实、最韵味悠长的葡萄酒的主要个性是源于葡萄藤而非酿造。20 世纪是完善酒窖业务的世纪，21 世纪则着重于产区的葡萄，而香槟区的当代哲学、文化和思维上的辩论正是发生于葡萄园中。

更加注重葡萄园中的种植工作，意味着更强调对当代香槟区风土条件的表达，这不仅仅局限于单一园或单一村葡萄酒。倒不如说，新一代生产者提出了一系列更复杂、更细微的问题，采用越发精雕细琢的葡萄种植技术，并深化了他们对于运用农艺表现当地精准风貌的认识。反过来，这种"新"香槟的催生提供了一个千载难逢的机会让我们了解它风土的错综复杂，让我们获得对香槟超乎以往的深刻认识。

诚然，上述变化并非只存在于香槟区，而是发生在整个酿酒界。不过，香槟区开始加入这场全球对话的想法是非常重要的。在过去的一个世纪中，香槟更多的是依据品牌而非产地进行销售。这固然有助于获得空前的全球成功，但也忽略了香槟作为葡萄酒的观念，将它更多地定位于一种用于庆祝或特殊事件的饮料或开胃酒——而真正的葡萄酒则是为宴席准备的。然而，只要看一眼全世界的餐厅及零售酒商（无论伦敦、纽约、东京、新加坡、罗马还是斯德哥尔摩）对香槟选择的日益增长，便可证明香槟也能被视为葡萄酒。

如今香槟鉴赏家中最紧迫的问题是，有机或可持续的葡萄栽培法，将各个产地葡萄分开酿制的倾向，单一村、单一园香槟提升的品质，种植园现象级的增加，补液（dosage，即在除去酵母泥渣后加入糖分）的减少，以上皆可回溯到关于香槟的如下理念：作为一种优良葡萄酒，它应当和其他葡萄酒一样接受相同的审查和相同的提问。是什么赋予你的葡萄酒以个性？为何你的酒是这种味道？你是如何栽培葡萄的？你是如何酿酒的，往里面添加了什么？你的酒想要表达什么？这些是基本的问题，然而，它们尚未成为人们谈论香槟话题的必要部分。事实是，它们不仅对葡萄酒买家意义重大，还促成了将香槟名称作为一个整体看待，导致人们越来越将葡萄种植与酒窖酿造并重。这能孕育更优质的葡萄酒，迎着这道曙光，香槟区的未来看上去格外光明。

CHAPTER II

一段历史

"除了香槟区，没有别的省份能够一年四季供应优良的葡萄酒。到了春天，它给我们艾伊、阿韦奈（Avenay）和欧维莱尔（Hautvillers）葡萄酒；其他季节则是泰西（Taissy）、锡耶里（Sillery）和韦尔兹奈。"

1674 年，17 世纪法国散文家夏尔·德·圣 – 厄弗若蒙（Charles de Marguetel de Saint-Denis, seigneur de Saint-Évremond）在给兄弟孔泰·多洛讷（Comte d'Olonne）的信件中如是写道。[1] 圣 – 厄弗若蒙不仅是位作家，还是一位著名的美食家和最爱香槟的鉴酒家。"尽管距离巴黎有 200 里格[2] 之遥，但还是希望你不惜代价得到瓶香槟酒。"他在给兄弟的信中恳求说。

圣 – 厄弗若蒙在其贵族圈子里以对食物和葡萄酒的高雅品位著称，甚至有些走火入魔。在一场今天依然耳熟能详的劝诫中，勒芒主教抱怨圣 – 厄弗若蒙及其朋友道："这些绅士在每件事上皆精益求精，达到了极致。他们只吃诺曼底小牛肉；他们的鹧鸪必须来自奥弗涅，他们的兔子来自拉罗什基永（La Roche Guyon）或韦尔辛（Versin）；他们对水果也很挑剔；至于葡萄酒，他们只喝来自艾伊、欧维莱尔、阿韦奈山坡（Coteaux）的上等货。"[3] 圣 – 厄弗若蒙与他的朋友布瓦 – 多芬侯爵（Marquis de Bois-Dauphin）以及孔泰·多洛讷觉得很有趣，经常用它开玩笑，并给这个故事取了个昵称"三坡"（the three coteaux）。

很快，coteaux[4] 这个词便开始指代那些对饮食极度考究之人。虽然这一用法随着法国大革命而绝迹，但它并未完全湮灭在历史中。受最初"三坡"的启发，1956 年成立了香槟襟彰会（Ordre des Coteaux de Champagne）[5]，并运作至今，接纳世界各地的会员，并继续在国内外弘扬香槟酒的使命。

虽然圣 – 厄弗若蒙偏爱的酒并非起泡酒，但我们注意到它是清淡的红酒。这距离香槟区生产者正式酿造起泡酒尚有 50 年的时间。然而，他的评价证明，香槟区因其品质已获青睐。葡萄酒质量源于产地的观念（即"风土条件"的概念）在那个年代已经树立起来了。

起步（5 世纪至 7 世纪）

在以气泡闻名之前，香槟区就是个欣欣向荣、家喻户晓的葡萄酒产区了。香槟区葡萄种植的历史有多长尚不完全清楚，当地传统上声称，酿酒用葡萄的种植始于古罗马时代。事实上，相关实物证据可谓凤毛麟角。[6] 香槟人中流传甚广的说法是，公元 1 世纪老普林尼（Pliny the Elder）[7] 在《博物志》（*Natural History*）第 14 卷第 6 章中，提到了艾伊的葡萄酒和兰斯乡村。实际上，文章并没有提到这点——尽管普林尼探讨了 91 种葡萄，但基本都是关于意大利而几乎未涉及高卢的葡萄酒。

香槟区的葡萄很可能在 5 世纪或 6 世纪初便存在了。据说兰斯主教圣雷米（Saint Rémi）[8] 在兰斯及其周边拥有大量葡萄园，他在遗嘱（即《圣雷米的遗嘱》）中将它们分赠给了许多人。然而，这份遗嘱的主要资料来自两份 400 年（甚至更久）后撰写的文献。[9] 不过，我们知道，至 9 世纪时，香槟区的葡萄种植已然建立，该地区对葡萄栽培技术和风土条件的理解在某种程度上也到达了精进的程度。这一时期，首度出现了河葡萄酒（*vins de la rivière*）与山葡萄酒（*vins de la montagne*）的区别。[10] 时至今日，上述区别在香槟区依然重要。河葡萄酒来自马恩河谷，其构造、饱满度、土壤特质与来自兰斯山的葡萄酒截然不同。

到此时，已经出现了优于其他地区的产地。850 年左右，拉昂（Laon）主教帕尔杜拉（Pardulus）在写给兰斯主教安克马尔（Hincmar）的信件中说道：

你所用的葡萄酒既不能太浓烈也不能太淡薄——与那些产于山顶或谷底的葡萄酒相比，产于山坡的葡萄酒（例如埃邦山朝向埃佩尔奈一侧、鲁弗希朝向绍米齐一侧、默赛和绍默里朝向兰斯一侧）更好。[11]

和欧洲其他产酒区一样，香槟区的葡萄种植与酿造本质上与天主教会息息相关。在整个中世纪早期，香槟区建立了许多修道院和隐修院，酿酒成为它们重要的收入来源。

然而，这并不是个易于培育葡萄的年代。除了蒙受瘟疫、饥馑之苦，香槟区还战乱不断。882 年，诺曼人入侵并洗劫了兰斯、拉昂和苏瓦松（Soissons）；926 年，统治这一地区的韦尔芒杜瓦（Vermandois）伯爵赫伯特二世（Herbert II）起兵反叛国王拉乌尔（Rudolph）[12]，血腥冲突持续了将近十年。不久后，937 年，匈牙利人 [13] 又再次蹂躏了本地区。几个世纪的平静之后，狼烟再起。百年战争肆虐了几乎整个 14 世纪与 15 世纪上半叶，英格兰人和勃艮第人的入侵反复破坏了香槟区。1348 年开始传播至欧洲的黑死病则摧毁了在战争中幸存的一切。香槟历史学家弗朗索瓦·博纳尔（François Bonal）在其 1985 年的著作《香槟金书》（*Le livre d'or du champagne*）中引用儒勒·米什莱（Jules Michelet）[14] 的话："在这段悲惨的岁月里，存在着死亡的恶性循环：战争导致饥馑，饥馑导致瘟疫；随后瘟疫又带来饥馑。"[15] 博纳尔记载到，情况是如此危急，以至于 1350 年兰斯也被暂时废弃。1432 年，将近一个世纪后，当时与英国人结盟的勃艮第公爵菲利普二世 [16] 控制了埃佩尔奈并放逐其居民，长达三年之久。

皇家之酒

由于某种原因，尽管这是个充满逃亡、饥馑、瘟疫的时代，葡萄种植和酿造不但延续了下来，而且还发展壮大。这有助于铸就某些稳定、繁荣的年景。11 世纪，兰斯以王室加冕之地和国际商业集市而闻名，吸引了远至意大利、西班牙、德意志与尼德兰的商人前来。1088 年，当第一次十字军东征的发起者乌尔班二世（Urban II）成为教皇，香槟区葡萄酒赢得了更多声誉。乌尔班二世出生于香槟城镇马恩河畔沙蒂永（Châtillon-sur-Marne），据说他最为青睐艾伊的葡萄酒。

后来，国王们相继在兰斯加冕登基——1461 年的路易十一世、1498 年的路易十二世、1515 年的弗朗索瓦一世、1559 年的弗朗索瓦二世——需要大量饮料，对提高当地葡萄酒的名望颇有助益。那时，在加冕礼上同时提供勃艮第和香槟区的葡萄酒是司空见惯的。尽管后者历来被认为逊于勃艮第，但它们的声誉在这一时期显著提高，至 16 世纪中期，其价格已经超过了勃艮第。1575 年亨利三世的加冕礼上，皇家宴会首次只供应香槟区葡萄酒，以此宣告了该地葡萄酒黄金时代的来临。

然而在 1600 年之前，该地区的葡萄酒并不被当作香槟酒甚或香槟区葡萄酒，而被视为各个村庄的葡萄酒——艾伊、埃佩尔奈、韦尔济（Verzy）等，它们被一道笼统地归入法国葡萄酒（*vins français*）中。1224 年的寓言《葡萄酒之战》（*La bataille des vins*）可作为一个例证。它的作者是诺曼诗人亨利·丹德利（Henry d'Andeli），讲述了在腓力·奥古斯都国王 [17] 的宫廷中品尝超过 70 种葡萄酒（包括许多来自法国及来自塞浦路斯、西班牙的品种）的故事。寓言中，国王邀请一位英国教士来鉴定葡萄酒。他将披沙拣金，为国王的餐桌选出最优者。他在香槟区的葡萄酒中选出埃佩尔奈与欧维莱尔，认为物有所值（兰斯和塞扎讷 [Sézanne] 的葡萄酒在《葡萄酒之战》中也被提及，此外还有不幸被淘汰的马恩河畔沙隆[18]葡萄酒 [Châlons-sur-Marne]）。[19]

贵族阶层尤其喜爱艾伊葡萄酒。为了确保供应，全欧洲的显赫人物，包括弗朗索瓦一世、查理五世、亨利八世、利奥十世以及最负盛名的亨利四世，据说在艾伊都拥有自己的专员甚至酒屋。1601 年，拉夫朗布瓦西埃的尼古拉 - 亚伯拉罕（Nicolas-Abraham de la Framboisière，亨利四世的御医）在一篇关于卫生的论文中写道："香槟区葡萄酒中，艾伊在尽善尽美方面居于第一梯队。"[20] 73 年后，艾伊葡萄酒的声誉达到了如此高度，以至于圣 - 厄弗若蒙在给孔泰·多洛讷的同一封信中写道：

倘若你问我，若不屈从于附庸风雅者的引荐，我最偏爱哪种酒，我会回答说艾伊的优质葡萄酒是世间最自然、最健康、最纯粹的；借助一种独特的桃子味，它有着最优雅细腻的魅力；在我看来，若论风味，无出其右者。[21]

我们不禁疑问：这一时期的无泡香槟酒究竟什么样？当圣 - 厄弗若蒙写到"桃子味"时，他喝的是什么酒？令现代葡萄酒徒惊讶的是，香槟区葡萄酒在其历史中大多为红酒（很可能由各种黑莫瑞兰葡萄 [morillon noir]、黑高维斯葡萄 [gouais noir] 以及未全熟的福满多葡萄 [fromenteau] 酿制而成[22]），且按照今天的标准会被视为酒体轻薄。尽管当地也酿造白葡萄酒，但大部分品质平庸。[23]

此外，17 世纪 60 年代之前，即便在酿造艾伊这样的好酒时，也常常将红白葡萄不加区别地一起压榨（尽管如今这座村庄以黑比诺葡萄闻名，但它也曾种植相当多的白葡萄）。1586 年，夏尔·艾蒂尔（Charles Estienne）和让·利埃博（Jean Liébault）在其乡村别墅里形容艾伊葡萄酒为"红中带黄"（claret and yellowish），并记载说它微妙细腻。在现代英语中，claret 指的是波尔多葡萄酒，不过在当时，它可以形容任何浅色的红葡萄酒。浅黄是当时白葡萄酒的典型颜色，其保存期要短于红葡萄酒。一个世纪后，圣 - 厄弗若蒙告诫孔泰·多洛讷说："不要保存艾伊葡萄酒过长时间。"但他旋即又补充道："不要过早打开这些兰斯葡萄酒。"[24]

直至 17 世纪末，细腻柔和、浅色的香槟区葡萄酒一直被当作法国的极品。与亨利三世一样，1610 年，路易十三在加冕礼上只供应香槟区葡萄酒，而他的继承者路易十四一生大部分时间里只喝它。然而，到了 17 世纪末 18 世纪初，口味发生了变化，更加浓郁的葡萄酒（尤其是勃艮第葡萄酒）越来越受到青睐。主要的转折点出现在 1694 年，路易十四的御医居伊－克雷桑·法贡（Guy-Crescent Fagon）坚决要求太阳王出于健康原因只饮用勃艮第葡萄酒，因他认为香槟酒过于酸性。这只是持续数十年的一场医学争论（假定一种酒对健康的裨益胜过另一种）中的一则宣言而已。然而，国王转投勃艮第酒将这一问题引入了公众视线，促成了双方的一场激辩。

这一事件可能迫使香槟将自己改造为一种起泡酒。实际上，由于香槟区酿酒师学会了如何用红葡萄制作白葡萄酒（被称作"灰酒"[vin gris]），该地区的葡萄酒在 17 世纪中期已发生改变。他们还发现，通过摒除白葡萄只用红葡萄，能够酿造保质期更长的葡萄酒，这让他们挑选最上乘的葡萄并在酒窖中精心对待葡萄酒。香槟区无法与颜色更深、味道更醇美的勃艮第红酒竞争，但它可以另辟蹊径，打造一种远胜以往淡薄、酸性白葡萄酒的新式白葡萄酒。通过追求酒体和酒味的细腻、优雅、轻盈之美，香槟区为迎接将来的变革做好了准备。

获得气泡（17 世纪至 18 世纪）

快来，我尝到了星星的味道！

这句名言并非如人们所说，出自唐·培里侬（Dom Pérignon）之口。[25] 唐·培里侬真的如传统记载那样发明了起泡香槟酒吗？他究竟有没有酿造起泡葡萄酒？事实证据与之相悖。不过，他在香槟区的酿酒和葡萄种植上依然是个既重要又有影响力的人物。在其诸多成就中，今人铭记的是他调配葡萄酒的开创性实践与酿造更清澈、更纯净葡萄酒的能力。

皮埃尔·培里侬可能 1639 年 1 月出生于圣默努尔德村（Sainte-Menehould，位于马恩省东部）。[26] 在马恩河畔沙隆的耶稣会学院完成学业后，他加入了凡尔登的本笃会圣瓦讷（Saint-Vanne）修道院，时年 18 岁。[27]1668 年，他被任命为埃佩尔奈附近的欧维莱尔修道院酒窖主管，到 1715 年去世一直担任此职。根据葡萄酒作家帕特里克·福布斯（Patrick Forbes）的

记载，他不仅要照顾修道院的酒窖与葡萄园，还要监管木材的砍伐和出售、食品的分配、建筑物的修缮以及财务。"除了修道院长，"福布斯说，"他是修道院内最重要的僧侣。"[28]

由于唐·培里侬本人未留下文字记录，我们对他的了解大部分来自他的学生和接班人弗雷尔·皮埃尔（Frère Pierre）1724 年的著作。在其《香槟区葡萄文化研究》（*Traité de la culture des vignes de Champagne*）一书中，他详述了从老师那里学到的东西，记录说，唐·培里侬"在他人觉得无关紧要的事情上一丝不苟、精益求精"，并且他坚持尝试其余酿酒者认为"不可能甚至荒唐"的试验。[29] 甚至在近 300 年后，弗雷尔·皮埃尔描述的方法仍有意义。他谈论了如何种植、修剪葡萄以及如何在生长季节照顾它们。他反对收获季节中将篮子装得太满令葡萄受到挤压，并主张在运送葡萄的路上要为它们遮阴以保持其凉爽。他对温暖年份与凉爽年份酿酒的区别给出了建议，还指导了如何过滤葡萄酒以最大程度净化酒质。

我最爱的章节（因为它似乎体现了唐·培里侬对香槟酒的最大贡献）是《如何调配不同葡萄园的葡萄以获得最完美葡萄酒》（*De la façon de mélanger les différents crus pour la plus grande perfection des vins*）。在这里，弗雷尔·皮埃尔谈到了运用不同风土的特质来达成更好的和谐与均衡，例如，源于石质土的葡萄酒应与来自浅色白垩土的葡萄酒混合，以免酿造出过于浓烈的酒。

然而，弗雷尔·皮埃尔的记载中并无一处提到起泡葡萄酒，这意味着倘若唐·培里侬的确酿造了起泡酒和无泡酒，弗雷尔·皮埃尔本该提到这一点，因为他对唐·培里侬工作的描述是如此一丝不苟。不过，弗雷尔·皮埃尔并非唯一记载了唐·培里侬的方法之人。正如历史学家弗朗索瓦·博纳尔指出的那样，在随后的 100 年里诸多以唐·培里侬为写作题材的人当中，"我们未发现有任何人在 1820 年以前声称唐·培里侬是起泡香槟的发明者。"[30]

那么，唐·培里侬是如何与该地区标志性的气泡联系起来的呢？这要归功于某个名叫唐·格罗萨尔（Dom Grossard）的人，他是欧维莱尔修道院的酒窖主管。1821 年，他给艾伊的代理镇长埃尔贝先生写了一封信，对唐·培里侬的功绩大加赞赏，可能有些誉过其实：

您知道，先生，正是著名的唐·培里侬发现了如何酿造起泡白葡萄酒以及如何不需将酒倒出酒瓶便能去除杂质的秘密……在他之前，修士们只会酿造麦秆酒或灰酒；此外，据说正是他让我们拥有了现今使用的软木塞。[31]

尽管这封信被当作唐·培里侬发明起泡香槟的证据，但它的准确性是存疑的。更可能的是，格罗萨尔为了突出欧维莱尔与培里侬的重要性，杜撰了一些事实。

在唐·培里侬的时代，香槟区很可能已经存在某种"原始形态"的起泡葡萄酒。1718 年，一本名为《如何在香槟区种植葡萄与酿酒》（*Manière de cultiver la vigne et de faire le vin en Champagne*）的书被匿名出版（但通常认为它的作者是兰斯的教士让·戈迪诺 [Jean Godinot]）[32]。书中他提到了起泡葡萄酒（*vin mousseux*），这是我们所能见到的最早涉及香槟区起泡葡萄酒的出版文献之一。此外，戈迪诺还声称它并非一种新发明："法国人的口味习惯起泡葡萄酒已超过 20 年之久。"[33] 如果所言非虚，这意味着在唐·培里侬的年代，香槟区已经有意生产起泡酒了。[34]

那么，我们回到最初的问题：谁发明了起泡酒，在什么时候？基本上，它取决于你如何定义。起泡酒（从葡萄酒的意义上是指保留了发酵中的气泡）一直存在；如果葡萄酒完成发酵前的秋季降温了，它便会自然地出现于酒窖中。当这发生时，酵母会进入休眠状态，在来年春暖后才重新发酵。下个冬天葡萄酒装瓶后，酵母持续在瓶内发酵，产生二氧化碳。生成的气泡通常被视为缺陷，大部分酿酒师都试图加以避免。[35]

那么，是谁故意地开始酿造起泡香槟酒？所有证据皆指向法国历史上的对手，北方的英格兰人。

英国人的贡献

安德烈·西蒙（André Simon）在他 1962 年的著作《香槟史》（*The History of Champagne*）中引用了英国讽刺作家塞缪尔·巴特勒（Samuel Butler）的诗歌《休迪布拉斯》（*Hudibras*，出版于 1664 年）作为英国起泡香槟的首个出版资料。

每一滴都渗入施图姆（stum）中，
并将它变为清爽的香槟。[36]

施图姆是部分发酵的无泡葡萄酒（或指加入了施图姆的葡萄酒），西蒙相信，巴特勒要求加入施图姆以使无泡香槟变得"清爽"，也就是说起泡。

英国人有意地制造起泡葡萄酒的证据（这也令《休迪布拉斯》更加可信）是一份名为《关于酿制葡萄酒的一些观察》的论文，1662 年由克里斯托弗·梅雷特（Christopher Merret）博士送交皇家学会（Royal Society）。他写道："最近我们的酿酒商在各种葡萄酒中大量加入糖蜜，令它们喝起来更加清爽，带有气泡，并赋予了它们活力。"[37] 这表明了二次发酵的开始，梅雷特接着又写道，这是通过加入"葡萄干、邱特（cute）和施图姆"来实现的。[38] 英国人至少从 17 世纪初以来便从香槟区进口一桶桶葡萄酒，与之打交道已久。

还有个现实原因使英国人比法国人更具条件给起泡香槟装瓶：他们制造的玻璃更优良。在法国，薄薄的木烧玻璃只用来做临时存储之用，一旦被订购，葡萄酒仅是从木桶转移到瓶中。有时候，它会重新开始发酵，导致酒瓶因产生的压力而炸裂。相比之下，英国的玻璃瓶更坚固，因为它们是用煤火烧制的。[39] 从 16 世纪中期开始，英国人还使用软木塞封仕瓶口，令他们得以密封二氧化碳，而法国人仍用麻绳缠绕的木头封锁瓶口。即便法国人想要酿制起泡酒，他们也缺乏技术。

起泡之风

1700 年左右，制造更厚重玻璃的技术终于传到了法国，用软木塞作为瓶塞的技术则早了 20 年。大约 18 世纪初，人们才开始在香槟区有意地生产起泡葡萄酒。1728 年 5 月 25 日颁发的一道圣旨对变革起了推波助澜的作用，它许可用玻璃瓶运输葡萄酒——而之前只能用木桶。这项法令的颁布是兰斯市长及其他官员直接请愿的结果，他们提出自己无法在不损坏品质的情况下以木桶运输起泡葡萄酒。[40] 于是，解除栓梏后，香槟人得以将新葡萄酒商品化并扩大生产。香槟区专门生产起泡酒的最古老品牌慧纳（Ruinart）创立于一年后的 1729 年，这绝非巧合。

尽管圣–厄弗若蒙和鉴酒家抱怨说，这种新风尚是"一种颓废品味"（引自爱德华·贝里爵士 [41]）[42]，但对香槟区起泡酒的渴望还是急剧上升了。[43] 即便香槟依然物以稀为贵，但它已成为英法贵族生活中不可或缺的一部分。摄政王、奥尔良公爵腓力二世 [44] 用它为自己穷奢极欲的晚宴助兴；彼得大帝在 1717 年 6 月途经兰斯时品尝过它；路易十五的宫廷对它敞开了怀抱；伏尔泰及其他文人给予它高度赞誉。

对起泡酒的需求促使了 18 世纪至 19 世纪一系列香槟品牌如雨后春笋般涌现。到了这时，香槟酒不仅在巴黎、伦敦受到追捧，还风靡全欧洲甚至美国。凯歌香槟（Veuve Clicquot）记载了 1782 年香槟酒被运往费城罗伯特公司。1789 年，乔治·华盛顿从纽约的费尼克梅森公司订购了 24 瓶香槟。[45]

可是，尽管起泡酒越来越受欢迎，但香槟区所产葡萄酒的多数仍为非起泡红葡萄酒和灰酒。那个年代的生产数据未能保留至今，不过，博纳尔估计在 18 世纪末起泡酒仅占马恩河谷、兰斯山、白丘日益扩大的种植面积年产量的 6%。[46] 部分原因是酿造上的困难。如果缺乏对瓶中酵母、糖的分量的精准把控，气泡的力度将变化莫测并具有破坏性（甚至对更坚固的酒瓶亦是如此），这十分常见。博纳尔引用一位当年主要酒商的话说道：

1746 年，我灌装了 6000 瓶高浓度甜酒，而最终只得到了 120 瓶。1747 年，降低了甜度，仍有 1/3 的酒瓶破损。1748 年，提高了葡萄酒酒精度，降低甜度，我只损失了 1/6。[47]

这种变幻莫测也导致了不同风格起泡香槟的诞生。最初的名称是起泡酒（mousseux），它亦被称作佩缇庸（pétillant）[48]，比起泡酒气泡更多的（大约 3 个大气压，不过依然低于现在普遍的 5 或 6 个大气压）称作大起泡酒（grand mousseux），还有一个名字索泰 – 布雄（saute-bouchon，意为"冲出瓶塞"）。与此同时，半起泡酒（demi-mousseux）则是压力更低的葡萄酒。[49]

气泡的商机（19 世纪）

人们或许以为法国大革命将会降低公众对香槟的渴望（毕竟，它曾是属于贵族和君主政体的葡萄酒）。然而，到了 19 世纪初，起泡香槟的产量开始提高，其爱好者也扩大至中产阶级。起泡酒尤其作为主菜和饭后甜品之间的甜食（entremet，意为"味觉清洁剂"）获得了行家的赏识。正是在这一时期，香槟酒和现在一样，变得与恋爱（无论高低贵贱）息息相关了。

尽管拿破仑战争扰乱了 19 世纪初整个欧洲的平民生活，可战争也为各香槟品牌提供了派代

香槟品牌的诞生

在葡萄酒起泡之前许久，香槟区的酒商便已存在了，例如，哥赛（Gosset）便可将血统上溯至1584年。不过，到了18世纪，更多公司纷纷建立，并越来越专注于酿造、销售起泡葡萄酒。这些公司大部分存续至今，其中包括很多香槟区耳熟能详的名字。

1729 年 · 慧纳（Ruinart）：它由纺织商人尼古拉·慧纳（Nicolas Ruinart）创立于埃佩尔奈；其子克劳德（Claude）最终将业务迁移至兰斯，至今仍在那里经营。

1730 年 · 夏努安（Chanoine）：创立于埃佩尔奈；夏努安兄弟是首批在该地挖掘酒窖之人。

1734 年 · 福雷 – 富尔诺（Forest-Fourneaux）：雅克·富尔诺（Jacues Fourneaux）起初销售非起泡白葡萄酒、红葡萄酒，不过后来酿造了起泡香槟；从1931年起，福雷 – 富尔诺更名为泰廷爵（Taittinger）。

1743 年 · 酩悦香槟（Moët & Chandon）：克劳德·莫（Claude Moët）从1716年起成为一名葡萄酒商，不过该品牌第一个起泡葡萄酒记录是在1744年。

1757 年 · 黄金天使（Henri Abelé）：由泰奥多尔·范德韦肯（Théodore Van der Veken）创立，1839年转入阿伯莱家族，1876年被亨利·阿伯莱（Henri Marie Joseph Louis Abelé）继承。

1760 年 · 德乐梦（Delamotte）：创立于兰斯；1856 年，公司前联席经理让－巴蒂斯特·岚颂（Jean-Baptiste Lanson）取得了控制权。20 世纪 20 年代，被岚颂家族的玛丽－路易丝·德·诺南古（Marie-Louise de Nonanc）继承，并将该品牌迁移至今天的所在地奥热尔河畔勒梅尼勒。

1765 年 · 迪布瓦·皮雷父子酒庄（Dubois Père et Fils）：由两位葡萄酒商人皮埃尔－约瑟夫·迪布瓦（Pierre-Joseph Dubois）与让－巴蒂斯特·迪索瓦（Jean-Baptiste Dussaulois）创立；1776 年，迪布瓦与搭档分开，创立了自己的公司。1833 年，雄心勃勃的企业家路易·侯德继承了该品牌。

1772 年 · 凯歌（Clicquot）：银行家、纺织商人菲利普·凯歌（Philippe Clicquot）在布齐、韦尔兹奈拥有葡园并于该年开始商业化运营。他的儿子弗朗索瓦在 1805 年英年早逝，其遗孀芭布－妮可·彭莎登（Barbe-Nicole Ponsardin）当时只有 27 岁，接过了这笔产业。

1785 年 · 埃德西克（Heidsieck）：该品牌由弗洛朗－路易·埃德西克（Florens-Louis Heidsieck）创立，是如今白雪（Piper-Heidsieck）、哈雪（Charles Heidsieck）和埃德西克·莫诺波勒（Heidsieck Monopole）的前身。

1798 年 · 雅克森（Jacquesson）：创立于马恩河畔沙隆，最终搬迁至兰斯；1974 年它被希凯家族（Chiquet）收购并迁到了迪济。

理人进入新领土推销产品的机会。福布斯写道："只要法军到了哪里（德意志、波兰或摩拉维亚），紧随其后的便是埃德西克（Heidsieck）、慧纳、雅克森（Jacquesson）或其他酒行的代理人。"[50] 随着拿破仑被联军击退，香槟区被俄国人和普鲁士人占领，后者劫掠了埃佩尔奈，将地窖内的葡萄酒喝得一滴不剩。

虽然如此，得益于出口市场，香槟酒业务在此世纪中期还是繁荣了起来。在拿破仑三世的第二帝国治下，交通运输现代化，修建了庞大的铁路网 [51]，由于上述新兴的道路系统，香槟区经历了一段空前的繁荣时期。

现今用于制作香槟的许多成分都是在 19 世纪后半期发展而来的。原酒被品尝、分类，随后用于打造佳酿（*cuvée*，形容一种有意为之的和谐的调配酒）。酿酒者混合的葡萄酒不仅来自不同的葡萄园，还包括不同年份：酒庄开始单独在酒窖储备丰年的葡萄酒，以便改善歉年的葡萄酒。它们以陈酿（*vins de réserve*）而闻名。一些香槟也可能是由单一年份的葡萄制成，1830 年左右收获日期开始出现在标签上，到 70 年代以后就更普遍了。

酿酒者也完善了起泡的过程，众所周知，这非常难以控制。一些葡萄酒完全没有泡沫，而另一些则起泡如此剧烈以至于胀坏了酒瓶。在酒窖中，工人为预防不测戴上了钢铁和金属网制成的面具。但是到了 19 世纪二三十年代，酿酒者们发现在葡萄酒瓶中加入一点糖会有助于起泡。到 19 世纪末，计算制造所需气泡要加入多少糖并控制二氧化碳量成为可能，因此减少了炸瓶的发生。

战争、根瘤蚜和重新种植葡萄

然而，该地区在这一时期处境艰难。香槟区在 1870 年的普法战争中受到蹂躏，随着拿破仑的战败，被普鲁士人占领。正当香槟区开始恢复元气时，世界又遭到全球大萧条的打击，这严重影响了出口贸易。此外，1888 年，奥布省（Aube）发现了根瘤蚜（phylloxera louse，自 1863 年抵达欧洲后便开始在法国的葡萄园中肆虐）。[52]

此前，香槟人本以为他们的葡萄对这种昆虫免疫，这种昆虫会攻击葡萄藤的根部，吸干汁液并杀死植物。甚至在其到达奥布省并于 1892 年蔓延至马恩河流域后，果农还以为问题能得到控制。然而，至 1901 年，根瘤蚜已遍布马恩河省，尽管最初遭到果农抗议，但葡萄藤不得不移植接种了由美洲的根茎（由冬葡萄［*Vitis berlandieri*］、河岸葡萄［*Vitis riparia*］、沙地葡萄［*Vitis rupestris*］杂交而来的品种。），后者能在一定程度上抵御根瘤蚜，而欧洲酿酒葡萄（*Vitis vinifera*）则不能。正如欧洲许多产酒区一样，这都是一个漫长而艰苦的过程，直到第一次世界大战后，很多香槟区葡萄园才得以重新种植。

尽管如此，19 世纪依然为香槟区的显著增长期。19 世纪中期的某个时间，起泡酒的生产开始超越非起泡酒，令香槟酒不可逆转地走上了成为起泡酒的道路。1785 年，起泡香槟售出了 30 万瓶；到了 1853 年，数字跃升至 1000 万瓶，1871 年则是 2000 万瓶。至 1909 年，香槟（起泡型）的年销量达到了 3900 万瓶[53]。[54]

香槟风土的分类

1788 年 4 月，恰在法国大革命的前一年（成为美国第三任总统的前十余年），作为欧洲葡萄酒之旅的一环，托马斯·杰斐逊[55] 在香槟区度过了 4 天。作为一名勤学好问的行家，杰斐逊在旅途中记下了大量笔记，这有助于还原当时香槟的状况。

杰斐逊写到，尽管香槟同时酿造有起泡和不起泡版本，但法国人很少饮用前者，而后者事实上在其他地方默默无闻。他更青睐非起泡酒，并购买了一些。不过与其法国同行（抑或一个世纪前的圣–厄弗若蒙）不同，他更钟爱白葡萄酒而非红葡萄酒。"他们的红酒，"他写道，"虽然在当地颇受推崇，但盛名之下其实难副，远不如其白葡萄酒。"然而，他记载说，很多白葡萄酒是由红葡萄酿成的；他还指出，霞多丽葡萄逊于黑比诺葡萄，前者仅种植于黑比诺无法良好生长的地方。

他的笔记还有很多其他细节，例如对葡萄种植的描述、对酿酒的观察以及对葡萄酒年份品质的评论（专门关于香槟起泡酒的部分，杰斐逊记载道"1766 是已知最佳年份，1775 和 1776 次之"[56]）。引人注目的是，他并未以香槟之名提及他所尝过的葡萄酒，而代之以独特的风土条件。

如同许多前人一样，杰斐逊钟情于艾伊，他发现它能酿制一流的红葡萄酒和白葡萄酒，此

香槟品牌的第二浪潮

19 世纪初，香槟的产销增长迅速，这令香槟品牌得以挺过经济困难时期。由于香槟市场的扩大，更多公司在 1830 年革命后登上了舞台。

1825 年·约瑟夫·佩里耶（Joseph Perrier）： 约瑟夫·佩里耶创立于马恩河畔沙隆（现名香槟沙隆），如今是唯一一个以该地为总部的香槟品牌。

1827 年·玛姆（Mumm）： 由一个德意志酿酒家族创立于兰斯，最终成为香槟区最知名的品牌之一。

1829 年·堡林爵（Bollinger）： 出身贵族家庭的阿塔纳斯·德·维莱蒙（Athanase de Villermont）继承了这座艾伊酒庄，合伙人为约瑟夫·堡林爵和保罗·勒诺丹（Paul Renaudin）。

1837 年·韦诺日（De Venoge）： 由瑞士商人亨利－马克·德·韦诺日（Henri-Marc de Venoge）最初创立于艾河畔马勒伊，后迁移至埃佩尔奈。

1838 年·德茨（Lambry, Geldermann et Deutz）： 由来自亚琛的两位葡萄酒商威廉·德茨（William Deutz）、皮埃尔－胡贝特·戈尔德曼（Pierre-Hubert Geldermann）及其合伙人爱德华·朗布里（Edouard Lambry）在艾伊创建。

1843 年·库克（Krug）： 约瑟夫·库克来自德意志，曾是雅克森的合伙人，后来于兰斯建立了这个著名品牌。

1849 年·保罗杰（Pol Roger）： 保罗杰创立该品牌时年仅 18 岁。他在 1877 年获得了维多利亚女王颁发的"皇家委任认证"，其与英国的关系存续至今。

1851 年·哈雪（Charles Heidsieck）： 由极具魅力的"香槟夏尔"创立，他四处游历，推销其葡萄酒，尤以几段瑰丽的美国之旅而闻名。

1858 年·梅西耶（Mercier）： 极具宣传、公关眼光的欧仁·梅西耶（Eugène Mercier）在 20 出头的年纪建立了这个埃佩尔奈品牌。

外还有欧维莱尔、埃佩尔奈、克拉芒、阿维兹、梅尼勒和马勒伊（Mareuil）。他将屈米埃（Cumières）列为第二档，至于在皮耶尔里（Pierry），他记录说，雅克·卡佐特（Jacques Cazotte，法国作家、哲学家，大革命期间被送上了断头台）葡萄酒过去属于第一档，但近年来它们的品质下降了。

杰斐逊还提到了"韦尔济－韦尔兹奈"，"它属于锡耶里侯爵所有。葡萄酒被运到锡耶里入库，因此被称作'锡耶里葡萄酒'，但它并非酿制于锡耶里"[57]。在他的时代，香槟区没有哪个名字像锡耶里那般神圣（锡耶里是布律拉尔家族 [Brûlart family] [58] 的地产）。布律拉尔家族的贵族血统可上溯至 12 世纪初，1619 年，前纳瓦拉大法官、法国大法官尼古拉·布律拉尔（Nicolas Brûlart）被授予了锡耶里侯爵爵位；他还拥有皮西厄与吕德子爵、布尔索尔男爵以及其他若干头衔。至少从 17 世纪中期起，布律拉尔家族开始涉足葡萄栽培和酿酒，很快，其葡萄酒便与艾伊齐名——如果说艾伊是河葡萄酒的终极表现，布律拉尔的锡耶里则是山葡萄酒的顶峰。

锡耶里村如今已名不见经传，皮伊谢于尔村（Puisieulx）甚至更加默默无闻。不过，布律拉尔的产业扩张包围了诸如韦尔济、韦尔兹奈、马伊（Mailly）和博蒙（Beaumont）这样的村庄，因此囊括了兰斯山所能找到的一些最好的风土条件。它们皆以锡耶里为名销售，在整个 18 世纪至 19 世纪，始终是香槟区最炙手可热的葡萄酒。[59]

杰斐逊之后 100 年，上述风土条件的价值依旧体现在其价格上。1880 年，艾伊和迪济（它们如今组成了大河谷 [the Grande Vallée]）的 1 公顷葡萄的价值在 40000—45000 法郎之间。兰斯山的葡萄园价格几乎一样高昂：布齐和昂博奈，每公顷 38000—40000 法郎；而韦尔济、韦尔兹奈或锡耶里，则为 35000—38000 法郎。在白丘，梅尼勒村下降至 22000—25000 法郎之间；在皮耶尔里，埃佩尔奈南坡村庄的每公顷销售价格只有 18000 法郎。[60] 这说明，尽管官方的葡萄园分级尚不存在，但香槟区村庄的非正式等级制度已然出现，拥有最佳风土条件的葡萄能卖出最高价格。

安德烈·朱利安的《地志考》

首度全面对香槟葡萄园分级的努力其实发生在 19 世纪初。1816 年，安德烈·朱利安（André

Jullien）出版了一部划时代著作《葡萄名园地志考》（*Topographie de tous les vignobles connus*）。朱利安出生于勃艮第的索恩河畔沙隆（Chalon-sur-Saône），大约在 1796 年移居巴黎从事葡萄酒批发，其职业道路令他肩负起描述和划分世界葡萄酒产区的非凡计划。在书中，朱利安不仅论述了法国的葡萄园，还包括从安达卢西亚至高加索山脉间能想到的所有葡萄酒产区。他的足迹远至埃塞俄比亚、印度斯坦、秘鲁和蒙特利尔，甚至提到了美国加利福尼亚的葡萄种植区（当时是新西班牙的一部分）。

朱利安评论的深度较之广度更令人印象深刻。他将香槟区的红葡萄酒与白葡萄酒分开评级，指出香槟区最好的红葡萄酒位居法国顶尖葡萄酒之列，而它的白葡萄酒以淡爽的气泡受到饮酒者的青睐，即便如此，正如他提到的那样，这种气泡"并没有获得真正鉴酒家的极力推崇"。此外，朱利安对香槟区内的酒园进行了分级，按照品质分为五级，随后还对整个法国范围内的葡萄酒进行了评级。他将韦尔济、韦尔兹奈、马伊、圣巴塞尔（Saint-Basle，属于韦尔济）、布齐和圣蒂耶尔里（Saint-Thierry）列为顶级（*première classe*）香槟红酒，按照他的观点，这些葡萄酒能够与勃艮第葡萄酒分庭抗礼（不过只能是最温暖干燥的年份）。但由于这种天气在香槟区较为少见，所以他把这些葡萄酒排在了法国红酒第二等级的前列。诸如欧维莱尔、艾河畔马勒伊（Mareuil-sur-Ay）、迪济和皮耶尔里被列为香槟区第二等级，在法国则为第三等级；维尔多芒格（Villedommange）、埃屈埃（Écueil）与沙默里（Chamery）为香槟区第三等级，法国红酒第四等级。不过，他相信香槟区的顶级白葡萄酒与波尔多、勃艮第不分伯仲。白葡萄酒中，朱利安将锡耶里、艾伊、马勒伊、欧维莱尔、皮耶尔里、迪济列为顶级，此外还包括一座位于埃佩尔奈名叫勒克洛塞（Le Closet，因与法语词 *clos* 相关而得名，通常是拥有围墙的葡萄园）的酒庄。

朱利安 1832 年（去世前一年）出版的第三版甚至提供了更多细节。在这次重要的更新里，他不仅和此前一样列出了村庄，还选出了其中的最佳地点。作为一名现代的香槟区风土研究者，我激动地发现他所勘探之处依旧十分具有价值和意义，直至今天你我还能品尝到当地出产的葡萄酒。

例如，在韦尔兹奈，他提到了下库蒂尔（Basses-Coutures）和皮斯勒纳尔，而在韦尔济，则是勒乌勒与万泽勒——如今，这些都是路易王妃经常用于其年份酒和水晶调制酒的葡萄园。在艾伊，他提到了皮埃尔罗贝尔（Pierre-Robert），今天，路易王妃在这里种植用于酿造水晶桃红香槟（Cristal Rosé）的生物动力黑比诺葡萄。他也钟情于绍德泰尔（Chaudes Terres），这是堡林爵法兰西老藤香槟（Vieilles Vignes Françaises）所用的非嫁接葡萄的两块土地之一；还有沃泽勒特默（Vauzelle Terme），现在雅克森用于酿制其同名单一园香槟。迪济的苏谢讷（Souchienne）是加斯东希凯（Gaston Chiquet）最重要的葡萄园之一；莫克布泰耶（Moque-Bouteille）正好位于我曾居住的房屋背后；莱昂（Léon）是一座拥有围墙的小型葡萄园，最近马克赫巴（Marc Hébrart）开始在那儿生产一种单一园香槟。它们均出现在朱利安列举的顶级地点中。

读着他的著作，我想象将近 200 年前的朱利安与我漫步在同样的地方，品尝着葡萄酒，与酒农谈论它们的风土条件，与我们今天的所作所为如出一辙。令我震惊的是，许多朱利安提到的葡萄园迄今依然位居顶级之列。葡萄酒的风格或许已经不同，但对风土的评估与鉴定却依然如故。[61]

酿酒者是否在上述土地生产单一园葡萄酒，我们已不得而知。朱利安记载说，红白葡萄经常混在一起制造白葡萄酒，大概意味着这些葡萄来自不同的葡萄园。虽然香槟产酒区被分割成数百块有名字的土地，但人们继续以村庄而非单个葡萄园为单位探讨风土条件，这与它的竞争产酒区勃艮第形成了鲜明对比。虽然朱利安尽力点出该区域最佳葡萄园中的顶级地块，但他还是继续以村庄为单位来为香槟区的风土分级，这很可能是因为香槟人本身便是如此做的。

勾勒香槟区的边界

1904 年，香槟区成立了葡萄果农总工会（Fédération des Syndicats Viticoles）以防止葡萄酒诈骗行为。这并非香槟区独有的问题。整个欧洲的产酒区都在与原料采购中的欺诈进行斗争——酿酒厂从其他地方购入葡萄却在葡萄酒标签上谎称它们是本地葡萄酿造的。与此同时，由于价格下跌，香槟区的葡萄果农陷入了惶惶之中。尽管最好的品牌依然坚持只从本地葡萄园和村庄购买，但一些大型无良公司从其他地方（卢瓦尔［Loire］、朗格多克 Languedoc[62] 甚至阿尔及利亚）购买便宜的葡萄，不过其标签上却毫无有香槟区以外葡萄掺入酒瓶的蛛丝马迹。

1905 年，法国政府颁布了第一部法律以规范葡萄酒的来源和成分，1908 年的另一部法律又进一步准许设置地区边界以确认产品的出处。同年 12 月，发布了第一条确认香槟区葡萄园范围的法令，它包括兰斯、埃佩尔奈、马恩河畔沙隆（今名香槟沙隆）诸城周边的马恩省，东部维特里 – 勒弗朗索瓦（Vitry-le-François）附近区域，以及西部的蒂耶里堡（Château-Thierry）与苏瓦松（Soissons）周边的埃纳省（Aisne）。奥布省被完全排除在外，这激怒了当地果农。

1911 年 2 月通过的法案规定"香槟"一词只能用于真正的香槟酒。品牌依然可以生产由其他地区葡萄酿制的起泡酒，但它们不得不用单独的设备制造并在酒瓶上如实标注。理论上，这是香槟人的胜利。然而，新的裁决依旧未将奥布省纳入香槟区葡萄园区域，这导致奥布的果农于特鲁瓦和奥布河畔巴尔（Bar-sur-Aube）集会游行并威胁要使用暴力。最终，参议院 [63] 在 1911 年 4 月 11 日通过了一项决议，废除了 1908 年的法律。

马恩省的果农听闻参议院取消了对他们的保护，便以暴力回应。当晚，他们洗劫了达默里（Damery）和屈米埃两家品牌的酒窖，它们被怀疑进口外国葡萄并作为香槟出售。次日清晨，估计数量在 5000 人至 6000 人的一群果农游行经过了艾伊村，造成了严重破坏。人们闯入了据传外购葡萄的酒商地窖，将其葡萄酒倾倒在街上。商人的住宅遭到劫掠和纵火。暴乱的规模不容忽视，迫使政府颁布了新的法令。它依然保护香槟的原名，但给了奥布省"香槟第二区"（Champagne deuxième zone）的头衔。这很难让所有人都满意，但至少奥布省如今被纳入了该地区。

酒庄分级阶梯制

酒庄分级阶梯制（échelle des crus）创立于 1911 年，意图通过列出一座村庄每公斤葡萄达到固定价格的百分比来确立价格。特级园为 100%，能以全价出售，在它们之下的则根据等级得到一个全价的百分比。随后的 80 年中，这演变为了一套将所有香槟村庄列入 80%—100% 的体系，其中，17 座村庄为特级园，42 座为一级园。1990 年，葡萄定价被废止，香槟品牌开始直接与酒农商谈价格。这最终导致酒庄分级阶梯制于 2010 年被废弃。然而，术语"特级园""一级园"依旧被允许用于酒标（村庄按旧体系分类）。关于最后一版"酒庄分级阶梯制"，参见本书第 305 页。

1927 年，通过的一部新法律废除了"第二区"并概述了生产质量与葡萄种植的标准，包括哪些葡萄品种获得许可。1935 年，法国政府成立了国家原产地命名委员会（*Comité National des Appellations d'Origine*，为 INAO［国家原产地和质量研究所］的前身 [64]，专门用于确定本国酒区产品名称并防止假冒的机构，1936 年 7 月，确立了香槟区的官方原产地）。

如今，香槟区在法国是个泾渭分明的区域，葡萄产地包括五个不同省份（埃纳省、奥布省、上马恩省、马恩省、塞纳 – 马恩省）的 320 个村庄。香槟酒必须来自香槟区，在欧盟以及与欧盟达成协议的国家，严格禁止"香槟"一词用于其他任何产品。不幸的是，在世界其他地方（包括美国），"香槟"一词有时仍然被用来泛指任何起泡葡萄酒。

现代风格的演变（20 世纪）

香槟从历史浩劫中幸存了下来：它依旧是地位与奢华的象征，上流阶层纵情畅饮，在巴黎的酒吧、餐厅、妓院中随处可见。不过，第一次世界大战蹂躏了这一地区，持续近三年的狂轰滥炸让兰斯几乎彻底毁灭（40% 的葡萄园遭到摧毁）。此外，19 世纪后期根瘤蚜肆虐之后，20 世纪 20 年代用美国根茎移植葡萄园也给酿酒者造成很大负担。当 1940 年战火重燃时，香槟区再度被德国人占领。然而和"一战"相比，产酒区远离战区，损失相对较少。20 世纪后半期则要光明许多，引领该产业出现了迅猛成长。1950 年，每年香槟销售量约 3300 万瓶。1980 年，增至 1.76 亿瓶，而到了世纪末，销量创下了 3.27 亿瓶的纪录。[65] 这一繁荣时期导致葡萄园面积从 1957 年的 28400 英亩扩张至如今的 84750 英亩。

从起泡酒的发明直至现在的整个时期，香槟主要是一种调制葡萄酒。至少从唐·培里侬的时代起，调制就是香槟的一部分，它最初的角色是调和不同风土的特色，以创造理想情况下较之各自部分更优良的产品。这些调制常常是大范围的，包括产区内数十甚至数百个村庄。

直到 20 世纪 90 年代，我常常听到酿酒者对我说，低度葡萄酒是中性的。我尝过的第一种低度葡萄酒——1997 年份酒，便以高酸度和风味内敛而非特色鲜明受到推崇。当我要求品尝它们时，酿酒者甚至感到惊诧莫名。

现在，品尝低度葡萄酒已经不足为奇，也没有人再谈论"中性"。的确，大部分葡萄酒比

酒商与酒农的角色

历史上，香槟区拥有一套成形的商业结构：酒农种植葡萄，而酒商（*négociants*，或曰酒庄）从酒农手中购买葡萄用于酿造、销售香槟（居中的是促成二者买卖的"经纪人"[courtier]）。然而，如今许多酒农也酿造香槟，其中一些早在 19 世纪后期便已开始。

每瓶香槟都标有一个双字代码以注明销售它的公司的状况，市上最常见的是 NM（*négociantt manipulant*，香槟酒庄）和 RM（*récoltant manipulant*，酿酒果农）。那种"代码彰显质量，似乎 RM 好于 NM"的观点是一种误解，绝不正确。无论 NM、RM 都既有杰出的，亦有平庸的。例如，现在注册为 NM 的商家包括贝勒斯（Bérêche）、迪耶博瓦卢瓦（Diebolt-Vallois）、拉埃尔特弗雷尔（Laherte Frères）、雅克·拉赛涅（Jacques Lassaigne）、马尔盖（Marguet）以及威特 & 索比（Vouette & Sorbée）——几乎没人会质疑其资质。实际上，随着香槟区葡园价格上涨和可用性的下降，越来越多高品质 RM 正在转变为 NM 以便获得更多葡萄。

代　码

以下是对香槟制造商进行分类的代码。该代码及制造商识别序号能在每一瓶香槟上找到。

NM

香槟酒庄，外购葡萄、葡萄汁或葡萄酒用于酿造香槟的生产商。酒商也能拥有自己的葡园。

RM

酿酒果农，专门以自家葡园酿造香槟的生产商。

RC

合作果农（*Récoltant-Coopérateur*）。果农将葡萄售予合作社，之后得到香槟，并以自家酒标销售。

CM

酿酒合作社（*Coopérative de Manipulation*），负责销售由合作社成员的葡萄酿制的香槟。

SR

果农联合公司（*Société de Récoltants*），一批果农（通常互为家族成员）以自家葡园葡萄酿造香槟。

ND

销售商（*Négociant Distributeur*），购买已经酿造完成的整瓶香槟，贴上自家酒标并进行销售。

MA

贴牌生产（*Marque Auxiliaire*），使用买家自有商标。例如，一家超市购买瓶装香槟并以自己的酒标销售。

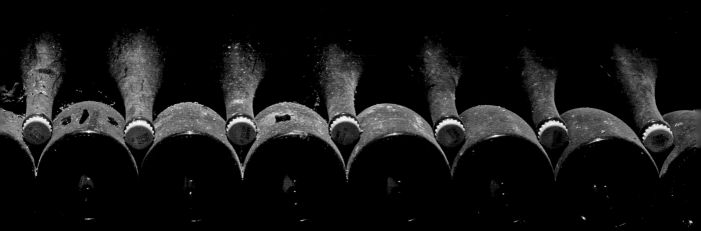

20 年前更加成熟，也更加美味。即便如此，这并不意味着上述葡萄酒完美无瑕。有些可能展现出醇熟的水果味但缺乏复杂性；另一些可能余味悠长但缺少厚度；还有一些可能拥有强烈的矿物质味却味觉淡薄。它们均需高酸度以便为二次发酵和陈华打下基础。

即使知道品尝低度葡萄酒与品尝成酒十分不同，但我还是相信这些原酒从来不是真正中性的。我甚至认为酿酒者自己也不相信这一点。如果原酒的目标是中性化，那为何存在葡萄园分级？如何解释对单一园或单一村香槟日益增长的兴趣？

特定产地香槟的兴起

现代第一种以源自单一村闻名的香槟是奥热尔河畔勒梅尼勒的沙龙。传奇的白丘香槟（Côte des Blancs champagne，至本书撰写时为止，仅生产了 38 个年份）在 1905 年由欧仁艾梅·沙龙（Eugène-Aimé Salon）创立，最初只为私人饮用。[66] 虽然在那个年代如此仔细地专注于产地是非同寻常的，但沙龙还是赢得了忠实拥趸，成为巴黎马克西姆餐厅的香槟品牌。甚至今天，它依旧保持着鹤立鸡群的光环。

单一园葡萄酒的酿制开始体现对特定风土更加审视。现代香槟区单一葡萄园首次以此方式呈现是在 1935 年，那年皮埃尔·菲丽宝娜（Pierre Philipponnat）购买了一块位于俯瞰马恩河的陡坡上的葡萄园。菲丽宝娜对该葡萄园的品质如此自信，以至于同年他开始酿制一款单一园香槟，并以此地为之命名——歌雪葡园（Clos de Goisses）。卡蒂埃（Cattier）制造了 20 世纪第二种著名的单一园香槟，它来自吕德村的穆兰葡萄园（Clos du Moulin）。1952年这种香槟首次装瓶，此地曾经属于阿拉尔·德·迈松纳夫（Allart de Maisonneuve，一位路易十五时期的官员）家族，19 世纪的文献便有对此葡萄园出产葡萄酒的记载。

20 年后，更加出名的单一园香槟诞生了。1975 年，德拉皮耶（Drappier，一个奥布省品牌，以受到夏尔·戴高乐钟爱而闻名）开始生产大桑德雷（Grande Sendrée），这种香槟由来自于尔维尔村（Urville）上方山坡的葡萄制成。紧随大桑德雷之后的是塔兰（Tarlant）的路易佳酿（Cuvée Louis）、让·米兰的圣诞之土（Terres de Noel），等等。不过，那一时期给人印象最深的单一园香槟是库克的梅尼勒葡园（首度酿制于 1979 年，发售于 1986 年）。库克以其混酿香槟的醇厚与复杂性闻名。像库克这样受到尊敬的品牌发布一款单一园香槟，的确可谓独创一格。

也许是库克的勇气鼓舞了其他追随者，抑或仅仅为当时试验创新意愿的体现，在20世纪80年代末期和90年代，对单一园或其他特定葡园香槟的兴趣飞速增长。最重要的是，这可能是酿酒者将香槟视为一种真正的葡萄酒（和其他葡萄酒一样的佳品）的结果。然而大致来说，随着工业化农业的采用以及人造除草剂、杀虫剂和真菌处理的广泛运用，欧洲葡萄栽培的品质已不如其20世纪七八十年代的高峰期。如今流行的有机、可持续葡萄种植运动开始在20世纪八九十年代接手土地的新生代葡萄酒业者中萌芽。虽然高品质的农业并不一定导致转而出产单一园香槟，但你对葡萄园关注越多，就越明白单片土地的表现以及它们所酿造的葡萄酒品种。这就不难理解人们想要保存上述特色了。

伟大前景

一想到当前的趋势是某种风土的复兴或再现就令人心驰神往——香槟返璞归真了。回顾诸如安德烈·朱利安非凡的《葡萄名园地志考》（参见第31页）的记载，这看上去似乎是一种曾经失传（至少被忽视）的学问。20世纪后半期的某些地方，香槟成了一种依赖工艺而非产地的葡萄酒，如今，香槟人开始矫正错误并重新发现了其葡萄园的特质。

不过，单一园或单一风土香槟产量的提升是否意味着这些是本质上更胜一筹的葡萄酒呢？我认为，显然并非如此。对我来说，作为勃艮第的拥趸，能够以相似的方式体验香槟区，按照产地逐一比较葡萄酒，确实令人心潮澎湃。然而香槟区不是勃艮第。它的土壤没有那么多样，气候也没有那么温和。虽然某些香槟区的葡萄园能够酿造出复杂、非凡的葡萄酒，且其中许多属于该地区的顶级。然而当你在收获后的春季品尝低度葡萄酒时，很明显并非所有的香槟区葡萄园能够酿制出自成一体、足够完满的葡萄酒。即便在17世纪，唐·培里侬便深谙此事。

这是为何勃艮第式的单一园或单一村模式无法取代香槟区调制酒霸权的主要原因。单一园香槟拥有了一席之地，它们赋予我们空前的机会，以更精细的方式去探寻香槟区葡园。不过，丰富、完满的混酿香槟也总是拥有自己的位置。当代人对葡萄园的关注开启了对这片土地的细读，它将会在未来数十年中延续下去。如今的酒农和酒商正更深厚、更精细地研究其风土条件，远超安德烈·朱利安的时代，并且他们正在学习以前所未有的明晰去表现这些产地。如果说存在香槟黄金时代的话，那么就是现在，更确切地说，这是它的序幕。

特定产地香槟：时间线

尽管多数香槟依旧为混酿，但在过去 30 年间单一园与单一风土香槟已崭露头角。这一动向包含了某些本地最受尊崇的品牌，例如库克和雅克森，以及像塔兰、牧笛薄衣（Larmandier-Bernier）、热罗姆·普雷沃（Jérôme Prévost）、玛丽－库尔坦（Marie-Courtin）这样的果农－酿酒商。实际上，有些酒庄只酿造单一园香槟，如于利斯科兰（Ulysse Collin）拥有 4 款（外加 1 款桃红香槟），塞德里克·布沙尔（Cédric Bouchard）的珍妮玫瑰（Roses de Jeanne）酒庄甚至更加极端，灌装了不少于 7 款不同的单一园葡萄酒。沙图托涅－塔耶（Chartogne-Taillet）和马尔盖是另外两家日渐倚重单一园、单一村香槟的制造商。以下为一些著名发售的时间点列表。

1905 官方认定为沙龙香槟的首个年份，不过该品牌香槟在此后 20 年中并未商用。

1935 菲丽宝娜首度酿造歌雪葡园。

1952 卡蒂埃以吕德村穆兰葡萄园为基础打造了一款葡萄酒。

1971 皮埃尔皮特（Pierre Péters）推出了源自莱沙蒂永的特酿，最初以小农香槟酿造。

1975 德拉皮耶开始生产大桑德雷（来自尔维尔村上方山坡的葡园）。

1979 库克开始以位于奥热尔河畔勒梅尼勒中心的一座围墙葡园酿制梅尼勒葡园。

1982 塔兰灌装了它的路易佳酿。

1985 让·米兰酿造了来自奥热尔村的圣诞之土。

1989 欧歌利屋（Egly-Ouriet）推出一款来自昂博奈莱克雷埃（Les Crayères）一处老藤地块的黑中白香槟；威尔马特（Vilmart）推出其来自里伊拉蒙塔涅（Rilly-la-Montagne）布朗什瓦葡园的核心库维（Coeur de Cuvée）；皮埃尔·卡洛（Pierre Callot）首次灌装阿维兹莱埃瓦茨（Avize Les Avats）。

1990 牧笛薄衣灌装了一款来自酒庄最古老葡萄藤的纯克拉芒香槟；它最终进化为黎凡特老藤香槟（Vieille Vigne du Levant）。

1993 弗夫富尔尼（Veuve Fourny）从韦尔蒂的酒庄划分出一片名为郊区圣母院的地块。

1994 雅克·瑟洛斯（Jacques Selosse）的安塞尔姆·瑟洛斯（Anselme Selosse）购买了一小片位于艾伊科特法龙（Côte Faron）的黑比诺地块并开始以它单独灌装一款名为孔特拉斯特（Contraste）的香槟。乔治·拉瓦尔（Georges Laval）以屈米埃的莱舍纳（Les Chênes）葡园酿造了一款同名香槟。牧笛薄衣打造了韦尔蒂之土（Terre de Vertus）。

1995 1990 年以来的首个高质量收获季期间，一批单一风土葡萄酒如雨后春笋般涌现。让·韦塞勒（Jean Vesselle）开始灌装来自布齐小葡园的小葡园香槟（Le Petit Clos）；迪耶博瓦卢瓦凭借它位于克拉芒最优风土上的一些最老葡萄藤推出了热情之花（Fleur de Passion）；阿格帕特父子酒庄（Agrapart et Fils）以阿维兹上方山坡的两处地块打造了阿维佐伊斯香槟（L'Avizoise）；皮埃尔·卡洛灌装了雅坎葡园香槟（Clos Jacquin，它也位于阿维兹）；雅克森尝试着用来自迪济科尔内博特雷（Corne Bautray）葡园的霞多丽酿造香槟；库克单独划出了一小片名为昂博奈葡园的带围墙地块；沙龙帝皇（Billecart-Salmon）以来自艾伊河畔马勒伊圣伊莱尔葡园的葡萄打造了一款葡萄酒。

1996 雅克森划出了艾伊的沃泽勒特默，其生产的葡萄酒孕育着对该品牌哲学激进的反思。

1998 热罗姆·普雷沃灌装了第一个年份的莱贝甘香槟（Les Béguiness）。

1999 大卫·勒克拉帕（David Léclapart）灌装了来自其最古老葡萄地块（由其祖父种植）的使徒（L'Apôtre）。塔兰另外酿造了两款单一园葡萄酒——安唐葡园（La Vigne d'Antan，来自未嫁接霞多丽葡萄藤）和德多葡园（La Vigne d'Or，来自一片古老的莫尼耶葡萄地块）。

2000 珍妮玫瑰的塞德里克·布沙尔开始酿造佑素乐（Les Ursules）。

2001 阿格帕特父子酒庄让维纳斯香槟（Vénus，得名于耕耘该地块的马匹名）加入了自己的阵容。

2002 埃马纽埃尔·布罗谢（Emmanuel Brochet）开始以其葡园勒蒙伯努瓦（Le Mont Benoît）酿酒。泰廷爵也开始生产莱福利德拉马尔凯特埃（Les Folies de la Marquetterie）。

2003 安塞尔姆·瑟洛斯开启了对六座单一葡园风土的非凡探索；威特 & 索比首度酿造了放血法红宝石（Saignée de Sorbée）。

2004 威特 & 索比以比克瑟伊（Buxeuil）的霞多丽葡萄酿造了泥土之白（Blanc d'Argile）。于利斯科兰开始灌装莱皮耶里埃（Les Pierrières，酒标上仅写着"白中白"）。

2006 在奥布省，玛丽-库尔坦酿造了共鸣（Resonance）与雄辩（Eloquence），而柯桑（Coessens）开始生产来自拉吉利埃的葡萄酒。岚颂（Lanson）以兰斯的一座围墙葡园打造了岚颂葡园香槟。沙图托涅-塔耶首次灌装了莱巴勒斯香槟（Les Barres，来自一个未嫁接莫尼耶葡萄地块）。

2008 随着首次生产莱克雷埃香槟，马尔盖开启了一个单一园香槟新系列。

CHAPTER Ⅲ

香槟是如何酿成的

2015 年 9 月，香槟区的收获季节已经开始。收获季是一年中我最爱的时光之一。在我们这个气候变化的时代，天气大抵是良好的 [1]，而葡萄酒业者忙碌不已，正精神抖擞地期待着检视一年的劳作成果。

在这阳光明媚的日子里，我驻足于艾伊的勒内·若弗鲁瓦（René Geoffroy）酿酒厂，勒内之子让 – 巴蒂斯特（Jean-Baptiste）正管理着该家族产业。大部分若弗鲁瓦的葡萄园都位于邻近的屈米埃村，葡园团队正将葡萄送往酒厂压榨。让 – 巴蒂斯特·若弗鲁瓦是个外向、爱笑、随和的人。尽管认识他已有将近 20 年，不过我还是看出他的紧张不安。

"下雨，"他说（指的是上周在收获季开始前的暴风雨），"虽对糖分没有影响，但酸度下降得很厉害，尤其是霞多丽葡萄。"

香槟区传统的酿酒方法已经历数个世纪的磨炼，许多技术层面，诸如何压榨葡萄，葡萄酒如何在瓶中发酵，以及交付前葡萄酒在窖中应陈化多长时间，均由当地管理机构香槟酒行业委员会（Comité Champagne）制定规章。不过，在这些规章中，尚有许多可尝试的空间，并且如今技术上的多样化更甚以往。所有的一切都始于决定何时采摘葡萄。

收获季通常在 9 月中旬，然而仅仅一代人之前还往往在 10 月开启——这是本地区年平均温度高于过去的一个明证。决定何时采摘非常关键：太早你就会冒不够成熟或青涩风味的风险；太晚酸度又将迅速下降。倘若天气潮湿，还存在着腐烂的危险。和人们普遍观念相反，香槟并非由未熟的葡萄酿成。由于本地区凉爽的气候，葡萄成熟缓慢。不过，它们还是能够生理成熟（无论种子还是果皮）的，但仅能达到 10 度到 11 度的潜在酒精度（取决于果实的糖度）。在温暖的气候下，葡萄在达到至少 13 度的潜在酒精度（甚至更高）后才会成熟。这就是为什么温暖地区无法简单地通过采摘更低潜在酒精度的葡萄来酿造优良起泡葡萄酒的原因——它意味着采摘未完全成熟的果实。[2]

压榨葡萄

在若弗鲁瓦的酿酒厂，眼下运抵的葡萄来自莱乌特郎（Les Houtrants）葡萄园，它是位于屈米埃的一块温暖土地，让－巴蒂斯特·若弗鲁瓦在那里种植了五种葡萄并将它们一起采摘和压榨。他拥有两台传统压榨机，从而能够以最少的延宕加工葡萄。除了现今用液压驱动代替人力，传统香槟压榨机（垂直的筐式压榨机）的基本设计数百年来一直未曾改变。葡萄装入小箱子后运达，倒入压榨机大而浅的"围栏"内（直径约 9.5 英尺，合 3 米），边缘是高约 1 米的可拆卸木板条。一台标准的香槟压榨机可容纳 8800 磅（4000 公斤）葡萄，这样固定的分量被称作 1 马克（marc）[3]，而最常见的压榨机生产商为科卡尔（Coquard）。

一旦压榨机被装满，会打开一块置于葡萄上方的木质大圆板并锁定到位。马达启动，圆板缓缓下降，柔和地挤压葡萄。因压榨中葡萄自身重量而大量溢出（即自动压榨）的大约头 100 升果汁将被丢弃，因为它可能含有果皮上的灰尘和杂质。此后，真正的果汁开始流出，经环绕压榨机的狭窄水槽流入下方容器中。若弗鲁瓦的酒厂建有三层，从而能借助重力压榨全部的葡萄酒。

每个压榨的步骤被称作塞尔（serre）：头三个塞尔构成了库维（cuvée，请不要与表示调配酒的 cuvée 混淆，它是个专门的术语，指的是最初、最好的那部分榨汁）。库维的重量不超过 2050 升。接下来的两个塞尔产出为达伊（taille），这部分接触了更多果皮，总计 500 升，是较下等的榨汁。此外，后续的榨汁被称作瑞贝歇（rebêche），不可用于酿酒，但会被送到蒸馏间制造食用或工业酒精。整个过程（从葡萄倒入压榨机到最后一榨后的果渣清理完毕）耗时约 4 小时。

为了打发时间，若弗鲁瓦开了一瓶香槟。终于，压榨机完成了第一榨，其顶端被重新升起。如今葡萄在压榨机底部压成了厚饼，不过它们依然含有许多果汁能够被再度压榨。负责翻整（retrousse）的团队用干草叉将"饼"分开，将葡萄堆回压榨机中央。（每个塞尔后都这般操作）当完成后，顶部关闭，压榨再启。

我们品尝着榨出的果汁，鲜美、成熟，带有清爽的酸味，十分可口。若弗鲁瓦心情愉悦。"我认为迄今为止，乌特郎是我的葡萄酒中最均衡的。"他说，"我们在10.7度将近11度（潜在酒精度）时采摘，它拥有一切——成熟、丰满、结构、酸度。"10.7度的酒精度听上去似乎无法与其他产酒区一较长短，然而这些葡萄已达到了最佳成熟度。

库维与达伊都能用于酿造香槟，这取决于酿酒者是否保留达伊。库维更精细，并能保存更长时间，而来自成熟、新鲜收获季的达伊的果味会柔化调制酒并令它在较早年份表现更佳。许多香槟区最好的酿酒者，包括若弗鲁瓦，会出售达伊，只用库维酿酒。对他的顶级香槟——印记（Empreinte）、快乐（Volupté）以及特别年份酒，若弗鲁瓦更进一步，只选用"核心库维"（coeur de cuvée）。他没有使用全部2050升，而是分离出中间的1800升，他认为后者才是最纯净、最精美的果汁。[4]

现代压榨机

传统压榨机在香槟区依然广泛使用，尽管其他地区已转而装备更现代的压榨机（例如气动压榨机）。气动压榨机呈圆柱形，它有一个膨胀的气囊，能柔和地压榨围绕筒边的葡萄。整个圆筒旋转着均匀分散压力，由于不存在水果饼和果皮，无须单独翻整。翻整需要人手且费时费力，故可谓一项优势。气动压榨机还能减少氧化发生。一些品牌会两种压榨机并用，例如路易王妃，当压榨黑比诺葡萄（拥有更坚韧的果皮）时更偏爱传统压榨机，压榨更柔软的霞多丽葡萄时则采用气动压榨机。

香槟区的最新式压榨机为"斜盘自动压榨机"（pressoir automatique à plateau incliné，缩写为PAI）。PAI亦由科卡尔制造，是一台拥有巨型倾斜金属板的水平压榨机。金属板将葡萄推向压榨机另一面的内壁，当它退回时，葡萄会因重力自然下落，同样无须翻整。欧歌利屋是香槟区首批采用的品牌之一，如今，塔兰、加斯东希凯、皮尔帕亚尔（Pierre Paillard）、贝勒斯和一些其他品牌也在使用。自从在吕德的家族地产安装PAI后，拉斐尔·贝勒斯（Raphaël Bérêche）对其成效激动不已。"我们的葡萄酒有了更高的精度与更好的技术。"他说。

不论如何压榨果汁，库维和达伊均被装入酒罐沉降（*débourbage*），这将花费整夜的时间用于沉淀任何大的固形物或外来物质。在这以后，澄清的果汁被装入酒罐或酒桶中，以便进行第一次发酵。

首次发酵：酿造原酒

所有香槟都始于无泡葡萄酒，其发酵和其他葡萄酒类似。无泡葡萄酒构成了基础——低度葡萄酒或原酒，最终将被调制、装瓶，进行二次发酵。对某些品牌而言，诸如堡林爵、库克、路易王妃或凯歌香槟，这意味着酿制数百种原酒，以便为首席酿酒师（酿酒团队的首脑）提供尽可能多的特质选择。

直至 20 世纪中期，所有香槟酒还都在橡木桶内进行第一次发酵，这仅仅是因为不存在其他容器。到了 60 年代，混凝土和钢铁制成的大桶（起初以玻璃为内衬，在发现玻璃可能会进裂后，改用了树脂）也投入使用。它们又被上釉或不锈钢的酒罐取代，到了 70 年代末，木桶几乎从香槟区销声匿迹了。不锈钢比橡木桶更容易保持清洁，而且酒罐无须像木桶那样定期更换。一些酿酒者将不锈钢酒罐视为一种更为中性的容器，避免了橡木味的干扰，为水果（或风土）提供了更加纯粹的表现。[5] 酒罐考虑到了精确温度控制，并且与木头相比，它们更少氧化，能将水果鲜味保存更久。

然而，当下人们并不总是想要在密闭环境中发酵，过去的 20 年里，越来越多的酿酒者在发酵和陈化上回归了橡木。与不锈钢不同，橡木多孔的特性允许发生微氧化（micro-oxygenation，微量氧气转移至葡萄酒中）。正确运用微氧化能增加复杂性和维度。这种容器几乎一直由法国橡木制成，尺寸从标准的 228 升勃艮第桶（*barriques*）到 4500 升的"大桶"（*foudres*）。当运用木桶酿造香槟时，有些酿酒者似乎的确以真实的橡木味作为目标，这几乎总是错误的，尤其是在涉及新木料的情形下。而一些其他品牌，包括贝勒斯、萨瓦尔（Savart）、威尔马特以及 J.-L. 韦尔尼翁（J.-L. Vergnon），试图通过使用 300—600 升、大于勃艮第桶但小于"大桶"的木桶来降低橡木的影响。这种葡萄酒与木头的比例能让微氧化进行，同时降低明显的橡木味。

木桶之外

为了给葡萄酒的发酵、陈化提供更加透气（同时避免风味转移危险）的环境，便出现了橡木桶的替代品。混凝土蛋形酒罐（参见第 308 页图片）不仅拥有中性、透气的表面，而且其圆润无棱角的外形据说能强化葡萄酒的自然运动，让酒泥持续处于悬浮状态（类似于一种天然"搅桶[*bâtonnage*]"）。理论上，这听起来不错，但我还并非其信徒。在沙图托涅－塔耶酒庄，亚历山大·沙图托涅（Alexandre Chartogne）常常将同样的葡萄酒分别放入"水泥蛋"与橡木桶以进行比较。如今我已品尝了数年这样的低度葡萄酒，几乎总是更青睐木桶版本，不过就此下结论还为时尚早。另一种引发一定关注的容器是陶土双耳瓶（amphorae），容积可达数百升。这些双耳瓶以古罗马时代（甚至更早期）酿造、运输葡萄酒的古老容器为基础，意图在避免沾染橡木风味的情况下进行氧化。虽然我喜爱世界其他地方以双耳瓶酿造的葡萄酒，但就个人意见而言，我极少能品尝到高于木桶或酒罐水准的双耳瓶版本低度葡萄酒。但试验才刚刚开始——沙图托涅－塔耶、伯努瓦·拉艾（Benoît Lahaye）、塔兰以及威特 & 索比均在评估中，因此这种容器可能还是会产生积极的效果。

酵母的选择

无论采用何种容器，榨出的果汁都需要酵母发酵。历史上，酿酒者曾仰仗葡萄中天然存在的酵母来发酵，不过其结果并非总是能够预测。如今，大部分香槟通过向未发酵的果汁中加入人工培育酵母而成。在香槟区，能够使用的商业酵母的范围惊人狭窄，而被选中者是因为它能够提供平稳、清洁、完全的发酵，使酿酒者能最大限度地掌控酿酒过程。对于那些奉有机或活机哲学为圭臬的人，可用一种有机培育酵母卡尔茨（Quartz），它来自香槟区弗勒里（Fleury）的葡萄园。

和其他产酒区一样，某些香槟生产者偏爱使用天然酵母——存在于葡萄果皮周围的酵母。这些"野生"酵母难以预测，有时会导致不完全发酵或产生不需要的风味，但拥趸认为它们有助于复杂性，甚至可能在表现风土上扮演了重要角色。这是真的吗？有可能，不过答案并非总是黑白分明。在蒙格厄（Montgueux），埃马纽埃尔·拉赛涅（Emmanuel Lassaigne）分析装有来自不同葡园葡萄汁的不同酒罐的微生物后发现，每个酵母菌群都大不相同。数据也可能会大相径庭。在雅克森，希凯兄弟多次尝试用本地酵母发酵。过程并无差错，但发酵结束分析酵母群后，他们发现，无论葡萄来自何方，其中有一种酵母菌占据了发酵 90% 的份额。这种优势酵母菌原本便在他们酒窖中普遍存在，并轻易地打败了野生酵母菌。

兰斯山的酒农埃马纽埃尔·布罗谢也发现发酵中葡萄酒所处的环境对酵母会产生影响。在维莱尔奥诺厄德（Villers-aux-Noeuds）一座旧农舍里安装新酿酒设备后，布罗谢想要以本地酵母来进行发酵。但他发现，本地酵母的发酵太不稳定，难以实用。"我来这里的时间不长，此地先前亦无酿酒史，"他说，"周遭的酵母并不适合酿酒，对野生酵母菌发酵而言，环境也不够稳定。"直到 2013 年，他的野生酵母才能稳定、独立地进行发酵，从那以后，他停止了使用人工酵母。

就个人而言，我对人工酵母和野生酵母一视同仁，许多顶级葡萄酒也兼用二者酿制。总之，人工香槟酵母是中性无染的。而野生酵母会增加个性与复杂性，越来越受到香槟区前卫酿酒者的钟爱。

乳酸菌发酵

一旦首次发酵完成，葡萄酒可能会经历乳酸菌发酵——这种细菌反应将苹果酸转化为更柔和平滑的乳酸。它提供了某种浓郁的味觉体验并柔化了酸度，有时甚至会产生奶油、黄油般的风味。当存在所需细菌并且温度足够高时，乳酸菌发酵（常常被酿酒者简称为"马洛"[malo] [6]）就会自然发生。它在香槟区是如此普遍，以至于大部分人将其视为该地区酿酒工序的一部分。

实际上，相对而言，乳酸菌发酵是香槟区的新生事物。20 世纪 60 年代以前，它很可能并不存在于大部分香槟中，人们引进它是为了降低香槟的高酸度，令葡萄酒更易于被年轻人接受。生产者和消费者都认同将此实践常规化，如今，乳酸菌发酵是如此流行，以至于不得不竭力防止一开始便出现这种反应。

大部分现在的香槟都经历了乳酸菌发酵，但还是有一些酿酒者一直抗拒它。岚颂、哥赛、阿尔弗雷德·格拉蒂安（Alfred Gratien）以严格地酿造非乳酸菌发酵香槟著称，贝勒斯、沛芙希梦（Pehu-Simonet）、J. -L. 韦尔尼翁和威尔马特也有计划地避免它。库克和沙龙历史上也不推崇，不过，它们的一些葡萄酒中自然地发生了这种发酵。"过去我们曾声称库克没有乳酸菌发酵，"奥利维耶·库克说，"实际上，我们并未洞悉一切——有时在我们不知道的情形下它可能发生了，抑或有时出现在酒瓶中。但我们从未采取措施促成它。"

通常认为酿酒者避免乳酸菌发酵是为了保持更高的酸度，但实际上一般是风格使然。"这并非酸度问题，而是与果味纯粹有关。"让－巴蒂斯特·莱卡永说道。除了非年份香槟，他酿造的所有路易王妃香槟都没有乳酸菌发酵。"避免乳酸菌发酵能拥有更清澈、更精细的风味，这对我们十分重要。"

陈化与调制原酒

首次（或酒精）发酵通常仅耗时几周。乳酸菌发酵较难预测，因为它需要温暖的温度——可能立即开始，也可能要等到来年春天。酿酒者也可以通过往酒中添加乳酸菌并提高酒窖温度来人为促成。一旦上述步骤完成，葡萄酒将继续储存在酒罐或酒桶中，直至调制阶段。

一些酿酒者早在收获季后的来年 1 月就进行调制，但许多顶级酿酒者如今会等到四五月甚至更晚，令其原酒获得更长在精制酒泥中陈化的时间。酒泥主要是酒精发酵中死去的酵母细胞的小颗粒。在香槟区，酒泥陈化通常指的是从瓶中二次发酵中残留下的红糟。然而，如今许多最优秀的香槟酿造者延长了原酒沉浸在首次发酵酒泥中的时间，这能给予葡萄酒更大的复杂度和厚度以及更加柔顺丰富的口感。

尽管大部分来自任意特定收获季的葡萄酒被用于当年的调制，但那些拥有更佳陈化潜质的会被作为优质陈酿单独保存。这些陈酿在创造香槟的复杂性及品质上始终扮演着关键角色（尤其是在歉收年份）。较小的酒农可能保留的是过去几年的陈酿，而更大的品牌常常保存有过去许多年的陈酿。

陈酿有若干方法储存，它们通常按照葡园（村）、葡萄品种和年份分类并在不锈钢酒罐中存放多年。例如，在库克庞大的陈酿酒罐藏品中，你兴许会找到 2007 年克拉芒霞多丽葡

索雷拉法或永动名酿

一些种植酒庄存储了称之为索雷拉（solera）的基酒——不过更确切地说应称为永动名酿（perpetual cuvée）。索雷拉系统在西班牙的雪利酒产区更为出名，它是一种利用一排排不同年份葡萄酒（称为"层次"[criaderas]）分批混酿的复杂酿酒法。然而，香槟区的版本通常只有一排，这也是为何从技术上说它并非真正的索雷拉法。葡萄酒存储于酒罐或酒桶内，每年（如若酿酒者中意的话，仅在最佳年份）一小部分被倒出用于混酿。较老的葡萄酒则被同等品质的最近年份葡萄酒取代。假以时日，酒罐或酒桶内的混酿包含了许多年份。贝勒斯用此法打造其安唐印象（Reflet d'Antan），比约的利蒂希娅（Cuvée Laetitia）、拉埃尔特的七号（Les 7）、皮埃尔皮特的陈酿（Cuvée de Réserve）、德索萨的科达利佳酿（Cuvée des Caudalies）等亦是如此。据我所知唯一按照雪利的认知（多层列）运用索雷拉系统的香槟酿酒者是雅克·瑟洛斯的安塞尔姆·瑟洛斯，他用这种方式储存其物质（Substance）白中白香槟以及小部分单一园香槟。

萄、2005 年昂博奈黑比诺葡萄、1998 年阿维兹霞多丽葡萄或 1996 年韦尔兹奈黑比诺葡萄。路易王妃以在橡木"大桶"中储藏陈酿著称，后者有助于其非年份香槟标志性的奶油口感。相比之下，堡林爵以 1.5 升大酒瓶（magnum）存储陈酿，这非同寻常，需要大量劳力，装瓶时会加入一点酵母和糖，让葡萄酒稍稍起泡，从而在更长时间里保持鲜活。我曾尝过一些 20 世纪 50 年代的这种陈酿，其活力和复杂性令人惊艳。大部分果农 – 酿酒者缺少空间和财力去储存大量陈酿，不过，对较小酒庄而言，昂博奈的埃里克·罗德兹（Eric Rodez）与维莱尔马尔默里（Villers-Marmery）的 A. 马尔盖纳（A. Margaine）二人却拥有惊人的陈酿储备。

调制的复杂艺术

香槟通常是经由复杂多样的调配而成，理论上，这应该创造出"一加一大于二"的效果。"调制的好处是博采众家之长，"欧歌利屋的弗朗西斯·欧歌利（Francis Egly）说，"每种成分应该添砖加瓦——倘若你将一种葡萄酒纳入调制，那么它应当为之做出某种贡献。"

但这有些可遇不可求，尤其在缺少责任心的酿酒者中更是如此。德茨香槟的让 – 马克·拉雷（Jean-Marc Lallier）曾对我说："有些人不调酒，他们只是勾兑。"但在高级酿酒者中，它是一种实现更佳完整性的手段，胜过了任何单独成分展现的特质。"对不同品种的调制是为了实现一种浑然天成的和谐，一种琴瑟相和。"唐培里侬的首席酿酒师里夏尔·若弗鲁瓦（Richard Geoffroy）说："霞多丽常常作为前调和中调，黑比诺则是中调、后调。用意是让二者珠联璧合，令葡萄酒更上层楼。"

发酵与调配之间，香槟酿造者所需的品尝次数是惊人的：每个酒罐、酒桶或大桶都要尝味无数次以确定每种酒在调制中的最佳位置。我一直很喜欢与让 – 皮埃尔·玛雷纳（Jean-Pierre Mareigner，在 2016 年不幸去世前担任哥赛首席酿酒师超过 25 年）一起品尝低度葡萄酒。他会带领我穿过许多外观一致的酒罐组成的迷宫，凭借似乎过目不忘的记忆指出所有成功（以及失败）的收获季。他会说，这种克拉芒霞多丽一个月前还是无味的，而现在已经"绽放"了；这种莫尼耶来自一位总是过早采摘的酒农；这种昂博奈黑比诺压榨时极佳，不过几周后却停滞了下来，数月后它将再度焕发生机。要制造顶级调制酒，这种对每一成分的了如指掌是很必需的。

香槟风格

白中白香槟（blanc de blancs）：完全以白葡萄酿成的香槟，几乎意味着是 100% 的霞多丽葡萄。然而，以其他白葡萄（诸如白比诺、阿尔巴纳、小梅莉）酿成的香槟也被冠以此名。

黑中白香槟（blanc de noirs）：完全以红葡萄酿成的香槟。它可能是 100% 黑比诺，100% 莫尼耶或二者混酿。

桃红香槟（rosé champagne）：粉红版的香槟，通常由普通白葡萄酒加入少量红葡萄酒酿成。桃红香槟亦可经放血法制造，此法令果汁浸泡在葡萄皮中以获得其颜色。

非年份香槟（nonvintage champagne）：用来代表由多个年份混酿的葡萄酒。非年份香槟的品质多种多样：非年份天然通常是酿酒商的基础入门款香槟，但许多酿酒商（尤其是酒农酒庄）拥有更高级的非年份香槟，后者经精挑细选酿成，一般质量高于基础款非年份香槟。范例包括威尔马特的大酒窖（Grand Cellar）与马克赫巴的遴选（Sélection），甚至还包括名酿，例如罗兰百悦（Laurent-Perrier）的大世纪（Grand Siècle）或阿尔弗雷德·格拉蒂安的天堂酒（Cuvée Paradis），便由多个年份混年而成。

年份香槟（vintage champagne）：专门以单一年份基酒酿造的香槟，它倾向于用精选的高品质葡萄打造，并完全来自最佳收获季。而非多数香槟那样由数个年份葡萄酒混酿而成。通常年份香槟被认为具有较之非年份香槟更高的品质，但未必总是如此。

名酿（prestige cuvées）：名酿代表着一个品牌中最精挑细选、最昂贵，大概也是最高品质的香槟。著名名酿包括路易王妃水晶香槟、保罗杰丘吉尔纪念香槟、泰廷爵香槟伯爵，而第一款名酿则是酩悦香槟 1936 年发售的唐培里侬。

单一园香槟（single-vineyard champagne）：完全由单一葡园地块所产葡萄酿造的香槟，与多数由来自许多不同葡园葡萄混酿的香槟相反。它可以是年份香槟亦可为非年份香槟。

一旦葡萄酒进行了调制，它们可能会被冷却稳定（cold-stabilized）——冷冻至 25 华氏度（−4 摄氏度）并维持该温度 24 小时（或更久）以沉淀酒石酸盐晶体（它会在之后妨碍瓶中的发酵）。也可通过将葡萄酒置于酒窖最冷处或室外来完成此程序。冷却稳定后，调制酒可能会过滤，随后倒入酒罐一小会儿，以便在装瓶前能让各种成分融为一体。这结束了葡萄酒生涯中无泡的阶段，为它开启了新的一页。

二次发酵：香槟是如何获得气泡的

尽管有数种方法制造起泡葡萄酒（例如向非起泡酒中注入二氧化碳），但真正的香槟必须经过瓶中的自然发酵酿成。二次发酵通过向每个酒瓶加入再发酵液（*liqueur de tirage*，混合了酵母与糖的葡萄酒）来实现。目标很简单：酵母消耗掉糖分，发酵的其中一个副产品便是二氧化碳。由于酒瓶是加盖的，气泡会和死去的酵母细胞（酒泥）会留在瓶中。为了确保每一瓶的压力相同，加入糖分有着精确的数量：4 克糖产生 1 个大气压，因此，欲达到标准的 6 个大气压，需要加入 24 克糖。

非年份香槟再思考

让－埃尔韦·希凯（Jean-Hervé Chiquet）和他的兄弟洛朗（Laurent）在 1988 年接手雅克森香槟时，它已经是个备受尊崇的品牌。当时雅克森酿造了一系列经典葡萄酒，包括杰出的极致（Perfection）非年份天然香槟和甚至更加出色的年份顶级签名款（Grand Vin Signature）。和其他香槟品牌一样，调配极致的方法是保持各版发售特色上的延续性。然而，有一年，兄弟俩所偏爱的混酿跳出了原有极致的风格，导致了一种折中。"我们意识到自己正故意地让这款混酿变得逊色，"让－埃尔韦·希凯说，"毫无道理。"

兄弟俩发现迁就原有风格将会调制出较次的葡萄酒，开始质疑一致性的价值。从 2000 年收获季起，他们放弃了极致并以一种新的非年份混酿取而代之，称其为 728 号佳酿——自品牌于 1798 年创立以来的第 728 支混酿。从那年以后，他们每年发布一款编号葡萄酒——729、730、731，以此类推。伴随而来的，是两兄弟淘汰了年份混酿。"我们想要每年打造一款登峰造极的混酿，"希凯说，"一山不容二虎。"

一旦葡萄酒与再发酵液装瓶，它们将会以"皇冠盖"（与啤酒瓶盖种类相同）密封并平放在酒窖中。皇冠盖在香槟区成为标准已有半个世纪，它们的品质日趋精良。如今，酿酒者甚至可以选择不同渗透性的皇冠盖。然而，一些人重新用上了软木塞，他们相信它赋予了葡萄酒以独特的个性。大部分采用软木塞的人将它用于将长期陈化的佳酿，因为软木塞和皇冠盖的区别随着时间延续越来越明显。不过，由于两度使用软木塞（一次是酒泥陈化期间另一次是葡萄酒出厂时）会显著增加软木塞污染（不良化合物可能会通过软木塞进入葡萄酒中）的概率，存在着风险——实际上，菲丽宝娜一度在歌雪葡园的二次发酵中使用软木塞，因为这个原因而勉强地改用了皇冠盖。但有些人觉得利大于弊：例如，贝勒斯不少于五种的佳酿采用了软木塞。

"这有点像用酒桶和酒罐酿酒的区别，"老板拉斐尔·贝勒斯说道，"它可能未必适合所有香槟，但对我们的风格而言，我们认为它是非常正面的。"

酒泥陈化

二次发酵完成后，在吐泥（disgorgement）前，酒泥会留在瓶中。酒泥陈化被视作发展香槟复杂性与特质的关键，长期以来是酿造香槟的基础环节。它丰富了味觉，给予葡萄酒以更多余味、深度，有助于优雅度和口感，创造出香槟标志性的独特咸鲜味、坚果味。这大部分是源于自溶（酵母菌细胞死亡破裂后的酶解过程）。该过程可持续多年，这就是为何酿酒者常常酒泥陈化香槟如此之久的原因。

从技术上说，非年份香槟必须在酒泥中陈化至少 12 个月（出厂前总共在酒窖陈化 15 个月），而年份香槟必须在酒泥中陈化 3 年以上。实际上，大部分高质量酿酒师陈化香槟的时间会更长，非年份香槟 2—5 年，年份佳酿 5—8 年，甚至更久。还有一些品牌会陈化其名酿超长时间——在我撰写本书的 2016 年，哈雪仍在销售 1995 年份的干禧白中白香槟（Blanc des Millénaires）；布鲁诺·帕亚尔（Bruno Paillard）刚刚推出他的 2003 年 N.P.U.[7]；汉诺（Henriot）的暗香特酿香槟（Cuvée des Enchanteleurs）则到了 2002 年份。

压力之下

关于一瓶香槟应该具有多大压力存在着新的争论，这部分是新材料能够在二次发酵期间用于封瓶的结果。在过去的20世纪60年代，香槟在此阶段以软木塞封瓶。此后，大部分酿酒者转而采用皇冠盖（参见第55页），它提供了更好的密封性。理论上说，当标准的6个大气压最初被制订时，软木塞之下的装瓶及陈化令少量气体溢出，最终发售时的压力一般约为5个大气压。而在密封性更好的皇冠盖之下，葡萄酒保留了更多压力，其成品压力超越以往。在某些人看来，这意味着6个大气压超过了昔日初衷。

白丘具有以较低气压（约4个大气压）灌装白中白香槟的悠久传统，这带来了更柔滑的质感以及稍微丰富一些的口感。过去，这被标注为起泡葡萄酒（*crémant*），不过如今该名字专门用于香槟区以外的法国起泡葡萄酒。[8] 本地一些白中白香槟依旧以类似低压风格酿造，例如皮埃尔·吉莫内（Pierre Gimonnet）的美食家（Gastronome）、皮埃尔皮特的梅尼勒珍珠（Perle du Mesnil）、勒克莱尔（Lilbert）的珍珠（Perle）以及路易王妃的年份白中白。

也有一些就是偏爱低压香槟的酿酒者。"起泡有点令我困扰，"珍妮玫瑰的塞德里克·布沙尔（他所有香槟均以4.5个大气压装瓶）说，"我希望能让气泡尽可能精细，而不喜欢它过分刺激你的味觉。"罗歇·库隆的埃里克·库隆（Eric Coulon）出于类似原因以5个大气压装瓶："香槟应当优雅、含蓄而非强势。"

我并不赞同所有香槟酿造商都应该降低葡萄酒气压的观点，但这种理念具有某种合理性。许多香槟比过去更早发售，酒泥陈化时间也更短。缺乏长期酒泥陈化的年轻香槟的气泡在开瓶时常常过于猛烈。可能在这种情形下，一些较早发售的香槟会因稍微降低气压而获益。

安塞尔姆·瑟洛斯
雅克·瑟洛斯

不过，更长时间的酒泥陈化就更好吗？时间不足的香槟感觉"瘦骨嶙峋"，酸味很重而欠缺肉感。这常常发生在较小的酒农酒庄中，它并不总是拥有能将葡萄酒储存于酒窖多年的资本。在这种情况下，我有时会尝到一种新酒并感到惋惜——如果它能继续酒泥陈化数年就好了。

另一方面，存在过长酒泥陈化一说吗？常识认为酒泥陈化是储藏香槟的最佳方式，因为酒泥是天然的抗氧化剂。随着 1952 年份丰年香槟（1952 Grande Année）作为 R.D.（*récemment dégorgé*）香槟[9] 在 1961 年推出，堡林爵可能是首个证明这点的品牌。如今，其他品牌也拥有了某些名酿的晚吐泥（late-disgorged）版本，例如雅克森的 D.T.（*dégorgement tardif*）。

然而，有时候（这是基于个人而非职业的评价），延长酒泥陈化带来的丰盈口感和风味可能会变得浓厚，从而掩盖了酒中的其他成分。酒泥陈化与葡萄酒的其他部分（诸如橡木、酒精、酸度）相得益彰远好过一枝独秀。

此外，过去 20 年间，香槟由更成熟的果实以及越发丰盈、浓缩的原酒酿造，我相信这已挑战了正统观念——长期酒泥陈化为制造高品质香槟的先决条件。例如，热罗姆·普雷沃只让他的酒在酒泥中陈化最低限度的时间，他认为酒泥陈化只是为葡萄酒吐泥后脱胎换骨提供的跳板。与传统风格香槟相比，这可能会产出干枯涩口的葡萄酒，但他的感觉非常完备，具有说服力。威特 & 索比以及珍妮玫瑰的香槟与之大同小异。上述酿酒者都制造少有的成熟、浓缩的原酒，因此主要水果与酒泥特色的平衡跟经典香槟存在区别。

当我和让–巴蒂斯特·莱卡永谈到这些时，他同意我关于成熟度的看法："我的确认为更成熟的果实可以减少在酒泥中的时长。"他回忆起 1945 年的水晶香槟，它来自一个特别温暖的年份，在酒泥中只待了 12 个月。莱卡永对酒泥陈化进行过大量试验，路易天妃则有一座大型"资料库"，里面收藏了各种酵母泥渣用于研究及私人用途。"我发现，在葡萄歉年，长时间的酒泥陈化以及更晚的吐泥对葡萄酒助益颇多，"他说，"但在葡萄丰年，提早吐泥会有更佳表现。"

转瓶和吐泥

将酒泥从瓶中移出被称为吐泥，过去 200 年来，香槟人已将这一过程转变为精巧的手艺。为了准备吐泥，所有二次发酵留下的沉淀物会通过称为转瓶（法语：*remuage*）的工序慢慢引至瓶颈。就传统形式而言，转瓶是个颇耗费劳力的过程，酒瓶的瓶颈被插在 A 型带孔支架（法语称为 *pupitres*）上。一位专业转瓶工（*remueur*）用双手转动酒瓶，令它们快速与木头摩擦发出吱吱声。在逐步旋转 1/8 或 1/4 圈之前，酒瓶起初水平放置在架子上，每轮转动都会轻轻地移动沉淀物。每当转瓶工转瓶时，他们还会让瓶身向上倾斜一个小角度，以便最终酒瓶几乎处于垂直头朝下的姿态。这时，所有沉淀物均聚集于瓶颈，葡萄酒变得清澈。手工转瓶需要大约五六周时间，但感谢转瓶机的引入，转瓶变得更加机械化了。

一台转瓶机由通常可容纳 504 个酒瓶的"笼子"组成，由两位香槟酿酒师于 1968 年发明。它们以类似于转瓶工的方式转动酒瓶，不过机器完成任务要快捷许多——无须五六周，只需 7 天到 10 天。大部分香槟人都同意，手工转瓶和机器转瓶的品质没有差别，甚至有人相信，得益于更佳的运动精准度，转瓶机要更胜一筹。

一旦转瓶结束，酒瓶便可以吐泥了，这也通常由机器来完成。瓶颈被浸入零下 16.6 华氏度（零下 27 摄氏度）的盐水中，这将局部冻结沉淀物，将它凝固为"那东西"（bidule，皇冠盖下的小塑料杯）。当皇冠盖被移开时，死去酵母细胞的冻块随之吐出，令余下的酒变得清澈。这种冷冻法吐泥（*dégorgement à la glace*，可能听上去十分现代）是 1884 年由一位名叫阿尔芒·沃法尔（Armand Walfart）的比利时人发明的。[10]

酒瓶亦可手工吐泥，当它们是以软木塞封口或准备商业发售大瓶香槟（例如 3 升瓶 [jeroboam]）时，这么做就是必需的。这一操作名为手工吐泥（*dégorgement à la volée*），需要技巧，因为很容易让酒变得浑浊或损失太多。还有一些酿酒者依然完全用此方式为全部产品吐泥。贝勒斯一年生产约 85000 瓶酒，然而该品牌依旧完全用手工吐泥。这部分是因为有些酒瓶的二次发酵以软木塞封口，但也因为贝勒斯团队喜欢亲手把关每一瓶酒以确保它们在离开酒窖前没有受到软木塞污染或其他瑕疵。

补液

吐泥后，会立刻向酒瓶中补充调味液（*liqueur d'expédition*），这是一种掺入少量蔗糖或甜菜糖的酒液。此举有两个作用，即补充了葡萄酒吐泥时损失的小部分剂量，又引入了一种精准控制的糖量（称之为补液 [dosage]）。酿酒者可凭喜好选择以哪种酒作为调味液，可以和瓶中酒相同，亦可是一种优质陈酿以增添一点特性。

补液用量严格依照其风格予以控制，然而市场上大部分香槟均为天然香槟，每升中含糖不超过 12 克。历史上，补液被用于平衡香槟的天然高酸度，常常是创造一种和谐、富有表现力的香槟的关键要素。然而，最近对于补液存在大量的误解，其中既有消费者也有生产者。有时，你会听到酿酒者说类似这样的话："自从我不用补液后，我的酒更纯粹，更能体现风土了。"或者相关的版本："我的酒是如此出色以至于它不需要补液。"这两种说法都是荒谬的。第一种情况，葡萄酒如果没有恰当补液会欠缺表现力（因此会较为逊色）。第二种情况，葡萄酒是否需要补液与它的品质无关。雅克·瑟洛斯、热罗姆·普雷沃、欧歌利屋是

补液的"度数"

欧盟详细规定了起泡葡萄酒补液的官方分类。注意，这里存在某些重叠，按照某些补液标准，一款香槟可能符合多个类别。

自然（Brut Nature，或称零补液 [Non-Dosé]、零号天然 [Brut zéro]）：不添加任何补液并且自发酵的残留糖分不多于 3 克。

超天然（Extra Brut）：每升 0—6 克糖。

天然（Brut）：每升 0—12 克糖（今天市面上主流香槟为天然或更干型）。

极干（Extra Dry）：每升 12—17 克糖。

干（Sec 或 Dry）：每升 17—32 克糖。

半干（Demi-Sec）：每升 32—50 克糖。

甜（Doux）：每升超过 50 克糖。

MCR：浓缩精馏葡萄汁的争议

一种具有争议的调味液替代品是 MCR（*moût concentré et rectifié*），即浓缩精馏葡萄汁。它由来自法国南方甚或远自北非的葡萄汁去除非糖物质后浓缩而成。MCR 本质上是一种中性的增甜剂，使用它的酿酒者以此作为其主要优点。它的另一个好处是品质稳定，不像调味液随着时间推移容易氧化。然而，在调味液和 MCR 之间一直存在着争议。MCR 的拥趸声称它能让葡萄酒的鲜美风味保持更久并提供了一种一致性。反对者则否定它的中性，认为其滋味和口感矫揉造作。

我曾进行过一些对比测试，但未得出确凿结论。在吐泥后的头几个月，MCR 的口感有些类似糖浆，但随着时间流逝通常都会淡化。另一方面，尽管添加了 MCR 的香槟，在吐泥后的几个月内有时似乎的确变得更为鲜美，但假以时日，却和添加调味液的香槟越来越相近。理论上，我更倾向于蔗糖，因为我感觉它更好地保存了原葡萄酒的纯粹。不过，在盲品中我可能会轻易地弄错，或者找出许多葡萄酒中的反例。

香槟区最优酒庄中的三家，它们几乎从不制造零补液香槟。香槟最好的三个品牌——库克、沙龙、唐培里侬亦是如此。

危险在于既然我们以数字谈论补液，它似乎可被量化：如果你想要更甜的香槟，多加一些；想要更干的香槟，少加些。然而，补液无关甜度，它与和谐度相关。一款添加适当补液的香槟在各方面均强于不当补液的香槟，无论复杂性、余味、风味深度、集成度或风土表达均胜过一筹。

但何谓适当补液？这有些错综复杂，每种香槟在达到其最佳表现上都拥有不同的平衡点。对某些香槟而言，这可能是每升 3 克糖的补液，对于其他的则可能是每升 7 克，还有一些则是每升 11 克。有些不用任何补液亦能均衡。不考量其他因素和葡萄酒的特性，数字本身就毫无意义。

补液不足的酒会感觉完成度不够并且风味弱化，有时，其生硬、几乎金属般的干度会被误认为矿物质风味（minerality）。[11] 相较而言，补液太多的酒导致糖分过于突出，又掩盖了风味，降低了复杂性。古怪的是，有时补液太少的酒也会出现类似情形：糖分没有与葡萄酒的其他成分相得益彰，反而似乎游离其外，喧宾夺主。我见过太多的例子，一种似乎甜腻的香槟不是通过减少补液而是通过增加来实现了更好的平衡。

当一种香槟补液适宜，糖分便"消失"并与葡萄酒融为一体了。在香槟区，一个广泛使用的类比是补液就像化妆，恰如其分方可增添女性的美丽，缺乏节制则变得粗野庸俗。我不喜欢这种比较，不仅因为它的性别歧视，还因为它暗示一位女性倘若没有充分化妆，便黯然失色。对我来说，补液就像食盐。我们不必用盐来让食物有咸味，而是用于提高对其他风味的感觉。太多的盐会令人不悦，但太少亦然。当一道菜盐分适当时，我们甚至没有察觉其存在，然而菜肴却获得了显著提升。这就是在补液试验中，酿酒者为同一种香槟尝试若干不同剂量标准以得到补液最佳值的原因。与错误的补液相比，正确的补液让香槟展现的余味和复杂性常常令人惊奇。

与此同时，有一些杰出的香槟在酿造时未添加任何补液。多数情况下，这些是成熟度高于通常水准的葡萄酒。它们通常源于精心培育的葡萄，从而赋予它们充分的质感和深度。现今位居顶级零补液香槟的有阿格帕特的维纳斯、伯努瓦·拉艾的维奥莱纳（Violaine）、牧笛薄衣的韦尔蒂之土、乔治·拉瓦尔的莱舍纳、路易王妃的自然、珍妮玫瑰的佑素乐以及克勒德昂费（Le Creux d'Enfer）、J.-L. 韦尔尼翁的信心（Confidence）、威特 & 索比的白中白。

多数酿酒者相信，高级补液能令香槟拥有更长寿命。这不无道理，因为糖（就像盐一样）是种防腐剂。有这种可能——三五十年前吐泥的香槟在其壮年期尝起来依旧鲜活，这要部分归功于当年高级的补液。不太清楚零补液或低补液香槟能陈化多长时间。我的经验是，优质的零补液葡萄酒（来自 20 世纪 90 年代和 21 世纪初）可陈化大约 10 年到 15 年，保存再长时间就益处不大了。如今酿造的零补液香槟或许能陈化更久。

封瓶

一旦葡萄酒补液完毕，它就会被以金属丝"笼子"（称作"线篮"[muselet]，顶部有个名为"线篮牌"[plaque de muselet] 的金属帽）固定的软木塞封口。须臾之间，这一切便在传送带上完成了：酒瓶瓶颈冷冻着，王冠帽开启，补液加入，软木塞插入。最近 10 年来，有些酿酒者在插入软木塞前还增加了一个步骤。一项被称作喷射（jetting）的新技术试图抑制吐泥时发生的氧化。为了将瓶中空气降至最低，在软木塞嵌入前注入一小滴水或酒，令酒表面上的二氧化碳起泡并逐出空气。软木塞随后插入瓶中，在没有任何空气的情况下压缩二氧化碳。

香槟软木塞过去由一块天然软木树皮制成，但如今它们几乎都是由复合材料制成——主体是聚合软木，接触葡萄酒的末端则由两三片天然软木构成。对任何软木塞而言，首要的危险是 TCA（2，4，6– 三氯苯甲醚），这种化学物质是软木塞污染的罪魁祸首。香槟软木塞污染的发生概率似乎低于其他葡萄酒，但依然存在，由于香槟是种纤柔的葡萄酒，任何木塞味都会被立即发觉。[12] 不可使用合成软木塞，因为它们缺乏对起泡酒来说必要的弹性，而以皇冠盖发售葡萄酒在香槟区是非法的。

唯一受到欢迎的方法是迈缇迪亚（Mytik Diam）——一种由经超临界二氧化碳（一定温度下呈液态的二氧化碳）处理后的软木粉组成的聚合塞以消除 TCA，同样的工序也用来去除咖啡中的咖啡因。这不仅能消除软木塞污染，还能减少口感差异，即使用天然软木塞时不

如何品鉴和储藏香槟

香槟和其他葡萄酒一样，得益于恰当的饮用方式。过去，以过于低温的冰桶和劣质高脚杯饮用香槟是司空见惯的。然而，随香槟鉴赏的持续提升，世上聪慧的侍酒师与鉴酒家正在重新思忖香槟的品鉴手法。

温度

香槟应当冷饮，然而全世界最常见的错误是温度过低。我的第一指导原则是，葡萄酒越复杂，就应当越少冷冻。一款简单、年轻的非年份香槟可以在 40 华氏度（4 摄氏度）下饮用，然而一款成熟的库克或皮埃尔皮特年份香槟可能更适合 50—55 华氏度（10—13 摄氏度）。补液亦扮演了一定角色，倘若你觉得香槟太甜，可以试着降低一些温度。快速令一瓶香槟降温的最佳办法是在桶内装入冰水混合物。

玻璃器

同一款香槟以不同玻璃杯奉上时，气味、味道会大不相同。香槟杯不再流行的一个原因是其狭窄的开口令你无法体验全部芬芳。因此，白葡萄酒杯或郁金香杯更适合香槟。要寻找最适合一款葡萄酒的玻璃杯形，可以做一下试验：将同一款香槟倒入几种不同的玻璃杯并思忖它在每一只内的变化。它是具有更多还是更少的芬芳？饮尽时它变得更悠长、复杂，还是更局促、稚嫩？它在味觉上是展现更多果味，抑或酸度更加突出？其酒精是更凝聚，还是更松散？

醒酒

在某些圈子里，给香槟醒酒开始变得流行起来，尤其是一款浓郁、强劲的酒更需接触空气以呈现最佳状态。我并不热衷于此，因为我发现醒酒改变了口感。如果必要的话，我宁可打开一瓶香槟，让它自然接触空气数小时。唯一令醒酒具备合理性的情况是你的时间有限。例如，倘若你在餐厅点了一瓶瑟洛斯，你可能会想要通过醒酒器让它迅速接触大量空气。但如果是我的话，我会打开它，慢慢等待，期间饮用另一瓶酒。

搭配

香槟通常作为开胃酒或在一餐开始时供应。不过，由于其清爽的酸度，它可谓各种食物的良配，变化多端的风格确保了你吃的几乎任何食物都能找到一款香槟搭配。鱼和贝类显然是许多香槟的伴侣，然而多数当代香槟亦能与各种禽肉和白肉相得益彰，除了重口味的情况（任何一种葡萄酒都无法与之相配）。香槟气泡与酸度的有机结合令它完美地衬托出各式油炸食品——从一盘廉价的鱼和薯片到最为精致的天妇罗。源自酒泥陈化及白垩土的鲜活风味令它得以提升任何鲜味相似的食物，例如蘑菇、蔬菜、大豆、熟食或帕马森干酪（Parmigiano-Reggiano）这样的陈年奶酪。酒体浓厚的香槟还能适配各种牛羊肉料理，虽然这看似有悖常理，但香槟延长了肉类的天然鲜味并与其脂肪的浓郁形成了对照。香槟在餐桌上的多用途性尚未得到充分发掘，我鼓励你这样做——在一餐开始后而非开始前品鉴香槟。

储藏

香槟与其他葡萄酒一样应当储藏在凉爽、阴暗之地，以湿润并且温度保持在 50—55 华氏度（10—13 摄氏度）间为宜。和大多数葡萄酒相比，它更容易因不佳的储藏而受到损害，如果你打算很快饮用，那么这不成问题，不过，倘若你准备长期陈化，那么就要好好思忖一番了。香槟不应储存于冰箱内（那是个干燥的环境）——软木塞会逐渐变干导致葡萄酒氧化，而开启冰箱门的光照对酒也不利。

一旦开瓶，利用香槟塞提供的密闭性可以轻松地保持新鲜。封口并存于冰箱的情形下，它能保持数天之久，一些"年轻"的香槟甚至在次日饮用更为出色。

同瓶装葡萄酒间的味道差别。现在很多生产者在其部分甚至全部产品中使用迈缇，包括一些重要品牌，例如酩悦香槟、沙龙帝皇和汉诺，其制造商声称现在香槟区超过 15% 的瓶塞为迈缇。我对它的疑虑与长期陈化有关——迈缇首次出现是在 2005 年，因此我们还不知道葡萄酒用这种新瓶塞陈化数十年后会怎样。

酒窖陈化

香槟会经历三个不同的陈化阶段，首先，在调制、装瓶前于酒罐或酒桶内的陈化；接着，通过瓶中酒泥二次发酵陈化；最终，吐泥后陈化。历史上，围绕香槟的讨论聚焦于瓶中的酒泥陈化，这是香槟（以及起泡葡萄酒）所特有的并且无疑是相当重要的。然而，现在越来越多的酿酒者开始反思吐泥后陈化。

香槟品牌往往声称其香槟发售后即可饮用，然而，一款出色的香槟随着额外的陈化，会持续发展出更多的深度、复杂度与和谐度。实际上，我可以断言说，所有香槟在发售后陈化一年都会有所助益。在刚刚吐泥后饮用香槟就好比饮用刚刚装瓶的勃艮第白葡萄酒，尽管依然美味，但你却无法体验它本可给予你的一切。而对香槟来说，这一过程甚至更加复杂。二次发酵后的酒泥发酵期间，酵母生成了氨基酸。酒泥被吐出后，这些氨基酸与来自补液的糖分发生美拉德反应（Maillard reaction）——正是这种化学反应让面包拥有了金棕色的外皮。经历长期吐泥后陈化，美拉德反应在香槟中创造出了饼干味、奶油蛋糕味，而上述风味无法通过其他途径获得。

在零补液与低补液香槟中，由于缺乏糖分，美拉德反应并不明显。不过，这些葡萄酒依然会随着时间而成长。热罗姆·普雷沃的莱贝甘香槟一直需要至少两三年的吐泥后陈化方能展现最佳面貌，威特 & 索比的菲代勒香槟（Fidèle）亦是如此。牧笛薄衣的韦尔蒂之土和克拉芒老藤葡园（Vieille Vigne de Cramant）都是青涩的香槟，需要 5 年甚至更长时间才会绽放。珍妮玫瑰的香槟只有最低程度的酒泥陈化并且发售前不加补液，但它随着时间推移可谓脱胎换骨，甚至在葡萄收获后 10 年至 15 年依然感觉鲜活。

窖藏香槟（尤其是非年份香槟）的问题在于一旦你将酒瓶放入酒窖，很容易遗忘它们的年份或其吐泥的时间，这是因为历史上香槟标签完全没有这方面的标识。幸运的是，随着越来越多的酿酒者提倡吐泥后陈化并在标签上注明吐泥日期以帮助顾客追踪，从而有了改变。

有些品牌的透明度已步入了 21 世纪，例如库克与路易王妃两家便在背签上提供条码，以便令智能手机通过 App 扫描获得更多信息。

现在与未来

作为一种葡萄酒，香槟能够"满腹经纶"、纤细入微地表达风土。它是一片独特之地的产物，融合了白垩土、凉爽的气候以及一系列适于酿造起泡酒的葡萄品种。不过，正如本章阐明的那样，对此地的表现亦是人的诠释，同样地，它仰仗于人工的质量。技术精湛和对酒窖的照料远胜过制造泡泡。从决定何时采摘葡萄，选择压榨和酵母，调制葡萄酒，到随后陈化的最佳时间，生产者在酿造香槟上分析了每种可能。尤其在本地精英手中，如今的香槟拥有多种多样的风格，这在一代人之前还是不可想象的。整个地区的平均水准可谓空前提高。

相应的，这打造了一批更加老练的消费者群体，他们不单单把香槟视为一种庆典饮料或其他葡萄酒的前奏，而是将其本身当作一种庄重的葡萄酒。不过，我相信这仅为一段漫长且硕果累累的旅程的开始，途中尚有许多值得学习之物。第一步便是加深对此地风土的理解。

CHAPTER Ⅳ

旧土，新农事

香槟只能酿造于香槟区。为何？首先，我们有着十分恶劣的气候。其次，我们拥有三种葡萄、白垩土，等等。最后，我们有 330 页的规章守则。

——帕斯卡尔·勒克莱尔 - 布里昂（Pascal Leclerc-Briant）

2012 年春，淫雨霏霏。甚至阳光明媚之时依然落雨。而唯一无雨的时候便下起了冰雹。这算得上令人相信香槟区恶劣天气的绝佳时机。

不过，平心而论，香槟区并非总是如此。那时我在香槟区生活了将近 6 年，足以得知这非同寻常（至少在当前气候明显变暖的年代是这样）。2012 年的葡萄收获季依旧令我惊诧：雨水浇灌了漫长而悲惨的四个月（在某些地区是正常年份的两倍）后，突然停了。阳光普照，制造的热浪堪与 2003 年相比——8 月的天气如此炎热，一些葡萄遭受了缺水之苦，这是一个月前人们无法想象的。最终，葡萄迅速成熟，许多酿酒者对收获的质量感到欢欣鼓舞。目前为止，葡萄酒是美味的。

这一年份巧妙地说明了香槟区天气的复杂性。通常而言，香槟区和法国大部分地区一样，主要是海洋性气候，受西边大西洋的影响。当你造访香槟区时，很容易忘记它多么靠北——实际在历史上，香槟是法国能够种植葡萄的最北地区，其年平均气温约为 50 华氏度（10 摄氏度）。埃佩尔奈位于北纬 49 度——与加拿大温哥华纬度相同，比巴黎、维也纳、北京以及日本全境都要靠北（与之对比，纽约位于北纬 40 度）。夏季通常温暖但不太炎热，冬天寒冷但算不上酷寒；一年中的降雨大体稳定。总的来说，它有些像美国的太平洋海岸西北地区。重要的是，香槟区气候还受到大陆的影响，存在着极端气候的风险。直到晚春，致命的霜冻都是个威胁，如同 2012 年夏季那样的热浪甚至冰雹亦是常见的麻烦。

香槟区的确切位置绝非偶然，因为若干条件难得地汇聚同一地方才创造出酿造起泡葡萄酒的绝佳风土。该地区幅员辽阔，最西边的葡园距离巴黎不到 40 英里（64 公里）；最北的葡萄产区毗邻比利时；而南边，巴尔丘（Côte des Bar）的葡园距离沙布利（Chablis）镇仅约 30 英里（48 公里）。从地理上来说，该地区位于巴黎盆地[1]内，这是一个覆盖法国北部大部分的巨型碗状连续沉积岩构造。

不过，该地区的地理位置、气候、葡萄种类仅促成了其部分的风土条件。剩下的要素——香槟区著名的白垩土才是这种葡萄酒特质的真正基础。

"土壤是气候与风土之间的纽带，"路易王妃首席酿酒师让 – 巴蒂斯特·莱卡永解释道，"如果你不照料土壤，并且不培育深根系，你仅能酿造靠天吃饭的葡萄酒，而无法酿造风土之酒。"

土壤

远离兰斯的城市喧嚣，走过一条昏暗的浅色隧道。空气凉爽而湿润，全无外面夏季的灼热，为我及同伴带来了一份静谧。我将手放在身边粗糙的墙上，感受到一股清凉，略有些润泽，但并不潮湿，摸上去令人舒心。

突然，隧道到了尽头，头顶豁然开朗，如同大教堂一般壮观，高度超过 120 英尺（36 米），其尖顶透出地表的光线。它的宽阔是惊人的，纯白如一的石墙气势恢弘地向上延伸，令人印象深刻。这便是香槟区著名的白垩岩——当地葡萄酒独特细腻的关键。它还为储存瓶装酒提供了理想的环境。

这是慧纳酒窖中的诸多巷道之一，位于尼凯斯山（Butte Saint-Nicaise，城市东南方的一座大型山丘）下。这些幽深的地窖被称作克耶阿（crayères），最初是在将近 2000 年前高卢 – 罗马时代为了建筑材料或其他用途而挖掘的。它们呈金字塔形，通常入口较窄，下降后拓宽，可深达 100 英尺（30 米）。尽管这些地窖在历史上曾作为藏身之所，但慧纳是首个将其用于储藏葡萄酒的（始于 18 世纪末）。今天，慧纳的酒窖在地下延伸达 5 英里（8 公里）。此处现存约 250 座克耶阿，仅发现于兰斯一侧，为香槟区所特有。这里坚固、深厚的白垩为储存葡萄酒提供了绝佳的温度、湿度条件，从 19 世纪 60 年代起，其他香槟品牌也开始使用它们。不过慧纳依然拥有其中一些最完美的，泰廷爵的也不遑多让，此外哈雪、汉诺、凯歌香槟亦是如此。波默里（Pommery）拥有最华丽的酒窖，这要归功于该品牌创始人遗孀路易丝·波默里女士。19世纪70年代，她获得了超过120座克耶阿——绵延11英里（18公里）的地穴和坑道，她委托一位香槟艺术家古斯塔夫·纳夫莱（Gustave Navlet）将酒神巴克斯主题直接以浅浮雕形式刻于墙壁上。该计划历时三年而成，这些酒窖在今天依然值得一游。

在超过7200万年前的白垩纪坎帕期，这里曾被海洋覆盖，从而形成了香槟区的白垩。白垩由无数小化石及钙化藻类沉积而成，其厚度令人咂舌——某些地方可达1000英尺（300米）。这种白垩有助于香槟区葡萄酒清爽、带咸味的特质，并且对葡萄藤作用重大（尤其是水分的控制和补给）。香槟区的白垩由海量微型化石构成，不过它却分为了两个主要生物带，上面部分主要为箭石（belemnite，一种古代乌贼的化石遗存，拥有方解石构成的角质腭），而下面部分则由小蛸枕（micraster，一种微小的海胆化石）组成。长久以来，人们以为只有箭石层适合葡萄种植，然而这种观点目前受到了挑战（参见"解密白垩神话"）。

不过，香槟区的风土还包含与白垩同等重要的其他土壤。在白垩于白垩纪形成后，海水消退，接下来的古近纪创造了各种底土——黏土、石灰石等，这对形成该地区的风土也发挥了重要作用。与葡萄种植尤为相关的是当地称作斯巴纳恰（Sparnacian）的土层，它包含沙

葡萄间的垃圾

20世纪，香槟人开始流行在葡园中运用声名狼藉的城市垃圾（*boues de ville*，一种经过消毒的源于巴黎［后来自兰斯］的都市堆肥）。它被计划用来肥田、松散厚重的黏土，并抑制腐蚀（当人们移除遮盖作物［cover crops］并令其葡园暴露在外时，这便会成为问题）。需要铭记它最初是良性的，开始时大部分为有机肥料，后来才变成现代城市垃圾。无论如何，问题不仅仅是它变得丑陋不堪（时至今日，尚能在土中看到塑料片、金属、玻璃以及破碎的蓝色垃圾袋），还包括重金属污染的风险。谢天谢地，这种应用在20世纪80年代中期开始减少，不过直到1999年方才被彻底禁止。

子、黏土、各种石灰石以及大量褐煤（由泥煤压缩而成的一种低质煤）。褐煤，香槟人称之为黑灰（cendres noires），提供了一种有价值的功用，为石灰性土壤贡献了必要的矿物质，尤其是铁。如果没有它，葡萄藤将苦于白垩土导致的铁质匮乏。在拥有现代肥料之前，褐煤矿让葡萄果农得以定期为土壤施肥（甚至在今天，布齐和昂博奈的褐煤矿还被用于此途）。

兰斯山与白丘种植区山坡的典型构成为：山顶通常是黏土、石灰石（常为斯巴纳恰）的混合，最受重视的山腰部分则是箭石白垩。直到斜坡放缓融入平地方才出现小蛸枕，因此，葡萄藤往往仅种植于箭石白垩带。[2] 沙子打造土壤的框架，黏土、泥灰提供土壤的躯干，而褐煤给予土壤急需的铁，这种混合对香槟区的风土而言和白垩本身同等重要。

葡萄藤的周期

为了在收获时节得到优质葡萄并确保葡萄藤长期保持健康，葡萄果农花费了一整年时间照看葡园，这一切始于冬季的修枝。

冬季：修枝

从 1938 年起，关于香槟区的修枝已制订规范。冬季修枝限定了葡萄藤未来的葡萄产量并指引着葡萄藤的生长，引导其汁液流向结果的嫩芽。修枝中的失误不仅影响当季果实，还会缩短葡萄藤的寿命。在本地区有四套获得认可的葡萄整形方式。但只有罗亚式（cordon de Royat）与沙布利式（Chablis）能用于特级园和一级园。黑比诺葡萄常常以罗亚式生长，它有一条从葡萄主干延伸出的水平挂臂（cordon），葡萄藤借此向上生长。此种方法令产量降低并凝聚果实风味。有些酒庄（例如皮埃尔·热尔巴伊 [Pierre Gerbais]）会用罗亚式为霞多丽葡萄藤整形，但大部分霞多丽会采取沙布利式（其实并未真的在沙布利运用）。这种整形手段包括来自主干的 3—5 根长枝条（成梢），它能提供更高的产量。有些地方和勃艮第一样，葡萄藤以居由式（Guyot system）整形，除了枝条不固定，与罗亚式非常相似。居由式的变种为马恩河谷式，它只用于莫尼耶葡萄藤。上述两种方式常用于易霜冻地区，由于每年会移除大部分此前的作物，老木受损的可能性较小。

解密白垩神话

虽然对葡萄而言，小蛸枕长期被视为低等白垩，但地质学家詹姆斯·威尔逊（James Wilson）在他 1998 年的著作《风土》（*Terroir*）中挑战了这一观点。他引用了一句箴言："香槟区的葡萄藤头在第三纪而脚在白垩纪。"他主张山坡的"地质几何学"——白垩土和第三纪碎片的平衡，解释其差异而非白垩本身的特定类型。[3]

威尔逊坚持认为被腐蚀、冲下山坡的沙土、泥灰、褐煤令葡萄茁壮生长，白垩与第三纪共同塑造了香槟区的最佳风土。箭石区较之小蛸枕长期以来更受青睐的唯一原因是它处于山腹，拥有山坡冲刷或腐蚀物的地利。"小蛸枕白垩对葡萄藤没有任何坏处，"威尔逊说，"它只是没有获得神奇混合土所需的足够沙土、黏土与褐煤。"[4]

香槟区的葡萄种类

在香槟区处于支配地位的有 3 种葡萄。黑比诺占整个葡园面积的 38%，莫尼耶比诺（在本地区或简称为莫尼耶）约占 32%，剩下的则是霞多丽。按惯例，据说黑比诺为香槟混酿赋予了结构，霞多丽提供了精巧，而莫尼耶则添加了水果风味。

如今在原产地，上述三者并非唯一获得许可的葡萄品种。实际上，共有 7 种。1919 年颁布并于1927 年修订的法律文本写道："酿造香槟仅可采用下列品种：比诺、阿尔巴纳、小梅莉的各个变种。"[5] 比诺不仅包括黑比诺、莫尼耶比诺，还包括白比诺、灰比诺（pinot gris，香槟区称福满多 [fromenteau]）以及霞多丽（那时常常被称作霞多丽白比诺或霞多丽比诺）。如今，种植小众品种的葡园占香槟区总量的不到 3%。

三个主要品种

黑比诺 是世界上最具风土表现力的葡萄种类之一。在香槟区，虽然它通常展现出一种丰富的水果深度和某种质感、基调上的精巧，但其特质还是有着戏剧性的变化。黑比诺善变，香槟区遍布它的变种，例如艾伊比诺（pinot d'Aÿ）或埃屈埃比诺（pinot d'Ecueil）。黑比诺相对活力并不高，但即便如此，依然需要悉心地抑制产量——这是产出高品质黑比诺的关键。它更偏爱多石、白垩的土壤而非黏土厚重的土壤，抽芽较早，这意味着容易受春冻的影响。它比莫尼耶（有时包括霞多丽）更晚成熟，需要更多时间去发展其复杂度。它能够酿造出极为长寿的香槟并且具备随着时间推移展现卓越复杂性的能力。

莫尼耶（亦称莫尼耶比诺） 得名于叶片上宛如面粉的白色茸毛（莫尼耶在法语中的意思是"磨坊主"）。它于 17 世纪末以此名被首度提到，当时它亦名为莫瑞兰塔孔内（morillon taconné）[6]，很可能之前于香槟区已经以别的名字存在了。现在，这一红色变种具有中等活力，产量高于黑比诺。在黑比诺举步维艰之地（也就是兰斯山脉的马恩河谷、"小山"种植区中那些富含黏土、更凉爽的山坡），莫尼耶却一片欣欣向荣。莫尼耶抽芽较晚，避开了春冻，并且与黑比诺或霞多丽相比，它通常对寒冷天气更具抵抗力。莫尼耶酿成的葡萄酒在青年时代较之黑比诺或霞多丽更加丰足、果味浓郁，这也是为什么它常常被加入非年份香槟（以便提早饮用）的原因。直到最近，香槟品牌还普遍淡化甚至否认它们将莫尼耶掺入其混酿是因为觉得它不如霞多丽与黑比诺。然而，在过去的 20 年中，出现了某种莫尼耶复兴——追随老一辈莫尼耶拥趸如若泽·米歇尔（José Michel）、热内·科拉尔（René Collard）的酒农付出了加倍的努力，如今已有一系列优秀的 100% 莫尼耶香槟可供品鉴。

霞多丽 可能在香槟区存在了很长时间，而它拥有一系列本土名字（包括斯频耐［épinette］、白莫瑞兰［morillon blanc］和罗梅雷［romeret］）。令人惊讶的是，香槟区霞多丽一名直到 20 世纪初期方才普遍使用。和黑比诺一样，它是提早抽芽的品种，也易遭受春冻的威胁。它也更适于较长的生长季（顺便一提，许多顶级香槟生产商如今喜欢上了霞多丽非凡的高成熟度）。霞多丽面临着自身的挑战：其果皮特别脆弱，容易滋生贵族霉（botrytis，一种葡萄的霉变，对某些甜酒有益但对香槟有害），在香槟区潮湿天气下这可能会是个麻烦。霞多丽产量甚高，与黑比诺不同，它在相对高产之下仍能提供顶级果实。在它的典型产区白丘，霞多丽创造出了一种高酸度、白垩矿石风味突出的柑橘调葡萄酒；然而，在蒙格厄这样的温暖地区，它又发展出一种异国情调的热带水果味。我常常觉得霞多丽最易识别的特质是其口感，在所有香槟区品种里最为精细、优雅。霞多丽以长寿著称，白中白香槟通常需要漫长的陈化方能达到极致。

祖传葡萄

如今，阿尔巴纳、小梅莉、灰比诺（福满多）以及白比诺在本地区被归入"传家宝"一类，仅有极小的种植量。它们衰落的主要原因是不易培植，在根瘤蚜于 19 世纪末爆发后的重新种植里，很大程度上被忽视了。然而，它们并未被彻底放弃。在马恩省，这些祖传品种的当代复兴要归功于小奥布里酒庄的皮埃尔·奥布里和菲利普·奥布里（Pierre and Philippe Aubry）。1986 年，他们试图打造一款庆祝酒庄 200 周年的特酿，灵感源于 18 世纪初香槟区葡萄酒的模样。其研究使他们种植了阿尔巴纳、小梅莉和福满多，如今被用于几款不同的酒，例如勒农布雷德多（Le Nombre d'Or）与萨布莱白中白（Sablé Blanc des Blancs）。目前种植这些品种的酒农还包括德拉皮耶、拉埃尔特弗雷尔[7]、塔兰、勒内·若弗鲁瓦以及阿格帕特，上述各家均用它们打造自己的混酿香槟。

阿尔巴纳 葡萄瘦小并且因晚熟而"臭名昭著"，所酿葡萄酒以高酸度为标志。这种白葡萄的风味倾向于香辛料与草药，令我想到松针或其他林木的芬芳。尽管它本身有些质朴，但却能为混酿贡献一份草药般的鲜活。奥布省的两位酿酒者穆塔尔（Moutard）和奥利维耶·奥里奥（Olivier Horiot）酿造了 100% 的阿尔巴纳香槟。

白比诺 一度是香槟区最重要的葡萄之一，不过，它或许是身份混乱的一个案例，因为其名"白莫瑞兰"也被用于霞多丽葡萄。直到 1868 年，葡萄品种学者维克托·普利亚（Victor Pulliat）才将二者区分开来，即便在此之后，它们也常常被混淆。[8]如今，香槟区残留的白比诺葡萄多栖身于奥布省乌尔克河畔瑟莱村（Celles-sur-Ource），它抵御霜冻的能力被证明弥足珍贵。皮埃尔·热尔巴伊的奥雷利安·热尔巴伊（Aurélien Gerbais）在这里以树龄达 80 年的葡萄藤酿造了一款原初（L'Originale）纯白比诺香槟。他的邻居珍妮玫瑰的塞德里克·布沙尔也以拉博罗雷葡园

（La Bolorée）50 年的葡萄藤生产了一款纯白比诺香槟。二者均十分优秀。能找到的另一款白比诺香槟是来自夏尔·迪富尔（Charles Dufour）的勒尚杜克洛（Le Champ du Clos）。

灰比诺（亦称福满多）在 400 年前被认为是香槟区的最佳葡萄，在 18 世纪著名的锡耶里和韦尔兹奈葡萄酒中扮演了重要角色。如今，这种白葡萄几乎从本地消失了，不过，小奥布里酒庄和拉埃尔特弗雷尔还种植了一些。

小梅莉是另一种白葡萄，抽芽较早并对春冻高度敏感。与阿尔巴纳相反，其风味更甜美，常常展现出热带水果风味。此葡萄也易患贵族霉，从而加剧了其异国情调。马恩河谷旺特伊村（Venteuil）以其小梅莉闻名，杜洛儿（Duval-Leroy）凭借这里的一座葡园酿造 100% 小梅莉香槟。

修枝还能延长葡萄藤的寿命。因为缺乏质量意识的果农偏爱产量更高的年轻葡萄藤，许多香槟区的葡萄藤在 30 年后便被拔掉。然而，老藤能产生一种独有的集中、复杂的风味，香槟区最好的生产者视其为至宝。本地区最重要的一些葡园拥有一些最古老的葡萄藤，绝非巧合。"对我而言，葡萄藤就像人一样，如果你不让他们活到七八十年，他们便无法实现全部潜能，"奥厄伊利（Oeuilly）塔兰酒庄的伯努瓦·塔兰（Benoît Tarlant）说道，"当我将目光转向自己的葡园时，直到三四十年它们才真正成熟。"

春季：发芽与犁耕

葡萄的生长周期始于发芽或首批嫩芽出现时，在香槟区则发生于 4 月中下旬。然而由于气候变暖，发芽时间提前了，从而增加了嫩芽暴露在危险的春冻中的机会。通常，霞多丽是首个发芽的品种，随后是黑比诺与莫尼耶。

春天也是犁耕的季节，这能令根部深入土壤。深根使葡萄藤得以接触多样的土层并更好地汲取地下水分，让它们对气候条件的变化不那么敏感。犁耕还能将肥田作物并入土壤中，从而提供了有机肥料，利于平衡生长。过去半个世纪的大多数时间里，大部分香槟生产者会让他们的园垄裸露着，然而，如今其中的佼佼者承认了在葡萄垄间种植野草、大麦、小麦以防止土壤侵蚀并改善土壤结构与肥沃度的价值。肥田作物还提高了生物多样性——土壤中的微生物以及其中生出的益虫与蜘蛛。它们通过竞争水分和营养的方式控制葡萄藤的活力，相应地限制了葡萄藤的生长，让产出的葡萄更具浓郁的风味。然而，这必须得到精心控制，这也是为何许多生产者在春天犁耕掉肥田作物的原因。"如果你在这时期有杂草，那么与葡萄的竞争就太过了，"吕德贝勒斯家族的拉斐尔·贝勒斯（他在 3 月至 7 月间每月都会犁耕）解释说，"此后你不得不施肥，而我们不想这么做。"

夏季：制造葡萄汁

5 月和 6 月，葡萄藤上方会搭上棚架遮阳并提供通风以避免发霉或腐烂。开花通常在 6 月，此时的气候条件很重要。如果天气凉爽潮湿，可能会扰乱花朵的传粉受精，导致果实僵

抵抗克隆

葡萄藤天生易变，意味着它们能够从母株演化出不同的特性。这让酒农得以通过选取展现出心仪特性（例如早熟、高产或抗病性）的插条来培育新葡萄藤。这种繁殖用插条被认为是原植株的"克隆"，从基因的角度看它们是相同的。世界上大部分葡萄藤皆源于这种克隆选种，从而为酒农提供一定程度的一致性和可预见性。

然而，如今一些香槟人认为，克隆选种导致的生物多样性降低变成了负累，对黑比诺这样更易突变的品种而言尤其是。"当我们将单一植株多次克隆后，它会因退化而越发衰弱，"布齐的皮尔帕亚尔的安东尼·帕亚尔（Antoine Paillard）说道，"为何昔日的葡萄藤能存活上百年甚至更久，而如今的葡萄藤仅仅 15 年就不得不拔掉？这可能与一再克隆有关。"

像帕亚尔这样的酒农仰仗马撒拉选种（*sélection massale*，或曰混合选种）——酒农选取优异葡萄园的一批葡萄藤插条培育新植株，产生更好的基因多样性。2014 年，帕亚尔发起了一项组建香槟区葡萄藤"活资料馆"的计划，邀请了顶尖的葡萄栽培者（路易王妃、贝勒斯、沙图托涅－塔耶、威尔马特等等）从他们最优质、最古老的葡萄中选取基因样本。帕亚尔希望此举能促使其他人效仿，而这对整个产区有益。"如果你目睹了克隆之下的香槟区，那么想想借助高品质葡萄藤我们能做到什么。"他说。

化（*millerandage*）——一些花朵授粉不足，从而产出小而无籽的葡萄，抑或出现落花病（*coulure*）——某些花朵完全未能授粉，导致每串几乎不结葡萄。虽然未必影响品质，但二者皆降低了产量。

夏天的日子是成熟的关键。香槟区的 7 月通常多雨，不过 8 月炎热、阳光充足的天气能做出弥补。香槟人有句谚语：8 月制造葡萄汁（*Août fait le moût*）。8 月阳光明媚的天气意味着丰年，而糟糕的天气则意味着歉年。

秋季：收获

21 世纪香槟区的收获时节通常在 9 月，不过历史上常常在 10 月。有记载的最早收获时间始于 8 月，均发生在 21 世纪——2003 年、2007 年和 2011 年。葡萄的成熟受到香槟委员会（本地区管理机构）的严格监管，由后者来制定每个村庄的收获日期。收获通常持续数周，所

香槟区正在变热

"当我还是个孩子时，父母总是在 10 月收获葡萄，"皮埃尔·吉莫内的迪迪埃·吉莫内（Didier Gimonnet）说，"自从 1988 年起，我们仅有两次是在 10 月收获——1991 年和 2013 年。然而 2000 年后我们有 3 次是在 8 月收获，并且我们正得到更成熟的葡萄。"由于吉莫内的观察资料并非孤例，毫无疑问，香槟区正在变暖。

记录支持了他的说法。香槟委员会发现，过去 30 年间，香槟区平均气温每 10 年上升了 0.5 摄氏度（大约 1 华氏度）。在全球范围，有记录以来 16 个最热年份中的 15 个集中在 2000 年至 2016 年。从短期来看，这确实对香槟区有利，因为它带来了更均匀的成熟度。但从长远来看，温度在如此短期内迅速上升令人忧心忡忡。

更温暖的天气不仅对何时收获有影响，而且也会影响未来岁月中本地酿造葡萄酒的风格。"我不知道过去 10 年的升温仅仅是一阵周期，抑或继续 20 年，"于雷·弗雷尔的弗朗索瓦·于雷（François Huré of Huré Frères，为了应对越来越高的成熟度，他在酿酒时更多地放弃了乳酸菌发酵）说，"但倘若它依旧如此，我们将不得不重新对香槟做一番考量。"

有葡萄必须手工采摘，以便它们不会过早被压碎，而这需要大量劳动力。一旦葡萄采摘完毕，将尽快榨汁，理想状态下是同一天。

现代的种植方式

20 世纪许多关于香槟的故事都聚焦于酿酒过程，强调酒窖内的实践而对葡萄园的重要性轻描淡写。然而，葡萄、土壤、气候以及葡萄生长的方式一直扮演着重要角色。任何上等葡萄酒的个性都主要源于其葡园，香槟也不例外。

过去 50 年里，香槟区的葡萄栽培需要针砭之处颇多。第二次世界大战后，化学处理的传入以及农业实践中日益提高的机械化将有害的工业化引入到农业的方方面面，也包括葡园。尽管法国的葡萄种植区都受到了影响，但香槟区克服这种变化尤其缓慢。部分原因是对葡园的不重视和香槟区的公众话语里的葡萄种植，以及从政策上说，诸如运用城市垃圾作为葡园护根物这样的实践——它无益于香槟区的公共形象。

甚至在今天，许多香槟区的葡园看上去还是不健康，最坏的情形竟如月球表面一般。由于铲除了葡萄藤以外的任何生物，土壤变得干硬，因不受控制的腐蚀，垄间分布着明显的沟槽（在法国其他葡萄种植区也有许多惨不忍睹的葡园，不过土壤中随处可见的蓝色塑料制品和其他垃圾令香槟区更容易遭受非议）。

然而，在过去 20 年里，香槟生产者的态度已有显著转变。如今，香槟区一个清晰的面貌是为改善农业方法而共同努力，人们相信这样能酿出更出色的葡萄酒。而这一运动依然处于少年期，我认为过去 20 年来，该进程在香槟区的推行速度要快于世界上多数其他葡萄酒产区。此外，上述变化并不仅限于少数精英果农。相反，香槟委员会发动了一个全区范围的项目，收集整个地区的数据，并建立了一座大型资料库。香槟委员会建议葡萄果农进行诸如肥田作物、犁耕、根茎精选、天然除病法等实践，并且十分注重培训和信息宣传。尽管果农有所抵触（在数十年来已习惯其工作方法的年老者中尤其如此），但年轻一代更擅于接受改变。

不过，能做的还有更多。"在我们的进步中，有些其他领域已经滞后，"香槟委员会新闻主管蒂博·莱马尤（Thibaut le Mailloux）承认道，"例如，对肥田作物的运用进展缓慢。我们真的不得不对葡萄果农进行培训，教他们如何工作，并向他们展现此举的益处。"

理性的努力及未来

当然，在香槟区，对于优质葡萄种植包含哪些内容少有共识。许多本地区人士赞同"理性或合理的努力"（*lutte raisonnée*）。理论上，这意味着作为一名葡萄果农，你将尽可能有机耕作，仅在必要时求诸人工疗法（尤其是针对霉菌）。由于香槟区寒冷潮湿的气候，这里几乎存在持续不断的霉菌及腐烂（例如贵族霉）的威胁，一些人相信，与其完全失去作物，用少量人工合成制品治疗葡萄藤更负责任。

问题在于"理性的努力"在实践中完全变了味。正如拉埃尔特弗雷尔的奥雷利安·拉埃尔特（Aurélien Laherte）冷冰冰说的那样："人人觉得它们天经地义（*Tous le monde a*

香槟委员会的可持续发展倡议

从 2000 年开始，香槟委员会发起了一项全地区范围的项目，对酒农展开可持续性种植培训并采取实际步骤保护环境。这里是 2000 年以来取得的一些成就：

- 产区内杀虫剂的使用减少了 50%。

- 通过外激素阻碍葡萄蛾交配来避免使用杀虫剂，此举令香槟区成为欧洲葡萄产区运用性干扰的领军者。

- 打造了酿酒用水 100% 可再生系统。

- 发起了让 90% 酿酒材料可回收计划，包括皇冠盖和"那东西"（*bidules*，吐泥用塑料片）。

- 发展出一种 835 克（29.45 盎司）更轻的香槟酒瓶替代 900 克（31.75 盎司）香槟瓶，从而会每年减少 8000 吨的碳排放。

---

raison）。"既然这一观念未受到任何节制，一位果农可能将使用人工除草剂、杀虫剂以保持葡园整洁视为理所当然，而另一果农可能事实上从事有机耕种，仅在绝对必要时才喷洒药物消除霉菌。然而技术上两者皆可宣称自己是在"理性的努力"下劳作。这一术语变得毫无意义。

对某些人而言，合格认证是提供可持续葡萄种植证据的一种途径。法国政府最近创立了一种农业机构的证书（包括酿酒厂），名叫高环保价值（Haute Valeur Environnementale）。该认证聚焦于诸如生物多样性、用水、植物治疗、肥料使用等特殊议题。更加严格的则是2015年特意为香槟区设立的"可持续葡萄种植"认证。

更受认可的是由类似欧盟有机认证（Ecocert）组织发布的有机认证。由于潮湿的气候，香槟区的有机果农并不是很多，不过他们的队伍如今正在稳步扩大中。值得注意的是，香槟区有机酒庄的先驱之一——乔治拉瓦尔，自1971年以来便获得了有机认证。

尽管像拉瓦尔这样的生产者认为有机种植的回报胜过在香槟区凉爽潮湿气候里种植葡萄固有的风险，但其他人还在争论说有机认证并不完全适用于本地区。在这里，霉菌是个长期的威胁，远远超过其他产酒区，按照有机种植法则，唯一的治疗手段是波尔多液（Bordeaux mixture）[9]，一种包含硫酸铜和熟石灰的杀真菌剂。然而，铜是一种重金属，假以时日，它就会在土壤中累积。倘若你每年只喷洒一到两次，或许不成问题，但在香槟区，葡萄果农常常需要喷洒十次甚至更多，许多当地顶级生产者质疑这是否真的对环境无害。

虽然进行了许多方法、配剂的尝试，但获得生物动力法认证的果农更加凤毛麟角。生物动力葡萄种植是种将整个葡园当作一个活体的体系。它通过葡园中的各种植物、矿物和动物肥料来寻求将葡园作为整体提升其健康度。就疾患而言，生物动力法并不试图"对症下药"，而是增强葡园的天然抵抗力以便让它能自主抵御疾病。该哲学的一个重要组成部分是依据宇宙日历来劳作，后者规定了进行各种操作的适当时机。尽管这并不总能够得到科学解释，生物动力法实践得到了世界上许多最优秀酿酒者的推崇，其产出的葡萄酒常常令人印象深刻。

1992 年，弗勒里成为香槟区首个获得生物动力法认证的生产商。在弗勒里之外，如今香槟区生物动力法最热切的拥趸还包括弗朗索瓦丝·贝德尔（Françoise Bedel），拉芒迪耶 – 贝尼耶（Larmandier-Bernier）、大卫·勒克拉帕（David Léclapart）、勒克莱尔 – 布里昂（Leclerc-Briant）以及威特 & 索比。

不过，香槟区最大的生物动力葡园的拥有者是路易王妃。"1996 年，我们开始思索香槟区的未来，"首席酿酒师让 – 巴蒂斯特·莱卡永说，"它与技术无关，而与地方有关。那将我们引向了生物动力法。"他们于 2000 年开始准备实验地块，在 2007 年完全转化第一座葡园前发起了一段 7 年的"除垢期"。作为实验的一部分，每块生物动力法土地旁都有一片

有机耕种的土地以探明二者是否真的存在区别。自项目启动以来，我和莱卡永尝过每一年的低度葡萄酒，活机葡萄酒一直胜出，甚至盲品亦是如此。生物动力法地块更能应对不利条件，例如霉菌、贵族霉和水分威胁，并且它们产出的葡萄酒在相同糖分条件下拥有更高酸度。

不过，路易王妃并非典型的生物动力法生产者。该品牌的生物动力法招牌是理性主义、经验主义的，离经叛道，并且大多数生物动力法葡园尽管严格依据活机原则耕种，但本身却未获得认证。相反，莱卡永将他的方法比作"高级服装定制"（*haute couture*）——单独地为其团队葡园的每一株作物"量身定做"，事无巨细、精益求精地去达到可能的最高品质。"它无关以有机或天然方式工作，"莱卡永说，"它和专心致志有关，和聆听土壤、植物的声音并回应其各自需求有关。没有秘诀。"

这反映了许多香槟区其他主要葡萄果农的看法，他们更喜欢用自己的方法而非对成规亦步亦趋。安塞尔姆·瑟洛斯、帕斯卡尔·阿格帕特（Pascal Agrapart）、埃玛纽埃尔·拉赛涅、克里斯托弗·米尼翁（Christophe Mignon）对争取任何种类的认证都无兴趣，实际上，他们倾向于拒绝有机或活机种植的"清规戒律"，因为它是由认证机构推行的。然而，这些果农的葡萄栽培在香槟区广受尊重，它们始终基于对单个葡园环境以及和谐、繁茂、可持续生态系统的需求的敏感。其努力在产出的葡萄酒中有目共睹，体现了其"血统"罕见的精妙与优雅。

香槟区如今的面貌相当复杂。和气候一样，这里的葡萄藤在白垩的质朴与古近纪沉降支撑结构间觅得了平衡。同时，三大葡萄品种借由多样的种植技术得以表达风土。

在这名称之下还存在着风土的主要分区，我们将在后面的章节一探究竟。不过，许多香槟区葡萄种植区的差异是源自上述因素不同程度交叉影响的结果。香槟区葡园如此精确地分布于法国北部的一系列陡坡，不仅是由于不可或缺的白垩基岩，还因为此地白垩与其相邻要素所达成的完美和谐。如今，锐意进取的果农与酿酒者空前深入地研究着驾驭这份和谐以表现香槟的地方特质。

中篇　那片土地

THE PLACE

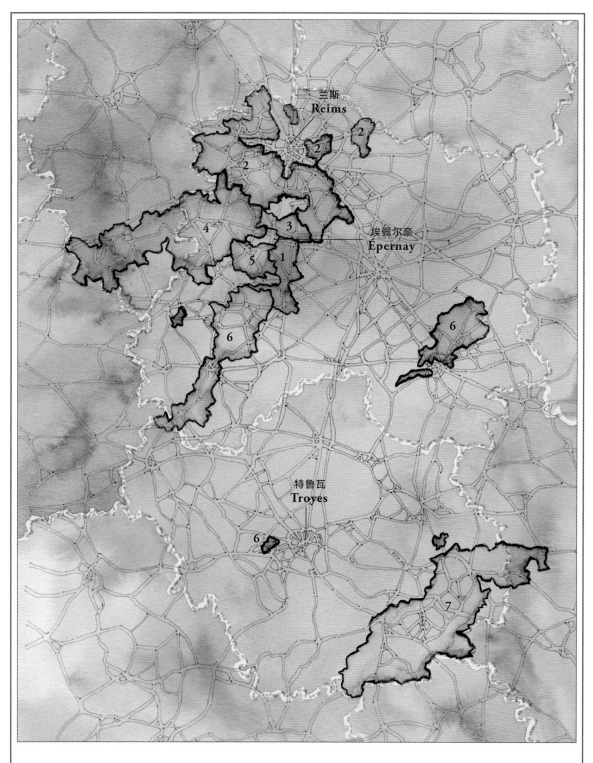

兰斯
Reims

埃佩尔奈
Épernay

特鲁瓦
Troyes

香 槟 区

1 白丘
2 兰斯山
3 大河谷
4 马恩河谷
5 埃佩尔奈南坡

6 莫兰坡、塞扎讷丘、
　维特里以及蒙格厄
7 巴尔丘

CHAPTER V

香槟区风景

在葡萄酒爱好者之间，地图具有独特的重要性，因为好酒与其生长之地密不可分。这就是风土的概念，换言之，葡萄酒反映了其"血缘"。"风土"一词来自法语，与一系列表现某地特色的可变因素相关，它包罗万象——从土壤、斜坡、风到一座葡萄园一天中接受的日照量。让葡萄酒超越仅仅是另一种饮料的关键之处在于精准表现其风土条件的能力，这告诉了我们它来自何方。

风土可以是宏观层面的，例如，生长于勃艮第与俄勒冈的黑比诺葡萄在品质上存在巨大差别。它也可以在单一地区内被更微观地定义。例如，在香槟区，生长于朝南的布齐村的黑比诺较之朝北的韦尔兹奈村的同一品种更成熟、更具水果风味，这部分是因为葡园接收了更多日照。

在勃艮第，上述区别的重要性早已被领会。一份勃艮第葡园地图显示，单独的土地犬牙交错，其中一些小得可怜。历经数世纪的葡萄种植后，这些土地按照其风土特被仔细描绘，并以其产出的葡萄酒作为例证。然而，香槟区的典型地图却更加含混不清。问题不在于香槟缺乏独立地块。它与勃艮第一样，浩如繁星，错综复杂。可是，几乎没有香槟地图展现了这些独立"小地块"（法语称之为 *lieux-dits*）。相反，葡萄种植区仅仅是概括地描述，依据它们所处的村庄进行分类，而村庄面积可超过 1000 英亩（数百公顷，甚至更大）。大体上，一位关心风土的香槟行家会记住这些村庄（诸如奥热尔河畔勒梅尼勒、艾伊与昂博奈）的名字和大致特色，而非其中特定葡园的细节。问题在于这些村庄远远不是同质的。例如，昂博奈包含 956 英亩（387 公顷）遍布一系列山脊的葡园。有些地块相当陡峭而另一些则几乎是平地；有些朝南，有些地块则向东或向西。有些地块的表层土深达 3 英尺（1 米），而

有些则仅含少量表层土，其白垩岩床更接近地表。上述所有土壤、光照和地形的变化均对产出的葡萄酒有着不同影响，但这些葡园依旧归类于昂博奈村名下。

20 世纪 90 年代，作为一名年轻的葡萄酒从业者，我对此感到十分失望。我已经熟悉了本地重要的村庄，到过香槟区所有的 17 座特级酒庄、42 座一级酒庄和此外大量其他酒庄。我并不满足于仅仅了解其表面的特色，我想要更加深入。在勃艮第，我可以造访沃恩 – 罗曼尼村（Vosne-Romanée）并站在罗曼尼康帝、罗曼尼 – 圣维旺（Romanée-Saint-Vivant）与大街园（La Grande Rue）酒庄的交汇处：我知道在左手边将看到踏雪葡园，更远处是玛康索（Les Malconsorts）葡园；在我右手边是李奇堡，其后是素畅园（Les Suchots）；在罗曼尼之后的山上，是雷格诺（Reignots）、小丘（Petits-Monts），最终是巴郎图（Cros Parantoux）。我知道这一切，因为我拥有一份告诉我这些的详尽地图，并且我品尝过上述所有地方的葡萄酒。我想以同样的方式去了解香槟区的风土并以类似的精度接近其"景色"。我想要明白这些葡萄酒来自何方，它们为何是这样的风味。为了做到这点，我需要一份地图。

《拉玛地图》

事实是，虽然不易获得，但的确有一份这样的地图。回溯到 1941 年，一位在巴黎工作的出版商路易·拉玛（Louis Larmat）开始创建一系列法国主要葡萄产区的详尽地图，最终在 1944 年绘制了香槟区的地图。问题在于，拉玛最初的发行量太小了（他在"二战"中期承接了这个项目），初版印量仅有 150 册。对香槟区，拉玛包含了 7 幅美丽的绘制地图，它们装在一个特大号未折叠的文件夹中，以《法国酿酒地图集：香槟区的葡萄酒》（*Atlas de la France vinicole: Les vins de Champagne*）为题出版发行。当我第一次见到该地图的复制品时，我意识到无论过去还是现在，没有任何其他香槟地图像它那样如此精确、全面地标明了每个村庄内的各个小地块。我明白我必须找到它。

但怎么办呢？我询问香槟区的酿酒者，但大部分人甚至从未见过一份副本。许多人甚至闻所未闻。我遍寻了法国的跳蚤市场、书店、古董店。我和巴黎、纽约、伦敦、柏林、日内瓦、阿姆斯特丹的珍本书商攀谈。我留意着主要的拍卖会以免它们会在那儿现身。整整五年，我一无所获。然而，在 2004 年，一位美国珍本书商联系到我，他为我设法找到了一份完整的原版地图集。一周后，联合包裹速递服务公司（UPS）来到了我门前。终于，拉玛香槟地图属于我了。

这一时期中，我一直频频造访香槟区，那里的新生代酿酒者正在挑战当地的权威并质疑香槟约定俗成的"身份"。本地区前卫的生产商正重新聚焦于葡园和葡萄栽培，某种程度上努力将风土置于突出地位，这在香槟区是前所未有的。我与这些生产者交谈，品尝他们的葡萄酒，在他们的葡园中漫步，我们开始讨论关于身份、特质和对风土的表达，而这些是之前我在此地的谈话中所缺乏的。

当我随身携带着《拉玛地图》复制品时，果农们感到惊讶；许多人更是前所未见。葡园业主拥有本地地政局出版的描绘其小地块的地图，不过，将其地点与其他地点纳入整体区域范围的地图则是罕见的——并且至今如此。然而，许多香槟区的顶级生产商已经开始选出地图上描述的某些地点，将这些葡园的葡萄单独压榨、酿造以保存它们的特质。有时，这导致来自单一葡园的装瓶香槟，不过多数情况下，这是为提高对其葡园品质的领悟的努力，也是创造一系列更加多种多样、富有风土特色的原酒（用于调制）的一种努力。拥有地图令我得以鉴别这些地块的位置并更好地理解其地理、地质上的特色。

《拉玛地图》并非完美。因为它们源于 20 世纪 40 年代，其描绘的产地要小于当今培植区——在拉玛绘制之后又出现了大量的种植地域。倘若你能以鹰眼视角将现在的葡园和《拉玛地图》进行比对，你会发现白丘的阿维兹、奥热尔附近区域已经全部种植，兰斯山的吕德和里伊（Rilly）也是如此。有些葡园的名称发生了改变，有些的拼写有了不同（虽然葡园的拼写在法国一直颇不规范）。纵然存在上述局限，这些地图已被证明具有价值，而改变了我欣赏香槟风景的方式。通过分享地图，我希望更多人会发现它们对更好地领悟香槟风土的复杂性颇有助益。

《拉玛地图》（副本）

本书中包含的古老地图为路易·拉玛 1944 年所绘的复制品。它们勾勒出了经典种植区域，是香槟区公版地图中最详尽的。

1.6 亿年的杰作

香槟区风土的多样性是该地区地质历史的产物。香槟区所在的巴黎盆地包含许多地质层，形成了一系列直达地表的"同心圆"，而香槟区的主要特色土壤便是于 6500 万年前白垩纪晚期形成的纯白垩土。

不过，香槟区的地质情况可远不止白垩。巴尔丘是位于最东南部的产区，拥有香槟区约 1/4 的葡园，其岩床并非白垩，而是启莫里阶石灰石（Kimmeridgian limestone）和泥灰（即石灰性黏土）。这是更加古老的岩层，形成于约 1.6 亿年前的侏罗纪时期，当时此地被一片汪洋覆盖。启莫里阶之上的是一种更加紧密的石灰石，被称作波特兰石，也有精选葡园以它为基础。[1]

海洋在侏罗纪后期大陆分离的板块运动中消散。此后，一片温暖的浅海逐渐覆盖了欧洲大部分地区。到了土伦期（大约 9500 万年前），海洋创造出大量白垩和泥灰的堆积，我们今天尚能在蒙格厄和维特里（Vitryat）见到。不过，大部分香槟的白垩直到坎帕期（8400 万年至 7200 万年前）方才形成。此时，海中满是小型贝类生物和钙化藻类，它们最终大量沉积，构成了如今当地闻名遐迩的纯粹、浓厚的白垩。这便是大部分香槟葡园区的地下之物，尤其在兰斯山、大河谷与白丘，其厚度颇深，某些区域可达 1000 英尺（约 300 米）。[2]

反思香槟区的分区

大部分葡萄酒书籍会告诉你香槟区可分为三个主要产区——兰斯山、白丘和马恩河谷。然而，这并未包含全部产区。香槟区种植了 84000 英亩（约 34000 公顷）的葡萄，这是片广袤而多样的区域。实际上，香槟委员会将产区分作了不少于 20 块区域，这很有用，但对多数人的需求而言有些过于零碎。我在本书里将香槟分作 7 个区，不过，我采用的非正统做法可能会引发一些争议。

我从两个最具历史意义的区域说起，一是埃佩尔奈南部的**白丘**，这是香槟区卓越的霞多丽葡萄种植地，以其白垩土著称；二是埃佩尔奈北边的**兰斯山**，位于一片植被茂密的高地，

拥有香槟区某些最佳的黑比诺葡萄园。从这里我检视着马恩河谷，传统上它包含马恩河畔 40 英里（64 公里）的区域，从东边的比瑟伊（Bisseuil）至西边的马恩河畔萨西（Saâcy-sur-Marne）。不过，考虑到当地的复杂性，我主张应将河谷分为三块区域。**大河谷**或马恩河畔大河谷（稍后将对照说明这两个名字）是马恩河位于屈米埃（它构成了兰斯山的南侧）以东的区域。因为身处兰斯山脉，这里的土壤位于白垩岩床上，主要种植黑比诺葡萄。屈米埃西部是真正的**马恩河谷**，河水在此处山谷中蜿蜒。白垩位于厚厚的黏土层下，越往西越深，这种条件适合莫尼耶葡萄的生长。而在埃佩尔奈西南的马恩河谷与白丘夹缝间有一系列特性迥异的村庄。它被称作**埃佩尔奈南坡**，相对狭小的面积内却拥有令人惊叹的多样土壤与风土。

白丘的西南方，**莫兰坡**（Coteaux du Morin）和**塞扎讷丘**（Côte de Sézanne）起伏的山峦间散布着一些葡园，而**维特里**在东边，**蒙格厄**位于南边。尽管上述每个区域都有自身特性，但我还是将其归为一组，因为它们都是新种植区，其中有些晚至 20 世纪中叶才出现。最后是奥布省的主要葡园区**巴尔丘**，和南边的邻居沙布利一样位于启莫里阶泥灰之上。过去一个世纪它笼罩在北边邻居的阴影之下，如今因为年轻一代果农开拓进取而重新焕发了活力。

在随后的章节里，我将梳理上述每一个产区，描述其位置及特质。在各产区内，单独的村庄和葡园也有着自身个性，我将着重探讨更重要的这一部分。这并非对香槟区酒庄、葡园的全面说明，而是一份借由最能表现它们的人和酒，有关其最重要的风土条件的指南。

虽然酒庄分级阶梯制已不复存在，但术语特级园（grand cru）、一级园（premier cru）还是被用于指称最后一版分级法中的酒庄（参见"酒庄分级阶梯制"，第 305 页）。这些术语依然出现在酒标上，尽管不可迷信之，但它们在香槟区还是非常流行的。

在每一章的末尾，我会推荐一些单一村和单一园香槟，从而让你获得进一步验视其风土的方法。遗憾的是，这些名单省略了表达风土的调制酒——其中有许多极端的例子。不过，我的目的是为体验香槟区风土复杂性提供一个起点，并促成进一步的探索。

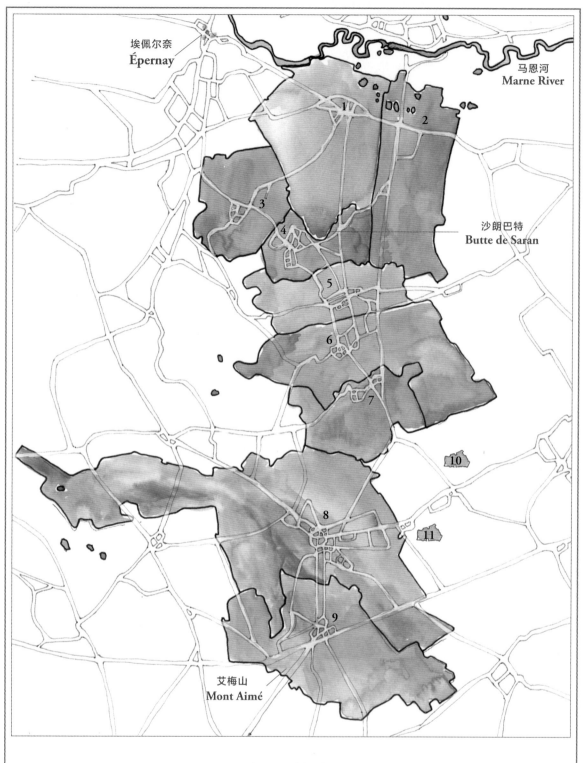

埃佩尔奈
Épernay

马恩河
Marne River

沙朗巴特
Butte de Saran

艾梅山
Mont Aimé

白 丘 村 庄

1	Chouilly	7	Le Mesnil-sur-Oger
2	Oiry	8	Vertus
3	Cuis	9	Bergères-les-Vertus
4	Cramant	10	Villeneuve-Renneville
5	Avize	11	Voipreux
6	Oger		

CHAPTER VI

白色葡萄，白色土壤
白丘

在形成一片石灰岩覆盖高地东部边缘的漫长陡坡上，白丘沿着埃佩尔奈南部延伸了约 12 英里（20 公里）。被高度侵蚀的陡坡，露出了下面的白垩，具备了种植霞多丽葡萄的理想条件。更重要的是，它赋予了霞多丽独一无二的特质——清爽的酸性和浓烈的白垩矿石风味。

"白丘"一名可能指的是这里生长的白葡萄，不过也可能指的是此地的石灰性土壤。这里的白垩格外纯白，仅有较少的表层土覆盖，当你在葡园中漫步时，常能看到大块的白垩。山坡顶部有着浓密的树林，而下面就是斜坡最陡峭的部分，由于上部黏土含量更高而且林地泉水可能带来更高的湿度，所以这并非最佳葡萄种植区。平地部分白垩充足，表土甚少，但因为葡萄容易生产过剩，也不够理想。斜坡的中部（两种极端之间）被称作"风土核心"（*coeur de terroir*），这里最适合霞多丽生长。

白丘霞多丽的标志性特征是优雅、精巧，这令其葡萄酒与其他地方（例如兰斯山和马恩河谷）的霞多丽香槟相区别。许多著名白中白香槟（包括来自沙龙帝皇、布鲁诺·帕亚尔、保罗杰、路易王妃和泰廷爵的）只从白丘选购原料，它们均能鲜活地展现出白丘霞多丽的特质。然而，与香槟其他地区一样，每个村庄也能表现其自身个性。就此向一位酿酒者问及阿维兹或白丘任意其他村庄，他或她会清晰地知道这个村庄的酒和邻近村庄相比尝起来是什么味道。

"阿维兹构成了我们调制的基础，因为它提供了力度、结构、圆润度，"沙龙帝皇的首席酿酒师弗朗索瓦·多米（François Domi）解释道（他以同样的四五座特级园村庄酿造酒庄的非年份和年份白中白香槟），"克拉芒的复杂、完备性以及酒体与鲜活度的对比可谓出类拔萃。勒梅尼勒有酒劲，需要很长时间来成熟。舒伊利（Chouilly）很有矿物、柑橘味。其果实造型如菠萝一般奇异。"

鲁道夫·皮特（Rodolphe Péters）是奥热尔河畔勒梅尼勒的皮埃尔皮特酒庄的所有者，其果实源于勒梅尼勒、奥热尔、阿维兹和克拉芒，他更愿意用颜色来形容各个酒园。"对我而言，勒梅尼勒是灰色，它简朴、冷峻，石灰石多于白垩，"他说，"奥热尔是白色。我理念里的奥热尔是优雅的，带着红色水果与欧柑的芬芳。阿维兹是橙色，以成熟的柑橘、葡萄柚、杏子、橘子味为基础。它是种大粒、浓烈的霞多丽葡萄。克拉芒复杂而完备，有一种棕色基调，悦人的香料味、肉桂、欧甘草、绿茶味。这是种秋天般的酒。"

白丘北部和南部村庄也能大体上予以区分。我发现，来自白丘北部的酒更加饱满，具有一定维度，而南边的酒明显带有盐味，更加紧致。这部分和土壤有关，因为北边区域黏土含量更高，有时表层土也更深。如果南北有一条界线的话，它就位于阿维兹与奥热尔之间：阿维兹突出的酒体和石墨风味似乎更接近北面的克拉芒，而奥热尔纯粹的白垩味则与南边的勒梅尼勒遥相呼应。[1]

对比研究：白丘北部葡萄酒

白丘最北部的两个村庄奎斯（Cuis）和舒伊利尽管彼此相邻，其葡萄酒却大不相同。奎斯的葡园（一座一级园）大部分朝北或东北。由于日照较少，奎斯生产的葡萄酒并不像那些拥有特级园的酒村那样成熟和复杂，反而打造出一种拥有稳固酸度和紧凑架构的葡萄酒。尽管这些酒独饮时会显得浓烈，但其鲜活的个性对调制酒颇为有益。在奎斯最好的酒庄皮埃尔·吉莫内，老板迪迪埃·吉莫内和奥利维耶·吉莫内（Olivier Gimonnet）拥有奎斯、舒伊利及克拉芒的葡园。虽然后两个村庄更有声望，但酒庄没有单独用它们装瓶。"奎斯的鲜活对调制酒十分重要。"迪迪埃·吉莫内说。他解释说，三个村庄的融合创造出了一种比它们各自更加复杂的葡萄酒。然而奎斯不仅仅被用于调制。吉莫内清爽的非年份白中白一直是纯奎斯酒，这给了我们单独品尝该葡园的机会。

和奎斯相比，舒伊利的葡萄酒以架构宽广、奶油味丰厚著称。在北面马恩河的调节下，舒伊利的小气候更温暖，令它与奎斯以及白丘其他村庄均有所不同。结果是来自这个村庄的霞多丽能酿造出舒展丰腴、早熟而又架构柔和的葡萄酒。"我钟爱舒伊利，因为你既能拥有霞多丽的精巧、优雅，又能拥有某种浓烈、饱满，"A. R. 勒诺布勒的安托万·马拉萨涅（Antoine Malassagne of A. R. Lenoble）说（勒诺布勒在此拥有 27 英亩葡园），"它不像勒梅尼勒或阿维兹那般清瘦。"

河对面是艾河畔马勒伊的大河谷村，马克赫巴的让 – 保罗·赫巴（Jean-Paul Hébrart）将该村的黑比诺与来自舒伊利的霞多丽调配在一起，取得了极佳效果。这说得通，因为马勒伊和舒伊利的葡萄酒在丰富度和广度上相近，反映出它们所在的马恩河对岸的特质。过去，舒伊利温暖的气候令它成为白丘（包括南边的韦尔蒂）少数几个以红葡萄酒闻名之地：旧的酒庄分级阶梯制中，该村的霞多丽为特级园，而黑比诺为一级园。如今，维扎 – 科卡尔（Vazart-Coquart）还在以生长于格朗德斯·泰尔（Les Grandes Terres）的舒伊利葡园黑比诺酿造一种稀有红酒。

舒伊利的葡园分为两片。村庄西边的是帕特莱纳（Les Partelaines），它有些乏善可陈，因为光照和土壤较差——不过，在这里一座名叫普吕姆科克（Plumecoq）的山丘上有个重要葡园，香槟委员会用它来测试克隆、修枝、棚架技术以及其他试验。[2] 而大部分舒伊利葡萄位于村庄南部与克拉芒接壤处的大型山丘沙朗巴特（Butte de Saran）的北侧。沙朗巴特是一座地垒，即因侵蚀作用而形成的一块突兀岩石，因此，尽管白丘大部分葡园都位于东向的长长斜坡上，沙朗巴特却与之不同。舒伊利最有名的葡萄种植地是蒙泰居（Montaigu），它正好位于邻近克拉芒边界的沙朗巴特山上；另一个著名之处是阿旺蒂尔（Aventures），A. R. 勒诺布勒有一款同名单一园香槟酒以它为原料。

克拉芒和阿维兹：最早的特级园

克拉芒和阿维兹组成了历史上白丘的心脏区域，并且它们是首批位居特级园的村庄。尽管从 11 世纪以来这里就种植葡萄，但它们在 18 世纪初起泡香槟出现前并未成名。不过，到了 19 世纪，它们变得闻名遐迩，实际上，当时该地区不叫白丘，而被称作阿维兹丘（Côte d'Avize）。克拉芒亦不遑多让。1882 年，那个时代最知名的葡萄酒专家之一英国作家亨利·维泽特利（Henry Vizetelly）[3] 记载，克拉芒葡萄酒"以其轻盈、优雅、酒香浓郁著称，三者交融对每种特级香槟而言都是必不可少的"[4]。

纯克拉芒

克拉芒恰好位于舒伊利的南面，其葡园在汇入白丘漫长、东向的斜坡前，绵延在沙朗巴特山的南侧。这形成了一座朝向东方的大型"圆形露天剧场"——由每天大部分时间沐浴在日光中、包含各种水准的白垩、黏土的平缓斜坡构成，克拉芒最佳葡园就位于此处。朝向平原的克拉芒葡园则逊于瓦里村（Oiry），后者所在平坦的白垩土地能产出紧致、带有矿石风味的葡萄酒。

克拉芒最著名的酒庄之一叫迪耶博瓦卢瓦，1960 年由雅克·迪耶博（Jacques Diebolt）及其妻子纳迪娅（Nadia）创建。如今他已 70 多岁，是白丘的政界元老，他有着一双酿酒者粗糙的手，在自己的酒庄彬彬有礼地迎接客人。尽管酒庄的许多日常事务现已交给了他的儿子阿诺和女儿伊莎贝尔，但年迈的迪耶博依旧常常出现在这里，与他在其酒厂的酒桶、酒罐间品味葡萄酒可谓一桩乐事。

迪耶博在克拉芒的大圆形露天剧场拥有令人叹为观止的一系列土地。其中最好的一度用于他的非年份高级特酿，然而它想要进一步凸显本地风土。1995 年，他研发了一种名为热情之花的佳酿，其葡萄仅来自他最古老的克拉芒葡萄藤（平均至少 45 年）。与别的葡萄酒不同（在酒罐中酿制），他让它在旧木桶里发酵、陈化，并严格避免乳酸菌发酵。这产生了一种复杂多面的葡萄酒，兼具浓郁和优雅，并成了纯克拉芒香槟的标杆。

"我对祖父酿造的葡萄酒念念不忘，想要再现它，"迪耶博对我说，"我的妻子和孩子并不希望我酿造。他们说：'哦，这种就是给老人的。现今没人想喝。'但我很固执，无论如何要酿制。"

过去至少 15 年里，我每个冬天都会拜访迪耶博，品评调制"热情之花"前木桶内的"零部件"。品尝这些原酒令人着迷，这不仅仅是调制中的一课，而且在于葡萄酒能通过单一村庄展现其变化。在热情之花中，比宗（Buzons）的葡园总是扮演着主要角色，它生产出了一种丰盈、浓郁、拥有良好结构的原酒。来自附近的格罗山（Gros Monts）的葡园的原酒在特质上正相反，它细腻雅致，生气勃勃。与此同时，来自皮蒙（Pimonts，一座位于克拉芒中心面朝东南的小山）的葡园的酒则层次丰富且保留了一份文雅的精致。"其名字源于'小山'（petit mont），"迪耶博说，"当我在 1959 年首度酿酒时，这是我仅有的一块土地，

如今它依然是我的最佳土地之一。"

像这样迪耶博认为适于酿造热情之花的葡园可能有半打之多。然而，当它们的特质相加时（例如，比宗的力度、皮蒙的精致、格罗山的矿石风味），其结果比它们各自都更加复杂和浮夸。克拉芒是与丰富多样或优雅细致相关，抑或与白垩相关？实际上，克拉芒与上述三者均息息相关，在热情之花中，每种原酒都折射出克拉芒的不同侧面，从而打造出了一个更加完备的整体。

与奎斯接壤的克拉芒西部由于日照较少，历史上认为其品质不如东部。不过，这里出产酸度更高故而更加轻盈的葡萄酒，某些酿酒者发现这也不乏可取之处。勒克莱尔酒庄的贝特朗·勒克莱尔（Bertrand Lilbert）酿造了一种源于克拉芒两块土地的混合年份香槟：沙朗巴特的莱布韦松（Les Buissons）——村庄最好的地块之一，拥有一些勒克莱尔最老的葡萄藤；以及少量源自村庄西部地块莱穆瓦扬（Les Moyens）的酒。"纯布韦松会显得太浓烈厚重，"勒克莱尔说，"用它直接装瓶有些过于醇厚。源于穆瓦扬的少量原酒令它更加均衡并能更好地陈化。"

如今，一些其他酿酒者也制造纯克拉芒香槟。牧笛薄衣的黎凡特老藤香槟以布隆杜黎凡特（Bourrons du Levant）和丰杜巴托（Fond du Bâteau）地块中超过 80 年的葡萄藤为材料来源，为最佳香槟之一；另一种则是朗瑟洛 – 皮耶纳（Lancelot-Pienne）丝滑芬芳的玛丽朗瑟洛佳酿（Cuvée Marie Lancelot），与勒克莱尔相同，它以村庄两侧的葡萄汁混酿而成。

阿维兹：白垩与黏土

要解释克拉芒与阿维兹的区别并不容易，这大部分取决于位于各村的哪个具体地块。一个范例便是阿格帕特父子酒庄（阿维兹的顶级酒庄之一）的矿物年份香槟（Minéral）。帕斯卡尔·阿格帕特一直用来自两个同样地块的葡萄酒进行混酿，他说它们具备相似的浓郁白垩风土：勒尚布托（Le Champ Bouton）位于边界阿维兹一侧，而莱比奥内（Les Bionnes）则位于克拉芒。

阿维兹的面积较小（662 英亩，即 268 公顷，而克拉芒有 892 英亩，即 361 公顷），大部分葡园处于位置绝佳的山坡中部。阿维兹葡萄酒能提供一种冷峻的矿石风味，有些人称作石墨味（或铅笔芯味），它在诸如路易王妃、沙龙帝皇、泰廷爵的白中白混酿香槟中扮演了重要角色，在像唐培里侬、哈雪千禧白中白香槟、凯歌贵妇人香槟（La Grande Dame）这样的名酿中亦是如此。

与克拉芒相似，阿维兹的一些葡园富含黏土，另一些则白垩占优。为了彰显区别，阿格帕特酿造了两种截然不同的酒。阿维佐伊斯香槟的葡萄来自该村山坡上部的莱罗巴茨（Les Robarts）与拉瓦德埃佩尔奈（La Voie d'Épernay）黏土成分较重的地块。这产生了男中音版稳重的葡萄酒，体现出土壤里黏土的丰厚。相比而言，维纳斯香槟反映了阿维兹最著名的地块之一——拉福瑟（La Fosse）的白垩成分，它拥有 1959 年的葡萄藤并且完全采用马匹犁耕。[5] 维纳斯香槟以精巧、复杂、带有土壤的咸味著称，历来是香槟区最佳的白中白香槟之一。

雅克·瑟洛斯（该村乃至全香槟区最著名的酒庄）的安塞尔姆·瑟洛斯采用了不同的方法。他相信若要完整刻画阿维兹的风貌，需结合两种类型的土壤，从 1975 年起，其年份香槟便由来自阿维兹同样两个地块的老藤葡萄酿造：莱尚特雷内斯（Les Chantereines）与莱马拉德里斯杜米迪（Les Maladries du Midi）。"其中一个朝东，十分陡峭，给葡萄酒带来浓厚的矿石风味，"他说，"另一个位居山坡底部，面朝南方，含有较多黏土。它塑造了酒体。"

另一种瑟洛斯香槟"物质"混合了陡峭的莱尚特雷内斯与莱马维尔拉纳（Les Marvillannes，一座位于村庄北侧的葡园）。不过，它并非年份香槟，而采用了索雷拉混酿法，它原本更以用在西班牙雪利酒酿造中而闻名。瑟洛斯解释说：由于一套索雷拉系统将大量不同年份的葡萄酒合而为一，它抹去了任何单一年份的影响，从而更加凸显了其风土面貌。从 1986 年起，"物质"的索雷拉系统已包含每个葡萄年份。"物质代表永恒。它一直不在意年份，而是关乎矿物风味以及长久的特质。"为了尽可能充分展现本地风土，他不认为索雷拉应该仅由最佳年份葡萄构成。"重要的是索雷拉包含全部年份——好与坏，干与湿。只有这样你方能获得风土的真实面貌。""物质"的索雷拉始于 1986 年，它含有那以后的每个年份。

瑟洛斯也凭借其酒庄精选地块酿造了一系列（共 6 种）单一园香槟，在 2010 年公之于众。其中一款是莱尚特雷内斯——历史上，它可谓酒庄的重要地块，原本由安塞尔姆的父亲雅克购于 1945 年，1960 年又进行过扩充。它产出了令人惊叹的葡萄酒，其清瘦和凛冽的咸味超过任何瑟洛斯混酿或"物质"，但还是复杂而完整。

在莱尚特雷内斯东面与瓦里的交界处，是雅克森同名单一园香槟的原料地——尚该隐（Champ Caïn）。多年来，雅克森一直生产阿维兹单一村香槟，以拉福瑟和尼迈里（Nemery）调制尚该隐。但从 2002 年起，该品牌将尚该隐酿造为单一园葡萄酒，对我而言，和阿维兹混酿相比，这感觉更加细腻优雅。

最近，牧笛薄衣（以其来自克拉芒和韦尔蒂的单一风土香槟闻名）增加了一款 2009 年阿维兹单一村香槟。它名叫莱舍曼德阿维兹（Les Chemins d'Avize），源于两个地块：舍曼德普利沃（Chemin de Plivot，邻近莱尚特雷内斯）和舍曼德弗拉维尼（Chemin de Flavigny，位于朝向平原的更东边）。其与牧笛薄衣克拉芒香槟的区别是显著的，克拉芒展现出强烈的矿物风味，不过，其沙朗巴特山侧的血统赋予它宏大的结构与浓缩的馥郁；阿维兹，来自白垩中坡，拥有一种细腻纤巧和更大深度，并且感觉更加活泼，更带咸味。将它们与更清瘦、更激爽的韦尔蒂之土一道品尝令人着迷，三者构筑了领悟白丘风土的绝佳入口。

南部特级园酒村：奥热尔与奥热尔河畔勒梅尼勒

虽然地理上接近，白丘南北方村庄却酿造出了截然不同的葡萄酒——区别如此之大，以至于当迪迪埃·吉莫内首次买下奥热尔的葡园时，完全不知所措，因为这里的酒难以与产自北边的克拉芒、舒伊利、奎斯的酒搭配混酿。部分差异与奥热尔的成熟度有关。这里的霞多丽圆熟丰腴的原因，看看村外的山坡便一目了然。奥热尔的葡园位于一个大型的、朝东的"碗"内，日照充足，聚集了热量并提高了葡萄的潜在成熟度。从而提供了赋予奥热尔葡萄酒特色的那种绚丽的果香，让它们与邻居截然不同。与邻近奥热尔河畔勒梅尼勒相似的白垩加强了上述特质，不过前香为奥热尔所专属。

作为经典的白丘一级园，奥热尔事实上在所有主要品牌的混酿中都能觅得其踪。2013 年春，我和蒂埃里·罗塞（Thierry Roset，2014 年不幸去世前曾短暂担任该品牌首席酿酒师）品尝了哈雪的低度葡萄酒。罗塞是个亲切温和，说话细声细气的人，头脑聪慧，乐于分享自己的知识。这一次，他选择从最近的 2012 年份向我展现奥热尔霞多丽的纵轴。这是一种奥热尔原型酒，表现出延伸的丰富性，并拥有一根贯穿的"白垩脊柱"。一路回溯品尝到 2002 年份后，即便在更老的葡萄酒中，奥热尔的个性特质也清晰可见。某些年份更加成熟，另一些则具更高酸度，但其共同点是矿物咸鲜味烘托出的凝脂般的丰满，并且随着陈化发展出复杂度和深度。这些葡萄酒被调制为哈雪的特酿千禧白中白香槟或其他香槟。这一纵向品鉴帮助我更好地理解了奥热尔是如何与哈雪之风格融为一体的，罗塞形容它为慵懒的优雅和成熟框架内蕴含的奢华。

奥热尔河畔勒梅尼勒：白垩与纯朴

在奥热尔南边，奥热尔河畔勒梅尼勒亦是如今香槟最有名的土地之一。它被列入了特级园，不过，这是相对近来的事——直到 1985 年，它才与奥热尔、舒伊利、瓦里一起晋升为白丘特级园。此次升级可谓实至名归，在 20 世纪，它的声望与日俱增。这多半要归功于一种葡萄酒：沙龙。

19 世纪末，欧仁艾梅·沙龙在巴黎贩卖毛皮，其公司名叫沙佩尔（Chapel）。他出生于奥热尔河畔勒梅尼勒东边的波康西村（Pocancy），是土生土长的香槟人，他的姐夫马塞尔·纪尧姆（Marcel Guillaume）是一家名为克洛塔兰（Clos Tarin）的小香槟酒生产商的酿酒师，在今名"梅尼勒葡园"的村庄中心拥有一座围墙环绕的果园。沙龙在青年时代便是纪尧姆工作上的帮手，由此播下了对香槟毕生挚爱的种子。皮毛生意上的成功令他得以在 1905 年开始少量生产香槟，最初只供他自己享用，直到 1921 年年份酒才开始可对外出售。

沙龙的重要性在于，它是我们所知的第一种完全由同一村庄葡萄酿造的香槟，并一直如此。可能在沙龙之前，某家独立酒庄也曾出产过少量单一村香槟，但已不可考。沙龙现属于罗兰百悦集团（Laurent-Perrier Group），一直只使用勒梅尼勒最好年份的葡萄。沙龙以突出的酸度和沁人心脾的白垩味著称，是勒梅尼勒香槟的范本：一种"长寿"的葡萄酒，需要漫长的时间去揭示其复杂性与深度。与白丘北边的葡萄酒相比，它尝起来矿物质味更加外露，而结构则更为简朴。

不过，勒梅尼勒最好的葡萄酒依然不乏深度，远超多数人所给予的赞誉。沙龙从不是一种浅薄的葡萄酒，它在村庄里的主要竞争对手——库克的梅尼勒葡园甚至更非如此。库克从 20 世纪 70 年代起便拥有 1.84 公顷（4.55 英亩）的梅尼勒葡萄园，自 1979 年收获季开始酿造单一园香槟。这一地块是货真价实的"围墙葡园"，其北侧围墙上饰板的题字指出墙壁始建于 1698 年（还说同年便开始种植葡萄）。葡园山坡略朝向东南，围墙和环绕的建筑物聚集了有效热量，令它成了十分温暖之地。

尽管它展现出典型勒梅尼勒香槟的紧致白垩风味和酸度，但梅尼勒葡园香槟在特性上仍明显是一款库克葡萄酒，与库克的特酿或年份香槟拥有同样的精巧和复杂度。当地的温暖表现在这款酒的成熟水果风味上，和所有的库克酒一样，它在老橡木桶内发酵，这提高了其深度和结构。对我而言，梅尼勒葡园香槟始终显露出雍容华贵。在丰收年份，如 1990 年、1986 年或 1983 年，一尝便知，而在酸度较高的年份，如 1996 年、1988 年，起初会退隐在葡萄酒的结构之内，需要若干年的陈化才会显现。2000 年是个明证。这一年中的大多数香槟丰腴而早熟，但梅尼勒葡园香槟依旧细腻饱满，并非同寻常地在色调上保持着本真。

虽然梅尼勒葡园本已出类拔萃，但随着 2002 年份的上市，库克令其更上层楼，它在细腻、透明和多样性上超过了我记忆中的此前任一年的梅尼勒葡园。这不仅仅因为 2002 年是至少 1996 年（甚至 1982 年）以来最好的香槟年份，还因为库克（已是最佳的香槟区品牌之一）正变得越来越出色。"我们的工作远比过去严谨，"该品牌总裁奥利维耶·库克（亦是五人品鉴小组成员之一）说，"没有任何冒险犯错的空间。我们的品鉴远超以往，我们的工作更加精确，更关注细节。我认为我们更懂得库克了。"

勒梅尼勒的其他葡园中，莱沙蒂永（位于村庄东南）也享有盛誉。一些酒庄在莱沙蒂永拥有地块，其中包括皮埃尔·蒙库特（Pierre Moncuit），他以近百年的霞多丽葡萄藤来酿造其优雅的尼科尔·蒙库特老藤香槟（Cuvée Nicole Moncuit Vieille Vigne）。罗贝尔蒙库特酒庄（Robert Moncuit）的皮埃尔·阿米耶（Pierre Amillet）也开始酿制一款出众的莱沙蒂永单一园香槟。

不过，最具代表性的当属皮埃尔皮特（该村最重要的酒庄）出产的沙蒂永香槟。皮特从 1971 年起开始酿造这种单一园香槟，最初标识为小农香槟（Spécial Club），后来成为名酿。2000 年起，酒标上同时注明了特酿和葡园名。虽然这款香槟仅由莱沙蒂永的果实酿制，但其深度仰仗于葡园三个不同地块的交融（其葡萄藤从 70 年到 35—45 年）。

"每年我都分别酿造原酒并品尝每一款，"鲁道夫·皮特（皮埃尔之孙，酒庄目前的所有者）说，"混酿酒总是比三者中任意一种更加复杂，甚至超越了老藤地块。因此，即便它是单一园葡萄酒，从技术上说依然是种调制酒。"作为一种香槟，它拥有绝佳的精细度与平衡，蕴含着白垩催生的优雅，举重若轻。尽管在青年期它会有些质朴，但收获十年后会有一次跃进，并通常在大约 20 年时达到巅峰。

许多勒梅尼勒的其他著名地块位于靠近莱沙蒂永的山坡中部，例如莱米塞特、库勒梅斯（Coullemets）、勒蒙若利（Le Mont Joly）以及蒙马丁（Monts Martin）。与此同时，奥特莫泰（Hautes Mottes）位于山坡中部下方靠近平原的位置，这里是 J.-L. 韦尔尼翁为其"信心"（一款清爽浓郁的老藤白中白年份香槟）提供葡萄的地方。对一家白丘酒庄而言非同寻常的是，韦尔尼翁的酿酒师克里斯托弗·康斯坦（Christophe Constant）避免乳酸菌发酵并未添加补液，代之以采摘超熟的葡萄以打造一款均衡的自然香槟。

这座村庄最惊艳的葡萄酒之一并非来自得天独厚的山坡中部，而是来自村庄上方的山丘顶部。安塞尔姆·瑟洛斯在白垩葡园莱卡雷勒（Les Carelles）拥有两个小地块，从 2003 年起，他开始用它们酿造单一园香槟。一块向东，一块朝南，它们共同打造了一款表现丰富、令人难忘的白中白香槟——兼具复杂性与细腻。对我而言，这是一种矛盾的葡萄酒，它丰腴而又带有强烈的白垩味；酒体浓郁却又不失轻盈；纤毫毕露却又不失大气。它显然是一款勒梅尼勒葡萄酒，然而就像瑟洛斯所做的每件事那样，它又独树一帜。

韦尔蒂以及白丘南部的葡萄酒

勒梅尼勒以南，道路蜿蜒穿过一片葡园的"绿海"，通向历史上著名的村庄韦尔蒂。它在高卢–罗马时代名为维罗图斯（Virotus），在中世纪则是座设防城镇，并且至少从 12 世纪便开始种植葡萄。如今，它以 1334 英亩（540 公顷）的面积位居香槟区第二大村庄，仅次于奥布省的莱里塞（Les Riceys）。尽管它现在种植着霞多丽葡萄，但历史上却和其南边的邻居贝尔热莱韦尔蒂（Bergères-les-Vertus）一道，以黑比诺风土闻名。

"100 年前，在韦尔蒂和贝尔热，80% 的葡园种植黑比诺，"韦尔蒂同名酒庄经营者帕斯卡尔·多克（Pascal Doquet）说道，"如今则只有 8%——人们改种的原因是潮流变迁，他们通过霞多丽能赚取更多的金钱。"

除了纯经济因素，就风土而言，在韦尔蒂种植霞多丽也是有道理的。该村的葡园大致能分为两个区域，北区靠近勒梅尼勒，葡萄种植在缺少表层土的白垩上，产出醇厚、舒爽的葡萄酒。牧笛薄衣在这里生产一款杰出的名叫韦尔蒂之土的香槟，取材自三个地块：莱巴里耶（Les Barillées）、莱福谢雷（Les Faucherets）和拉维埃耶瓦（La Vieille Voie）。它紧致凝聚，突出了该地区典型的含盐矿物质风味。弗夫富尔尼是韦尔蒂另一家著名酒庄，也以莱巴里耶的霞多丽葡萄作为其年份白中白香槟的原料，它的非年份白中白香槟以及天然香槟则取材于附近的莱蒙费雷（Les Monts Ferrés，位于与勒梅尼勒交界处的富含石灰质的区域）。在村子里，富尔尼的郊区圣母院是另一处白垩葡园，在岩床之上仅有 12 英寸（39 厘米）表层土。村里还有杜瓦亚尔的拉阿贝葡园（Doyard's Clos de l'Abbaye），它是一个温暖、富含白垩的地块，出产的香槟芬芳馥郁，带有凛冽的矿物质风味。

然而，在村庄的南边，黏土更深，山坡方向略微转向东南，令霞多丽葡萄更加密集。牧笛薄衣的非年份香槟纬度（Latitude）大半取材于此地，其酒体的圆润和结构的宽阔超越了酒庄的其他香槟。这里的土壤也适合黑比诺葡萄，证据便是弗夫富尔尼来自莱鲁热蒙（Les Rougesmonts，一片处于红色黏土之上的陡峭、东向的土地）地块的桃红葡萄酒。它依靠放血法（葡萄酒通过葡萄皮的浸泡而获得颜色）酿制，是一种浓郁醇美的桃红香槟。

艾梅山的坚硬土壤

贝尔热莱韦尔蒂村的土壤在你抵达艾梅山（Mont Aimé）之前都大同小异，后者是村庄南部一座突出的地垛，与舒伊利的沙朗巴特类似（参见第 101 页），孤悬于白丘主要的斜坡之外。艾梅山高度将近 800 英尺（240 米），虽然含有白垩，但还混杂着沙土、燧石和泥灰，这令它与韦尔蒂和贝尔热有所不同。它是个比韦尔蒂更凉爽的地方，葡萄会晚熟一周。

"这里曾有一条河，你能看到一片沙石场，"多克（他在艾梅山拥有 2.5 英亩葡园）说，"它多石少土，所以葡萄藤直接根植于白垩之上。"对我而言，韦尔蒂和艾梅山最显著的区别是燧石（silex）的存在，它给后者带来了一种特殊的烟熏、多石的矿物质风味。艾梅山的酒体轻盈，得益于更高的海拔和朝北的光照，拥有更加辛爽的结构。

多克以风土来给自己的酒分类，并为来自艾梅山、韦尔蒂、勒梅尼勒的白中白香槟单独装瓶。每款酒都清晰展现出各个葡园的特性：艾梅山是三者中最精致的，以别致的燧石味著称，而韦尔蒂酒体更圆润庞大，显示出黏土的宽度与白垩的鲜活。勒梅尼勒在三者中最为大气，拥有经典的光滑、舒展的酒体，并被注入了一股复杂的矿物质风味。三种酒共同刻画出一幅白丘南部的图景，而仅仅在 15 年前人们还不可能体验到如此多的细节。

白 丘
单一村、单一园葡萄酒推荐

奎斯：Pierre Gimonnet Blanc de Blancs（非年份）

舒伊利：Pierre Gimonnet Chouilly Spécial Club（年份 vintage）、Suenen Chouilly Montaigu（年份）、A.R.Lenoble Les Aventures（非年份）、A.R.Lenoble Gentilhomme（年份）、Vazart-Coquart Spécial Club（年份）、Vazart-Coquart Grand Bouquet（年份）

瓦里：Suenen Oiry La Cocluette（年份）、Suenen Oiry Blanc de Blancs（非年份）

克拉芒：Jacques Selosse Cramant Chemin des Châlons（非年份）、Larmandier-Bernier Vieille Vigne du Levant（年份）、Diebolt-Vallois Fleur de Passion（年份）、Lilbert Cramant Blanc de Blancs（年份）、Suenen Cramant Les Robarts（年份）、Lancelot-Pienne Cuvée Marie Lancelot（年份）、Bonnaire Blanc de Blancs（年份）

阿维兹：Jacques Selosse Substance（非年份）、Jacques Selosse Blanc de Blancs（年份）、Jacques Selosse Avize Les Chantereines（非年份）、Agrapart L'Avizoise（年份）、Agrapart Vénus（年份）、Agrapart Complantée（非年份）、Larmandier-Bernier Les Chemins d'Avize（年份）、Jacquesson Avize Champ Caïn（年份）、Varnier-Fannière Cuvée St-Denis（非年份）

奥热尔：Pierre Gimonnet Oger Spécial Club（年份）、Jean Milan Symphorine（年份）、Jean Milan Terres de Noël（年份）、Claude Cazals Clos Cazals（年份）

奥热尔河畔勒梅尼勒：Krug Clos du Mesnil（年份）、Jacques Selosse Le Mesnil-sur-Oger Les Carelles（非年份）、Salon Blanc de Blancs（年份）、Pierre Péters Cuvée Spéciale Les Chétillons（年份）、J.-L.Vergnon Confidence（年份）、Pierre Moncuit Cuvée Nicole Moncuit Vieille Vigne（年份）、Pierre Moncuit Cuvée Pierre Moncuit-Delos（非年份）、Pascal Doquet Le Mesnil-sur-Oger（年份与非年份版）、Gonet-Médeville Champ d'Alouette（年份）、Guy Charlemagne Mesnillésime（年份）、Pehu-Simonet Fins Lieux No. 5（未标明年份）

韦尔蒂：Larmandier-Bernier Terre de Vertus（年份）、Doyard Clos de l'Abbaye（年份）、Veuve Fourny Cuvée du Clos Faubourg Notre Dame（年份）、Veuve Fourny Les Rougesmonts Rosé（未标明年份）、Veuve Fourny Blanc de Blancs（年份与非年份版）、Veuve Fourny Brut Nature（非年份）、Pascal Doquet Vertus（年份）

贝尔热莱韦尔蒂：Pascal Doquet Le Mont Aimé（年份）

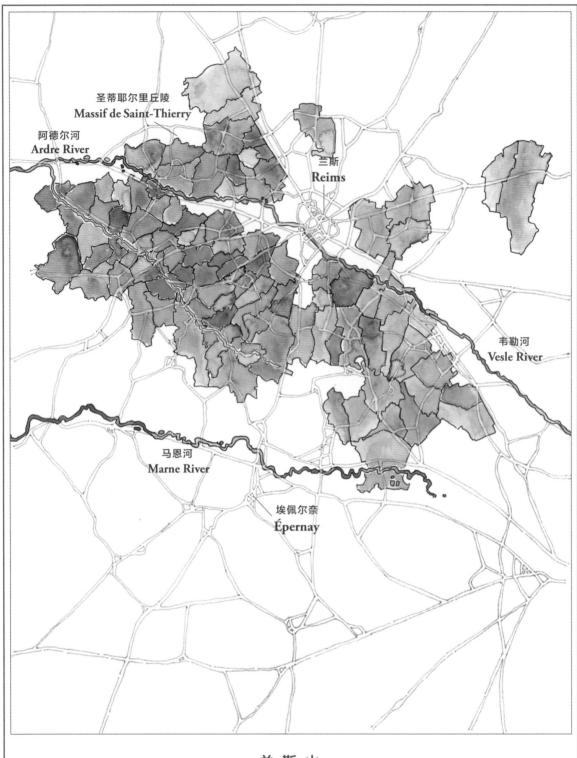

圣蒂耶尔里丘陵
Massif de Saint-Thierry

阿德尔河
Ardre River

兰斯
Reims

韦勒河
Vesle River

马恩河
Marne River

埃佩尔奈
Épernay

兰 斯 山

更详细地图请参见第 116—117 页

CHAPTER VII

探寻黑比诺的故乡
兰斯山

"不不，我们在兰斯山。"让－皮埃尔·拉米亚布勒（Jean-Pierre Lamiable）向我保证说。"绝对没错，"他的女儿奥费利耶（Ophélie）附和道，"我们的葡园正好紧邻着布齐的葡园，是同一山坡的延伸。"

<table>
<tr><td colspan="2" align="center">兰斯山一瞥</td></tr>
<tr><td>· 村庄数量：</td><td>97</td></tr>
<tr><td colspan="2">· 葡园面积：20453 英亩（8277 公顷）</td></tr>
<tr><td colspan="2">· 葡萄品种：41% 黑比诺，34% 莫尼耶，25% 霞多丽</td></tr>
<tr><td colspan="2">· 闻名之处：兰斯山以其独有、高贵的黑比诺葡萄闻名。不过，由于土壤的多样性和日照，其他葡萄也种植在特定区域。在东部村庄特雷帕和维莱尔马尔默里，霞多丽是占据优势地位的葡萄，而"小山"则以精巧、均衡的莫尼耶、霞多丽著称。</td></tr>
</table>

我正与拉米亚布勒在其位于马恩河畔图尔（Tours-sur-Marne）的小酒庄内品尝葡萄酒，我问他们是否认为自己身处兰斯山或大河谷。尽管他们的回答充满自信，但我仍不能确定。

兰斯山位于兰斯和埃佩尔奈之间，是一块面积广袤的高地，最高海拔 940 英尺（280 米）。大部分高地覆盖着浓密的森林，而葡萄则种植于其侧翼，形成了一块朝向西边的"马蹄铁"。葡园区越过高地向西向北延伸，由于其数量庞大且风土多样，很难将兰斯山的种植区作为一个整体来论述。

"马蹄铁"的东侧，俗称"大山"（Grande Montagne），可分为四片区域：朝南的特级园，包括著名的布齐村和昂博奈村；朝东的是种植霞多丽的特雷帕（Trépail）和维莱尔马尔默里；朝北的特级园包括韦尔兹奈和韦尔济；以及北部的一级园吕德、基尼莱罗斯（Chigny-les-Roses）和里伊拉蒙塔涅（Rilly-la-Montagne）。"大山"的西边为"小山"，埃佩尔奈和兰斯之间的主干道 D951 公路是二者分界线。[1] 兰斯的西北是圣蒂耶尔里丘陵（Massif de

兰斯山村庄

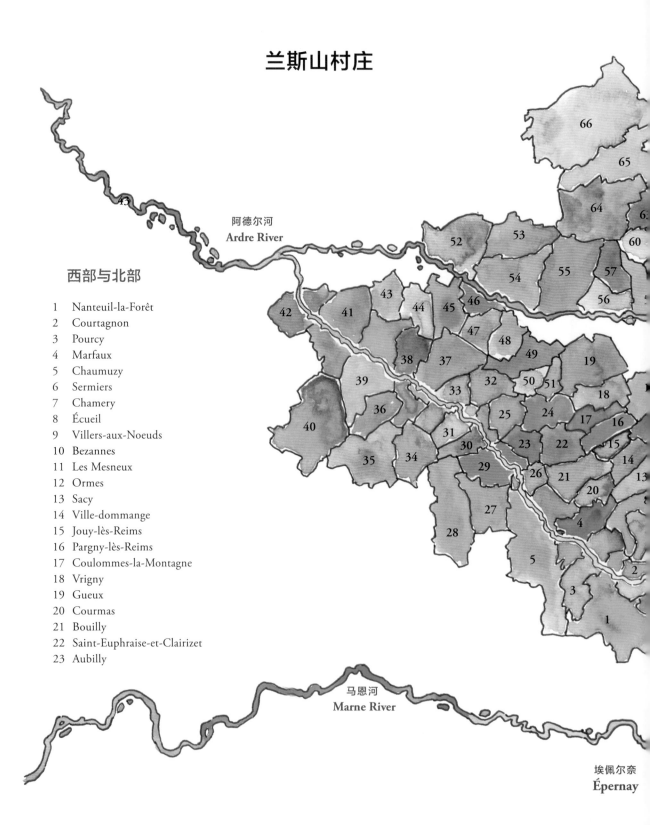

阿德尔河
Ardre River

马恩河
Marne River

埃佩尔奈
Épernay

西部与北部

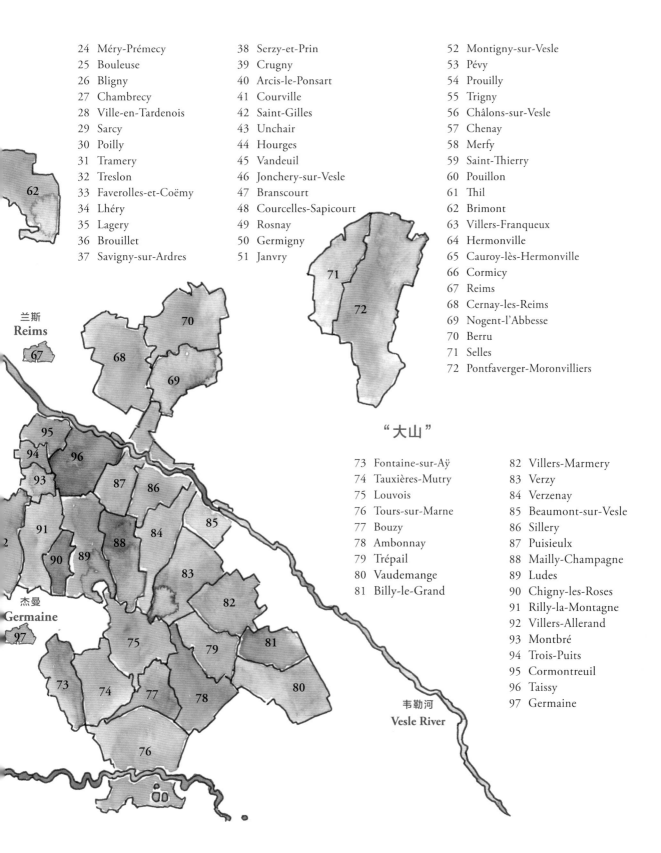

24 Méry-Prémecy
25 Bouleuse
26 Bligny
27 Chambrecy
28 Ville-en-Tardenois
29 Sarcy
30 Poilly
31 Tramery
32 Treslon
33 Faverolles-et-Coëmy
34 Lhéry
35 Lagery
36 Brouillet
37 Savigny-sur-Ardres

38 Serzy-et-Prin
39 Crugny
40 Arcis-le-Ponsart
41 Courville
42 Saint-Gilles
43 Unchair
44 Hourges
45 Vandeuil
46 Jonchery-sur-Vesle
47 Branscourt
48 Courcelles-Sapicourt
49 Rosnay
50 Germigny
51 Janvry

52 Montigny-sur-Vesle
53 Pévy
54 Prouilly
55 Trigny
56 Châlons-sur-Vesle
57 Chenay
58 Merfy
59 Saint-Thierry
60 Pouillon
61 Thil
62 Brimont
63 Villers-Franqueux
64 Hermonville
65 Cauroy-lès-Hermonville
66 Cormicy
67 Reims
68 Cernay-les-Reims
69 Nogent-l'Abbesse
70 Berru
71 Selles
72 Pontfaverger-Moronvilliers

兰斯
Reims

杰曼
Germaine

"大山"

73 Fontaine-sur-Aÿ
74 Tauxières-Mutry
75 Louvois
76 Tours-sur-Marne
77 Bouzy
78 Ambonnay
79 Trépail
80 Vaudemange
81 Billy-le-Grand

82 Villers-Marmery
83 Verzy
84 Verzenay
85 Beaumont-sur-Vesle
86 Sillery
87 Puisieulx
88 Mailly-Champagne
89 Ludes
90 Chigny-les-Roses
91 Rilly-la-Montagne
92 Villers-Allerand
93 Montbré
94 Trois-Puits
95 Cormontreuil
96 Taissy
97 Germaine

韦勒河
Vesle River

Saint-Thierry），该地区史上以其沙土而闻名。最后，兰斯东面有一小片叫作贝吕山（Monts de Berru）的区域，这座山丘的白垩覆盖着沙土、石灰石和黏土，偏远而无名。 与此同时，大河谷沿着马恩河北岸构成了高地的南部边缘，其大部分葡园都是南向。至少从 9 世纪开始，香槟人便开始区分山葡萄酒与河葡萄酒，前者结构更加严谨规整，后者因为靠近马恩河的土壤、气候条件而显得更加宽松。时至今日，二者的区别依然如此，如果说它们间存在边界的话，那就是马恩河畔图尔。

马恩河畔图尔恰好位于布齐以南的马恩河北岸，这座村庄在很多方面都与兰斯山风格相同。这里的葡萄种植是相对近来才有的现象，却令人吃惊地获得了葡园等级。[2] 拉米亚布勒家族至少从 1650 年起就住在马恩河畔图尔，但他们酿酒的历史却相当晚近。1955 年，双胞胎兄弟奥古斯特·拉米亚布勒和皮埃尔·拉米亚布勒在莱梅莱纳（Les Meslaines）种下了第一批葡萄。这座葡园位于马恩河畔图尔与布齐之间的山坡上，这种毗邻是奥费利耶和她父亲如此迅速地声称其葡萄酒代表着兰斯山的原因。然而毋庸置疑，马恩河畔图尔靠近河流（部分是因为它名字中的"马恩河畔"），品尝拉米亚布勒葡萄酒能感觉到与布齐细微但可察觉的区别。

拉米亚布勒的单一园年份香槟"莱梅莱纳"以奥古斯特和皮埃尔种下的黑比诺葡萄酿制而成，它表现出的丰熟和水果特质与布齐的山葡萄酒类似，但它还具备味觉上更柔和的结构与宽度，这提醒人们它生长于更接近河流的地方。如此，它便兼具了山葡萄酒与河葡萄酒的品质，体现出它是布齐与昂博奈之间马恩河与兰斯山的门户。

布齐与昂博奈：永远的对手

南向的兰斯山特级园村布齐与昂博奈恰好位于马恩河畔图尔以北，它们位居香槟区最佳风土之列。因此，二者是数百年来的竞争对手。我询问过欧歌利屋（可谓昂博奈最优酒庄）的弗朗西斯·欧歌利关于布齐和昂博奈间的区别。他回之以冷峻的一瞥，讽刺道："布齐只是徒有其名，昂博奈才是实至名归（Bouzy le nom, Ambonnay le renom）。"

如果说马恩河畔图尔尚有些"暧昧不明"[3]，它北边的邻居却绝非如此。布齐是香槟区最如雷贯耳的名字之一（亦是英语人士乐于提到的名字之一），处于兰斯山最温暖的风土之列。布齐的山坡惊人地宽广，完全南向，和马恩河保持了足够的距离，称得上纯正的山葡萄酒。

得益于南向充足的光照，它以成熟、浓郁的葡萄酒著称，这是它历史上获得盛名的主要原因，尤其在昔日该地区天气更为凉爽时。由于这里的成熟度较高，布齐历史上还以其非起泡红葡萄酒而受到推崇。

布齐南向的葡园位于一片硬白垩岩床之上，但白垩上的表层土厚度却各不相同。位于村庄东侧的皮尔帕亚尔的酿酒师安托万·帕亚尔解释说，有些地方的表层土仅有 20 英寸（50 厘米），然而这里还有一条穿越村庄中心沉积土壤深达 10 英尺（3 米）的"大静脉"，这产生了一片深达 10 英尺（3 米）的沉积带。这一厚土区域正适于种植黑比诺，帕亚尔用该地段名为莱马耶雷特的葡园酿制一款单一园黑比诺香槟。与此同时，霞多丽适于种植在白垩接近地表的地方，例如莱莫特莱特（Les Mottelettes）——帕亚尔以它来酿造一款纯霞多丽单一园香槟。

在布齐的西边，山坡延伸至一级园村托谢尔（Tauxières），山丘在此转向西面，随后是一处名为卢瓦（Louvois）的特级园。和布齐如出一辙，托谢尔与卢瓦的黑比诺种植率达 80% 至90%。布齐最佳果农之一的伯努瓦·拉艾主要以生物动力法培育的布齐葡萄酿造香槟，不过他也在托谢尔拥有土地。2008 年，他开始生产一种名为维奥莱纳的香槟，它精妙地反映了西部边界的风土。它是霞多丽和黑比诺的等比例调制酒，源于布齐与托谢尔两个相邻地块的 20 年葡萄藤：霞多丽生长于托谢尔一侧西向的葡园莱阿尔让蒂埃（Les Argentières），而黑比诺则来自布齐一侧的莱蒙德图尔（Les Monts des Tours），它有着更陡峭的山坡以及更朝南、更充足的日照。在托谢尔，这里仅有 12 英寸（30 厘米）的表层土，其下是非常干的白垩，这直接影响了葡萄酒。"你在维奥莱纳中能感受到托谢尔——非常具有白垩味，"拉艾说道，"托谢尔的葡萄成熟也比布齐晚。南向的布齐山坡十分温暖，但托谢尔冷些，并且多风。"

布齐的葡园完全朝南，而昂博奈的部分种植区则转为朝向东南，这有助于减轻丰熟度并令昂博奈葡萄酒比其邻居更加优雅细腻。"它是一种非常具有白垩特色的风土，赋予葡萄酒以某种鲜活，"欧歌利说，"它作为黑比诺风土几乎达到了霞多丽的程度。"昂博奈拥有三座起伏的山丘，其坡度较之布齐更具变化，从而导致日照的变化。昂博奈另一顶级酒农玛丽－诺埃勒·勒德吕（Marie-Noëlle Ledru）承认村庄四周土壤的多样性。"靠近布齐的地方，土壤非常贫瘠，但在昂博奈东部，坡底有更深的冲积土，"她解释道，"在靠近特雷帕的地方，又变得稀薄。"

昂博奈的葡园 80% 种植着黑比诺，昂博奈市长、酿酒商埃里克·罗德兹说，该村较老的家

族倾向于种植霞多丽（他的家族从 1757 年起便在此地，这或许解释了为什么他种植霞多丽）。罗德兹也赞同昂博奈风土的多样性，指出位于昂博奈山腰东南向的葡园侵蚀更严重，露出了更多石灰性土壤（他称之为 terres blanches）。这对在一个富含黏土性表层土（terres noires）的地区苦苦挣扎的霞多丽而言是颇为理想的。他说："黑比诺能在石灰性土壤中长得很好，但霞多丽却无法在黏土性土质里表现出众。"

独特之地昂博奈

很少有人能像伯努瓦·马尔盖（Benoît Marguet）那样对昂博奈风土考察得如此细致，他在土壤专家指导下进行了广泛研究后，于 2008 年推出了一系列惊艳的单一园香槟。第一种是莱克雷埃（Les Crayères），来自村庄东侧一座白垩土葡园。欧歌利屋也用该地块生产黑中白特酿（Blanc de Noirs Grand Cru），虽然马尔盖的地块莱克雷埃 70% 为霞多丽，30% 为黑比诺，但它完全以黑比诺制造。欧歌利屋的酒强劲突出，而马尔盖的酒则是柔顺、线性的；虽然如此，二者均体现出一种类似的强烈白垩味以及土壤带来的复杂性。

在村庄下方，山脚的白垩深埋于表层土下。马尔盖的莱贝蒙（Les Bermonts）完全以当地老藤霞多丽酿造，较之莱克雷埃更加广阔、丰足。作为对比，他用临近地块拉格朗德吕埃勒（La Grande Ruelle，马尔盖称之为昂博奈最佳葡园之一）打造的黑比诺香槟展现出深层土的宽度并依然保留了鲜活的紧致感与平衡度。将马尔盖的拉格朗德吕埃勒与戈内 – 米德维尔（Gonet-Médeville）来自相似地块的单一园香槟进行比较令人着迷，二者对紧凑与活力的兼顾是相似的。

拉格朗德吕埃勒的北边是勒布迪克洛（Le Bout du Clos），雅克·瑟洛斯酒庄的安塞尔姆·瑟洛斯在这里既种植黑比诺也种植霞多丽，他将它们混合压榨，酿造出一款精良高雅的葡萄酒。旁边的是勒帕克（Le Parc），该地块的白垩上覆盖着超过 6 英尺（约 2 米）厚的黏土。然而，源于勒帕克的霞多丽香槟"马尔盖"尝起来有一股浓烈的钙质土风味，其复杂性和结构并没有体现出深层黏土的特点。要弄清为什么会这样则需要剖析马尔盖一番。"当我钻孔获取地层样本时，发现白垩之上有一层厚厚的石灰华（tufa，石灰石的一种），在昂博奈其他地方没有这种情况。"他说。勒帕克的南部边界止于昂博奈葡园，这是库克著名的围墙葡萄园，出产一款带有浓郁水果特质同时极为精妙的黑比诺香槟。这里的土壤也是特别的石灰土，体现在葡萄酒光滑的结构与带咸味的复杂性上。

特雷帕与维莱尔马尔默里：比诺世界中的霞多丽

香槟区的传统经验告诉我们，黑比诺葡萄更适于朝南以吸收尽可能多的日照（有利于将晚熟的葡萄催熟），而霞多丽更适合东向，以捕捉晨光。布齐朝向正南而昂博奈朝南或东南，这令它们成为得天独厚的黑比诺风土。然而，随着山坡从昂博奈继续围绕兰斯山高地向北蜿蜒，它开始完全朝东。因此，尽管"大山"被认为属于黑比诺风土，但其东边的村庄特雷帕与维莱尔马尔默里却几乎完全种植着霞多丽。维莱尔马尔默里和特雷帕几乎总是被一起提到，但对我而言，它们颇为不同。首先，该葡萄种植区被一道浓密的森林分隔开，这似乎也勾勒出了每个村庄土壤、气候的差异。特雷帕葡萄酒倾向于清爽、简朴，这种特色源于其赤裸裸的白垩风土，而维莱尔马尔默里的土壤略厚，从而导致了更丰腴的酒体以及更浓郁的霞多丽风味。

随着公路爬上昂博奈东边山丘并转而向北，葡园开始融入特雷帕，后者长期是主要厂商的霞多丽来源之一。在酒体和结构上，特雷帕葡萄酒与其他兰斯山山葡萄酒一致，不过，特定的东向种植区还表现出一种白垩带来的紧致和强烈的矿物质风味。既然大部分特雷帕葡萄依然用于混酿，品尝纯特雷帕霞多丽酒的机会并不多——但有一个重要的例外。香槟鉴赏家大半是通过其最佳果农——大卫·勒克拉帕来认识这座村庄的。

勒克拉帕的特雷帕

勒克拉帕在特雷帕的 7.4 英亩葡萄，从 2000 年起采用生物动力法种植，遍布 22 个地块。虽然生物动力法在各处都不易施行，但在特雷帕尤其困难，这里的气候远比周边恶劣。"特雷帕是一片相当寒冷的风土，"勒克拉帕解释说，"海拔高于昂博奈和布齐，也高于维莱尔马尔默里。当昂博奈积雪融化时，这里还有许多。土壤、气候中的湿气还总是造成大量的霉变。"

然而，尽管存在上述挑战（或许正因为这些挑战），勒克拉帕的葡萄酒强烈地表现出土质，如今已是该村的标杆。特雷帕白垩岩床上的表层土厚度只有 15—30 英寸，不过，比村庄北侧的地块表层土略厚一些，那里的土壤含有燧石。据勒克拉帕所说，这就是该村葡萄酒以高酸度、薄荷脑及茴香风味著称的原因。这些清爽的香槟，突出了一种饱满的结构与含盐的白垩风味，在东部山区的村庄中，特雷帕趋于产出最清瘦的葡萄酒。不过勒克拉帕的葡萄酒还拥有非同寻常的复杂性及活力，其中的佼佼者被归入了兰斯山最佳葡萄酒的行列。

维莱尔马尔默里霞多丽

在特雷帕的北面，维莱尔马尔默里村出产主要用于混酿的霞多丽葡萄。与特雷帕带咸味的白垩风味不同，维莱尔马尔默里葡萄酒的黏稠感让我想起蜂蜡或柠檬蜜饯。德茨酒庄的公共关系主管让－马克·拉雷（他亦是德茨家族成员）说，对来自维莱尔马尔默里的原酒的处理是"我们拥有的小秘密之一"。"维莱尔的霞多丽与众不同——花生味（*Ça pinotte*）。"他评论道，用了香槟人通常形容另一葡萄品种黑比诺的字眼。该品牌的年份白中白香槟和德茨之恋（Amour de Deutz）均略微显露柠檬凝乳和香料的风味，折射出维莱尔马尔默里的影响。

村庄内最佳酿造商当属阿诺·马尔盖纳。除了邻村韦尔济的一小块黑比诺葡园，马尔盖纳的所有葡萄藤均在维莱尔马尔默里，他的葡萄酒可谓维莱尔马尔默里风土的原型。其酒窖中的"王冠宝石"为年份小农香槟——基于他最佳地块上最老的葡萄藤，包括村庄南部多石、多白垩的地块尚德昂费（Champs d'Enfer）；布罗科（Brocot），深厚的土壤酿造出更加浓郁殷实的葡萄酒；莱阿卢特圣贝茨（Les Allouettes Saint-Betzs），一座白垩丰富表层土稀少的温暖葡园。产出的香槟总是丰熟、复杂，需要在酒窖内陈化数年以发掘全部潜力。

从 2004 年起，于格·戈德梅（Hugues Godmé）也从同一地块酿造单一园香槟。虽然它也展现出该村典型的带有蜡质深度的水果味，但更为简朴，更具白垩风味。戈德梅在维莱尔马尔默里拥有将近 10 英亩（4 公顷）的葡园，彰显了该村风土比人们通常了解的更为复杂。

"在收获日，我始终发觉韦尔济一侧和特雷帕一侧差异巨大，"他说，"韦尔济一侧更容易成熟，而在特雷帕一侧我们则必须等待。土壤也存在区别，靠近韦尔济，白垩更多，表层土更少，而靠近特雷帕，土壤更密实，黏土更多——坦率地说，更逊色一些。"

史上著名风土：北部山区的特级园村

兰斯山北部的特级园村位居香槟区最优秀、史上最重要的葡园之列。甚至 1000 年前，这里就是以"山"闻名的宝贵产区，时至今日，它依然与布齐、昂博奈、艾伊一道，继续出产着香槟区最抢手的黑比诺葡萄。和其他拥有漫长酿酒史的地方一样，北部山区的葡萄酒最初是和天主教会联系在一起的，中世纪韦尔济附近建立的圣巴塞尔修道院帮助在该地区推广了葡萄种植与酿酒。到了 17 世纪，锡耶里的布律拉尔酒庄在北部山区享有盛誉，布律拉尔的财产还包括附近的村庄韦尔兹奈与韦尔济（参见第 29 页）。然而，1789 年法国大革命后，韦尔兹奈和韦尔济取代了锡耶里的地位，如今它们依然以其紧致、鲜活的葡萄酒著称。

韦尔兹奈和韦尔济长期以来都拒绝下列观点：朝北的葡园气候过于寒冷以至于无法产出成熟的葡萄。香槟的原酒无须高酒精度，通过漫长、缓慢的生长季，在没有产生高糖度的情况下，它仍能发展出复杂性及对风味的表达。这些北向的葡园酿造出的顺滑葡萄酒，精巧性和酒体均可圈可点。尽管它们能够相当丰熟，但却很少过于奢华，即便在最温暖的年份依然保持着稳定的结构和突出的酸度。与布齐、昂博奈的浓郁红色水果风味相比，来自兰斯山这一部分的葡萄酒更加"纤瘦"、更具酸度和结构。

揭示韦尔济

考虑到其显赫历史，韦尔济直到 1985 年才被评为特级园几乎令人难以置信。即便现今，纯韦尔济香槟依然凤毛麟角，直到最近，这里都没有一家像维莱尔马尔默里的阿诺·马尔盖纳或特雷帕的大卫·勒克拉帕这样表达其风土的酒庄。不过，如今穆宗 – 勒鲁（Mouzon-Leroux）酒庄的塞巴斯蒂安·穆宗（Sébastien Mouzon）正在酿制一系列以生物动力法种植的 100% 韦尔济葡萄为原料的香槟。对于任何想了解韦尔济滋味的人来说，他的非年份拉塔维凯（L'Atavique）或无言（L'Ineffable）黑中白香槟是一个好的起点。

对穆宗而言，韦尔济的葡园是介于维莱尔马尔默里和韦尔兹奈风土之间的过渡。"韦尔济有三座山丘和一系列山谷，因此情况较为复杂，"他说，"东边靠近维莱尔马尔默里的白垩要略胜一筹，大部分霞多丽都种在那儿。在此只有大约 50—70 厘米的表层土。但在韦尔兹奈那一侧，土层更坚硬，是深达 1—2 米的黑色黏土。"韦尔济的果农亚历山大·佩内（Alexandre Penet）也对这里的风土有着特殊看法。自从 2008 年接手家族酒庄佩内 – 沙尔多内（Penet-Chardonnet）以来，他便专注于利用其韦尔济和韦尔兹奈的葡园酿造低补液葡萄酒。除了混酿香槟，他还以韦尔济完全不同的几个地块酿造了数种单一园葡萄酒。莱费温（Les Fervins）产自一个白垩相对较多、东南朝向的地块，是一种清爽的香槟，融合了紧致的矿物质风味和浓郁的果味。山坡下更远处的莱埃皮内特（Les Epinettes）来自西北朝向的黑比诺地块。"莱埃皮内特一直需要更长时间来成熟。"佩内说。这种晚熟加上当地贫瘠、多白

垩的土壤，创造出了一种清爽、富有结构性、以高酸度著称的葡萄酒。这两个地块之间的是莱布朗什瓦（Les Blanches Voies），佩内在这片白垩土质、东北朝向的山坡种植了超过 25 年的霞多丽老藤。这里产出了一款丰熟的白中白香槟，兼具浓郁的芳香和紧致、清爽的精巧。

韦尔兹奈：两座地标之间

从韦尔济至韦尔兹奈的道路沿着山坡的轮廓蜿蜒，一片葡园的海洋向下伸展至右侧的平原。左侧是林木茂密的高地——福德韦尔济（Faux de Verzy，一类奇异的矮种树聚合）[4]，大部分为山毛榉，亦有橡树和栗树，至少从 6 世纪以来便见于史册。这条道路最终抵达里赞山（Mont Rizan）的山顶，虽然此地被海水覆盖距今已有数千万年，但那里依旧矗立着一座饱经风霜的灯塔。韦尔兹奈灯塔（Le Phare de Verzenay）是隶属于酒商古莱 – 蒂尔潘（Goulet-Turpin）的约瑟夫·古莱（Joseph Goulet）的创意，1909 年作为一种公共宣传而修建，这座 80 英尺高的建筑上涂写着他的名字，并在夜里熠熠生辉。在底部，他开设了餐厅、酒店以及露天剧场，成为兰斯和埃佩尔奈人的热门去处。除了灯塔本身（它曾被用作法军的观测塔），该设施的大部分毁于"一战"。自从 1999 年以来，它成为一家出色的葡萄酒博物馆。

村庄的对面是另一座山丘伯夫山（Mont-Boeuf），那里矗立着一座大型风车。韦尔兹奈风车建于 1818 年，曾是村子里的数座磨坊之一，和灯塔一样，它曾在战争期间被当作观测点。尽管它不再运转，如今磨坊建筑及其地窖属于品牌 G. H. 玛姆所有，用来款待访客。

韦尔兹奈村位于上述两大地标之间，葡园散布于下方平地上。在现代，韦尔兹奈风土一如既往地引人注目。这里黑比诺的风味通常比那些朝南的特级园（例如布齐）更加深沉，其基调具有一种独特的原煤味和金属铁味。由于该村北向的日照，其酒体更轻盈且更紧致。韦尔兹奈最佳酒农之一的于格·戈德梅相信这是一项优势。"随着气候变暖，我们的葡萄酒却依然保持着结构与精致，且不会变得过于浓郁。"他说。既然戈德梅在韦尔兹奈和韦尔济都拥有葡园，于是我向他询问两座村庄的区别。"韦尔兹奈更鲜活，更精巧，而韦尔济更圆润，更富结构性。"他对我说，"我们在韦尔兹奈的土地有着较多白垩，较少表层土，而在韦尔济，表层土更深，黏土和石头较多。韦尔兹奈土壤的排水性很好，从而有益于提高其精致。"

路易王妃首席酿酒师让 – 巴蒂斯特·莱卡永指出，韦尔兹奈和韦尔济的区别通常取决于究

竟是哪个特定地块。路易·侯德本人在 1850 年买入了该品牌在韦尔兹奈、韦尔济的首批葡园，如今这批地块依然构成了路易王妃年份佳酿的"脊梁"。然而，莱卡永将黏土成分高的地块与白垩地块区分开来，前者用于打造路易王妃年份香槟，后者则用于水晶葡萄酒。当我们驱车经过韦尔济时，他解释说此处有几大片白垩土基本呈南北向，这导致了韦尔兹奈和韦尔济土壤的多样化。

"你看这里的山脊，"他指出，"是莱乌勒（Les Houles），我们用来酿造水晶酒。它的白垩成分很重，一直到拉瓦德维涅（La Voie des Vignes）都是如此。"莱乌勒位于韦尔济西部，是路易王妃重要的地块，产出清爽、轮廓分明的黑比诺；拉瓦德维涅恰好位于与韦勒河畔博蒙（Beaumont-sur-Vesle）的交界处，亦是水晶葡萄酒产区的一部分并以生物动力法种植。

莱乌勒距离韦尔兹奈边界不远，但在这一小段距离中土壤迅速发生了变化，莱卡永指出，通常而言，韦尔兹奈的黏土似乎更为深厚。"韦尔济的'白土'比韦尔兹奈多，"莱卡永说，"越靠近维莱尔马尔默里白垩成分越高。当你犁地时会发现这一点——土壤富含白垩，相当优质。"然而，越过韦尔兹奈边界，灯塔下方的土壤变得更深且黏土甚多。"在另一侧，从磨坊直到平原，土壤又富含白垩，"他说，"从磨坊到皮斯勒纳尔、莱波唐斯（Les Potences）、莱罗谢勒（Les Rochelles），又是一片白垩土地。不过在灯塔附近，这并非一道纯白垩山脊，还有许多黏土。这里是我们年份调制酒的原料产地。"

锡耶里：贵族风土

就今日韦尔兹奈和韦尔济的盛名而言，它们在兰斯山北部并非始终声名最隆。这一荣誉曾经属于锡耶里（虽然这个名字一度与整个布律拉尔·德·锡耶里酒庄联系在一起，它还包含韦尔兹奈以及特级园村马伊、一级园村吕德）。锡耶里干香槟曾经是香槟区最著名的白葡萄酒，直到 19 世纪末还很流行，不过，在亨利·维泽特利 1882 年撰写《香槟史》的时候，锡耶里已走向衰落，韦尔兹奈取而代之，成为北部最杰出的风土。[5]

如今，锡耶里面积缩小了——只有 227 英亩（92 公顷）的葡萄，而韦尔兹奈和韦尔济则分别有 1033 英亩（418 公顷）和 1006 英亩（407 公顷），并且其葡萄多数用于混酿。然而，多亏了弗朗索瓦·塞孔德（François Secondé，村中唯一重要的果农－酿酒商），我们才有机会品尝到纯粹的锡耶里香槟。风味浓郁的黑中白香槟"拉洛热"（La Loge，精选自超过 50 年的黑比诺葡萄藤）可能是其中最佳，不过他还酿造了一款来自罕见温暖地块莱布朗热尔曼（Les Blancs Germains）的奢华的年份白中白香槟。塞孔德也生产非起泡红、白葡萄酒，尽管我不清楚十八九世纪的锡耶里葡萄酒什么味道，但塞孔德的现代演绎是优雅、多变、令人着迷的（虽然锡耶里以白葡萄酒著称，我却格外喜欢塞孔德干红葡萄酒）。塞孔德还推出了一款来自皮伊谢于尔村（香槟区最隐秘的特级园，曾经也是布律拉尔·德·锡耶里酒庄的一部分）莱珀蒂特（Les Petites）葡园的单一园香槟。

马伊香槟与马伊特级园

兰斯山北部最西边的特级园是马伊香槟（Mailly-Champagne），就本地区而言非同寻常的是，该村很大程度上以一家生产商——魅力特级园（Mailly Grand Cru）合作社[6]著称（注意魅力特级园是香槟生产合作社的名称，而村庄本身则叫马伊香槟，通常简称为马伊）。魅力特级园始建于 1929 年，包括村里的 80 位果农，他们在总计 173 英亩的 35 个地块上耕耘。3/4 的葡园面积为黑比诺，剩余的则种植霞多丽。塞巴斯蒂安·蒙库特（Sébastian Moncuit）自 2013 年担任首席酿酒师，他及其团队不仅酿造合作社的葡萄酒，还作为顾问协助果农改善葡萄种植法，以便可持续发展。和兰斯山其他种植区一样，该村的风土富于变化，不过通常而言，由于葡园更加靠北，这些葡萄酒与北部其他特级园村相比，酒体更轻盈、质朴。

"我们不仅在法国北部，也在香槟区北部，直面北方，"蒙库特说道，"因此我们总是最后收获的一批。为了真正成熟，我们不得不等很久。"与其说红色水果风味，蒙库特更愿意将"魅力"的黑比诺标注为鲜美的柑橘、黄香李和澳洲青苹。"北向的光照令我们的黑比诺保存了更多的鲜活。"他说。

然而，村庄里的风土是多种多样的，蒙库特用合作社的各地块分别酿酒，以打造混酿的"宽阔调色板"，从而制造出具有惊人多样性的香槟。"我们的葡园通常是北向的，"他说，"但这里有些山峦起伏不定，这带来了不同的光照，某些山坡甚至是南向的。"村庄西侧的莱巴拉基纳（Les Baraquines）更为凉爽，生产出以结构性强、辛爽为特色的黑比诺葡萄，而在其上方的山坡，由于该区域的白垩土壤和凉爽多风的气候，蒙库特更喜欢种植霞多丽葡萄。相较而言，山坡之外的莱戈达（Les Godats）和莱库蒂尔（Les Coutures）的黑比诺

葡园更平缓、温暖，会提前两至三天成熟。位于白垩山脊南边的莱科特（Les Côtes）享有更多日照，蒙库特通常利用这一地块酿造红酒，也用于更浓烈的酒，例如黑中白香槟和"莱香颂"（Les Echansons）。与此同时，本地的土壤贫瘠且多白垩，令葡萄酒能保留较多紧致。"这一区域表层土很少，根须直达白垩，"他说，"在其他某些地区有着60—80厘的米表层土并不算多，但足以改变黑比诺的特性，令它更浓郁，更富有结构性。"

"大山"一级园村

从马伊香槟向西，土壤成分再度发生了改变。尽管从韦尔济到马伊的特级园村都是经典的黑比诺风土，但吕德、基尼莱罗斯和里伊拉蒙塔涅的一级园村却为三种主要的香槟葡萄品种提供了安身立命之地。在这一区域内，虽然葡园大部分依然朝北，但地貌更加破碎、多样，风景中有着更多的"褶皱"。

鉴别吕德风土

贝勒斯家的拉斐尔·贝勒斯将吕德划分为四块。临近克朗德吕德（Cran de Ludes，通常拼写为 Craon de Ludes）的区域是贝勒斯酒庄所在地，亦是其年份香槟勒克朗的葡萄产地。"那里的表层土甚少，仅有浅浅的一层黏土，下面便是白垩，"贝勒斯说，"起初是这样的大块，随后就变得非常坚实紧密。"第二部分在村庄四周，据贝勒斯说，这里的葡萄酒更丰熟圆润，也更"平易近人"。地块莱博勒加尔（Les Beaux Regards）就位于此，贝勒斯用它来打造一款同名白中白名酿，它还是嫁接新品种的发源地（20世纪初期该地块进行了马撒拉选种）。莱博勒加尔香槟曾是种单一园香槟，但如今它调和了来自村庄另一头莱克洛（Les Clos）的葡萄酒。"莱博勒加尔和莱克洛的风土类似，十分浓郁的兰斯山霞多丽，"他说，"这里表层土不多，此处的白垩就像单宁[7]——封闭你的味觉。"在山坡之下，朝向平原的拉格罗斯皮埃尔（La Grosse Pierre）附近土壤含有更多的黏土和沙土。最后，拉格罗斯皮埃尔另一边吕德边界上的是莱蒙富尔努瓦（Les Monts Fournois），该地块拥有更多沙土和少许白垩，但据贝勒斯说，它与山坡中部的其他三处地块相比欠缺一些个性。

吕德亦是卡蒂埃穆兰葡园的所在地，面积2.2公顷（5.4英亩），位于村庄北部，因曾伫立于此的一座风车而得名。1789年该磨坊毁于火灾，以石料重建，随后在"一战"中再度被毁。葡园曾属于路易十五的官员阿拉尔·德·迈松纳夫的家族,从19世纪起,该葡园出产的葡萄酒便见诸记载。1951年卡蒂埃买下了这块地(当时叫阿拉尔葡园)。从1952年以来,穆兰葡园香槟一直作为单一园香槟酿造,如今它对等种植着黑比诺与霞多丽葡萄。穆兰葡园香槟混合了三种年份,展现了这部分兰斯山典型的宽广、朴实的构造,微妙、精巧。

"小山"的莫尼耶葡萄

埃佩尔奈至兰斯的主要道路南北纵贯维莱尔阿勒朗另一侧的蒙舍诺(Montchenot),此外它也是一条分隔东面"大山"与西面"小山"的界线。有些人不喜欢"小山"的称呼,因为听上去像是贬称,但这个名字无关质量,而是关乎较低的海拔。除了马恩河谷,"小山"是香槟区两个主要莫尼耶葡萄的产地之一。然而,两种风土截然不同,反映出靠近河流的马恩河谷与"小山"山地土壤之间的差异。它们在调制过程中也扮演着不同角色。

"以我们的风格来看,更中意来自兰斯山的莫尼耶葡萄,因为它更具结构性和深度,"凯歌香槟的首席酿酒师多米尼克·德马尔维尔(Dominique Demarville)解释道,"来自马恩河谷的莫尼耶葡萄更圆润,更有果味,它依然出色,但是风格不同。"

在"小山"种植的所有葡萄中,莫尼耶约占50%,黑比诺约占35%,剩下的则是霞多丽。不过种植的品种显然因村庄而异。例如,埃克耶(Écueil)便算得上某种另类,因为其土壤更适合黑比诺。"这里就像勃艮第一样有黏土、石灰石和白垩,"弗雷德里克·萨瓦尔(Frédéric Savart,经营着家族在该村将近10英亩的葡园)说,"(在"小山"的)其他村子通常是沙土,更适于莫尼耶。"埃克耶较低的山坡处也有些沙土,充当了抵御根瘤蚜的防线,一些果农在此种植了原生欧洲酿酒葡萄根茎的黑比诺。例如,尼古拉·马亚尔(Nicolas Maillart)酿造了一种年份黑中白香槟,其葡萄便来自一块沙土地未嫁接的黑比诺。

然而,在"小山"的大部分地区,黑比诺让位给了莫尼耶。在邻近的村庄维莱尔奥诺厄德,埃马纽埃尔·布罗谢拥有大约6英亩(2.5公顷)名叫勒蒙伯努瓦的单一地块。尽管该村在19世纪因靠近兰斯山而受益,却在今日几乎遭到遗忘。"200年前,这里种植着200公顷(494英亩)葡萄,但大部分在根瘤蚜入侵后消失了。"布罗谢说。这一地区开始种植谷物和其他作物,部分土地甚至在1962年被除名了。"不过我觉得这是好事,"布罗谢说,"如今村里只有 25 公顷（62 英亩）葡萄，但它们均处于最佳位置——在光照优良的山坡上。"

和许多新生代果农一样，他认为在酿造值得陈化的上等葡萄酒方面，莫尼耶葡萄常常未获得充分信赖。"人们说莫尼耶熟化比霞多丽更快，但未必总是对的，"他说，"发展的曲线是不同的。莫尼耶绽放得更快，更加早熟，但此后便稳定下来。霞多丽发展得很慢，绽放得更晚。不过当你品尝老莫尼耶葡萄酒时，它会是非常鲜活的。"

弗朗西斯·欧歌利也在利用弗里尼村（Vrigny）附近的葡萄来探寻用莫尼耶酿造值得陈化的佳酿的可能性。他的弗里尼葡园香槟（Les Vignes de Vrigny）以平均树龄 40 年的葡萄藤制造，后者来自由石灰石、石灰质黏土和少量沙土（白垩深埋于表层之下）构成的土壤。经欧歌利之手，这里的风土产出了一种丰裕、香气扑鼻的葡萄酒。"莫尼耶常常有一股青草味，但我们的没有，"他说，"我们在莫尼耶十分成熟后才采摘，远晚于其他果农。我们常常会冒险，但这总是值得的。"

热罗姆·普雷沃的格厄村

在北面的格厄村（Gueux），热罗姆·普雷沃（"小山"最著名的果农）在近来的莫尼耶复兴中也扮演了重要角色。普雷沃拥有 5 英亩的莫尼耶，均位于一座名叫莱贝甘的葡园内，自从 1998 年以来，他便借此生产极少量葡萄酒，它们很快被世界各地的收藏者抢购一空。和维莱尔奥诺厄德一样，如今格厄作为一种风土少有人知，然而普雷沃却酿造出了以复杂性和体现土壤特质著称的香槟。在这片恰好位于兰斯山以西的区域，混合着来自 4500 万年前海床的石灰质及沙土成分，土壤里充满了那一时期的微型海洋生物化石。这一遗产在普雷沃的莫尼耶中似乎有所体现——咸味、香辛的色调与光滑、紧凑的构造。其鲜活与香槟区任何其他莫尼耶迥异，并且他的葡萄酒发售后总是需要数年方能体现其风味的深度和复杂性。

梅尔菲的未来

在整个香槟区恐怕没有人像沙图托涅 – 塔耶的亚历山大·沙图托涅那样，对保留自己葡园的过去有着如此强烈的责任感。梅尔菲村（Merfy）距离兰斯约 15 分钟车程，位于圣蒂耶尔里丘陵。自中世纪起它的葡萄酒便受到推崇，不过其葡萄在 20 世纪初备受根瘤蚜之苦，从而再也未能重现昔日声誉。2006 年，沙图托涅在父母退休后执掌了家族酒庄，从此，他让沙图托涅 – 塔耶成了如今香槟区最令人神往的生产商之一。

梅尔菲的葡园位于由各种沙土、黏土构成的厚土上，从 2006 年起，沙图托涅酿造了一系列表现不同地块个性的单一园香槟。在莱巴勒斯（Les Barres），白垩岩床居于厚度超过 5 英尺（1.5 米）的石灰质沙土之下，这让沙图托涅得以保持一片种植于 1952 年的未嫁接莫尼耶葡萄藤。这创造出一种独一无二的香槟，展现出一种回味无穷、深度多变的水果风味，以及一种香辛的扇贝壳味。附近的葡园奥里佐（Orizeaux）历史上被用于该家族的顶级佳酿，它的特点为厚厚沙土上的碎石灰石，以其种植于 1961 年的黑比诺酿造出生机勃勃、复杂的葡萄酒。沙图托涅继续拓展着他的单一园葡萄酒收藏。莱巴勒斯西边的厄尔特比兹（Heurtebise），在黏土、砂岩和石灰华之上的是一层沙土，产出了拥有丰富宽度和醇厚结构的霞多丽葡萄。[8] 北接厄尔特比兹的莱库阿尔（Les Couarres）和库阿尔沙托（Couarres Château）酿造出明显不同的葡萄酒。莱库阿尔在黏土上有着深深的一层石灰质沙土，既种植黑比诺又种植霞多丽，生产出微妙精巧的浓郁型葡萄酒。库阿尔沙托的黑比诺葡萄生长在石灰华之上较浅的沙土里，酿制出一种与奥里佐深邃沉郁的黑比诺相比更鲜活清爽的香槟。同样的关系也存在于莱阿利耶（Les Alliées，在少见的黑沙土上种植着嫁接的莫尼耶）和莱巴勒斯之间，前者显现出明媚而丰富的水果芳香。

沙图托涅拥有一份特殊的手稿副本（原件收藏于圣蒂耶尔里修道院图书馆）。其日期可追溯到菲亚克·塔耶（Fiacre Taillet，1700— ），塔耶家族保存着关于葡萄种植和酿酒记录的连续未断的日记，其评点的话题涵盖了从不同天气下的收获到产量。沙图托涅的父亲菲利普本人保持了这项传统并且很早就给了亚历山大一本日记，以便他能记下自己的想法和观察。菲利普甚至留下了一本给亚历山大之子的日记，希望他也能跟随家族的脚步。

作为村中唯一的果农 – 酿酒商，亚历山大为揭示梅尔菲风土花费大量心血。"四五百年前，人们知道梅尔菲的哪些地块能产出最佳葡萄酒，而哪些较为逊色，"他说，"如今由于每样东西都被调制在一起，这份学识已经失传，甚至很少有人关心。"通过葡园的工作以及对单一园香槟的研究，他对风土的探索不仅仅是追求个人成就，还是一份将梅尔菲和香槟区作为整体分享的遗产。"50 年中，我们从这些葡萄酒里学到了什么？"他问，"我们的学识如何能进步？我的任务是重新发现我土地的特性，领悟我的风土，并最终将这份知识传给我的儿子。"

兰斯山
单一村、单一园葡萄酒推荐

"大山"

布齐：Benoît Lahaye（年份）、Benoît Lahaye Le Jardin de la Grosse Pierre（未标明年份）、Pierre Paillard Les Maillerettes（年份）、Pierre Paillard Les Mottelettes（年份）、Pierre Paillard（年份）、Paul Bara Spécial Club（年份）、Paul Bara Spécial Club Rosé（年份）、Paul Bara Comtesse Marie de France（年份）、Jean Vesselle Le Petit Clos（年份）、Jean Vesselle Prestige Brut（非年份）

昂博奈：Jacques Selosse Ambonnay Le Bout du Clos（非年份）、Krug Clos d'Ambonnay（年份）、Marguet Les Crayères（年份）、Marguet La Grande Ruelle（年份）、Marguet Le Parc（年份）、Marguet Les Bermonts（年份）、Marguet Ambonnay（年份）、Egly-Ouriet Blanc de Noirs Vieilles Vignes（非年份）、Marie-Noëlle Ledru Cuvée du Goulté（年份）、Marie-Noëlle Ledru（年份与非年份版）、Eric Rodez Les Beurys（年份）、Eric Rodez Les Genettes（年份）、Eric Rodez Empreinte de Terroir（年份）、Eric Rodez Cuvée des Grands Vintages（非年份）、Eric Rodez Blanc de Noirs（非年份）、Eric Rodez Blanc de Blancs（非年份）、Eric Rodez Cuvée des Crayères（非年份）、Gonet-Médeville Ambonnay La Grande Ruelle（年份）、H. Billiot Cuvée Laetitia（非年份）、H. Billiot Cuvée Julie（非年份）、Nicolas Maillart Rosé（非年份）

特雷帕：David Léclapart L'Apôtre（未标明年份）、David Léclapart L'Artiste（未标明年份）、David Léclapart L'Amateur（未标明年份）、David Léclapart L'Astre（未标明年份）

维莱尔马尔默里：A. Margaine Spécial Club（年份）、A. Margaine L'Extra Brut（非年份）、A. Margaine Le Brut（非年份）、Godmé Les Alouettes Saint-Bets（年份）

韦尔济：Mouzon-Leroux L'Angélique（未标明年份）、Mouzon-Leroux L'Opiniatre（未标明年份）、Mouzon-Leroux L'Incandescent（未标明年份）、Mouzon-Leroux L'Ineffable（非年份）、Mouzon-Leroux L'Atavique（非年份）、Penet-Chardonnet Les Fervins（年份）、Penet-Chardonnet Les Epinettes（年份）

韦尔兹奈：Godmé Les Champs St-Martin（年份）、Michel Arnould Mémoire de Vignes（年份）、Pehu-Simonet Fins Lieux No. 1 Les Perthois（未标明年份）。

锡耶里：François Secondé La Loge（非年份）、François Secondé Blanc de Blancs（年份）

马伊：Mailly Grand Cru L'Intemporelle（年份）、Mailly Grand Cru Les Echansons（年份）、Mailly Grand Cru L'Intemporelle Rosé（年份）、Mailly Grand

Cru Blanc de Noirs（非年份）、Mailly Grand Cru Brut Réserve（非年份）、Francis Boulard Grand Cru Mailly-Champagne（非年份）

吕德：Bérêche Le Cran（年份）、Bérêche Les Beaux Regards（未标明年份）、Cattier Clos du Moulin（非年份）

里伊拉蒙塔涅：Vilmart Coeur de Cuvée（年份）、Vilmart Grand Cellier d'Or（年份）、Vilmart Grand Cellier Rubis（年份）、Vilmart Grand Cellier（非年份）、Vilmart Cuvée Rubis（非年份）

"小山"

埃屈埃：Frédéric Savart L'Année（年份）、Frédéric Savart Le Mont des Chrétiens（年份）、Frédéric Savart Expression（年份）、Frédéric Savart Expression Rosé（年份）、Frédéric Savart L'Ouverture（非年份）、Nicolas Maillart Les Francs de Pied（年份）、Nicolas Maillart Les Chaillots Gillis（年份）

维莱尔奥诺厄德：Emmanuel Brochet Haut Chardonnay（年份）、Emmanuel Brochet Les Hauts Meuniers（年份）、Emmanuel Brochet Le Mont Benoit（非年份）

茹伊莱兰（Jouy-lès-Reims）：L. Aubry Fils Ivoire & Ébène（年份）

奥尔梅（ORMES）：Bérêche Campania Remensis（年份）

弗里尼：Egly-Ouriet Les Vignes de Vrigny（非年份）、Roger Coulon Les Coteaux de Vallier（非年份）、Roger Coulon Esprit de Vrigny（非年份）

格厄：Jérôme Prévost Les Béguines（未标明年份）、Jérôme Prévost Fac-Simile（未标明年份）

圣蒂耶尔里丘陵

梅尔菲：Chartogne-Taillet Orizeaux（未标明年份）、Chartogne-Taillet Les Barres（未标明年份）、Chartogne-Taillet Heurtebise（未标明年份）、Chartogne-Taillet Couarres Château（未标明年份）、Chartogne-Taillet Les Couarres（未标明年份）、Chartogne-Taillet Les Alliées（未标明年份）、Chartogne-Taillet Cuvée Sainte-Anne（非年份）

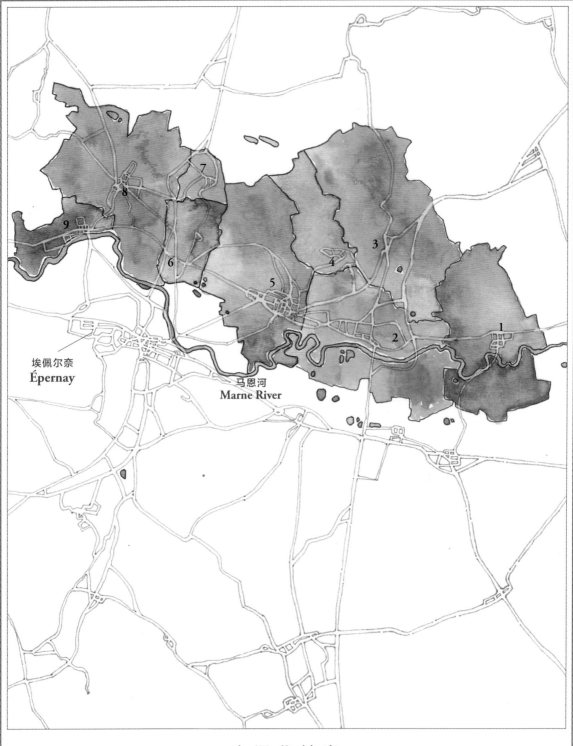

埃佩尔奈
Épernay

马恩河
Marne River

大河谷村庄

1	Bisseuil	6	Dizy
2	Mareuil-sur-Aÿ	7	Champillon
3	Avenay-Val-d'Or	8	Hautvillers
4	Mutigny	9	Cumières
5	Aÿ		

CHAPTER VIII

山与河
大河谷

"我有一张克里斯蒂安·保罗杰（Christian Pol-Roger）脚蹬滑雪板站在此处积雪中的照片，"夏尔·菲丽宝娜说，"没有确凿证据表明他真的滑了下去，不过我很想看到有人那么做。"我们正站在歌雪葡园（香槟区最著名的葡园之一）顶部。在一个并非以陡坡著称的产酒区，歌雪葡园算是个另类，当我们沿着山侧拾级而上时，我发觉自己略有些喘不过气。从这个制高点望去，虽然行程并不长，但歌雪葡园仿佛真是个滑雪坡。然而，垂直落差提供了一幅壮观景象——山下的马恩河金光闪闪地蜿蜒着直抵白丘。

大河谷一瞥

· 村庄数量：9

· 葡园面积：4517 英亩（1828 公顷）

· 葡萄品种：65% 黑比诺，19% 霞多丽，16% 莫尼耶

· 闻名之处：香槟酒体开阔浓郁，尤其以黑比诺著称，不过这里也产出某些优质霞多丽。

除了陡峭之外，歌雪葡园最引人注目之处是其温暖，尤其在这样的夏日。葡园位于一座地垛南向的侧翼，光照极佳。该品牌现任主管菲丽宝娜解释说，和周边地方相比，它是如此温暖，以至于葡萄会早熟 4 至 6 天。夏尔的祖父皮埃尔·菲丽宝娜在 1935 年买下了歌雪葡园，他发现了该地卓越的品质，立刻开始灌装单一园香槟歌雪葡园，这在当时可谓闻所未闻。1935 年以来，该品牌几乎每年都酿造歌雪葡园香槟，只有 12 个年份除外——由于该地区平均 10 年中只有三四个高品质年份，这非同寻常。

河边的葡园

歌雪葡园属于艾河畔马勒伊（Mareuil-sur-Aÿ），这座村庄位于埃佩尔奈以东的马恩河北岸。在多数葡萄酒书籍中，本地区被归入马恩河谷。但与典型的香槟区果农或酿酒者交谈后，你会发现马恩河谷另有所指。"当我们想到马恩河谷时，谈论的其实为屈米埃以西的部分。"菲丽宝娜说，"我们所处的区域大不相同，我们称之为大河谷或马恩河大河谷。"

为何有这样的区别？在屈米埃以西，莫尼耶是优势地位的葡萄品种，占到了该区域内种植面积的四分之三。与霞多丽或黑比诺相比，莫尼耶更适应河谷黏土丰富的土壤，其耐寒的体质令它更能承受凉爽潮湿的天气以及狭长河谷形成的晨雾。但在屈米埃以东，河谷豁然开朗，其南向的山坡俯瞰着平原。土壤也发生了变化，紧邻地表的是该地区著名的白垩岩床。因此，尽管位于屈米埃、比瑟伊之间的大河谷传统上被视为马恩河谷的延伸，但它与后者却少有共同之处，实际上它应该被当作兰斯山的南侧，补全了围绕高地的马蹄铁形葡园群。

与兰斯山一样，黑比诺在大河谷具有优势，它占到种植面积的将近三分之二。然而，河流微气候的调节作用令其风土与兰斯山区的山葡萄园迥异，生产出更有宽度的香槟。它的一系列特色——大部分南向的日照、温和的气候、黏土与白垩理想的搭配，解释了为何大河谷是某些香槟区最负盛名的黑比诺葡园的所在地。

艾河畔马勒伊：超一级园

在艾河畔马勒伊，歌雪葡园无疑最具声望，的确，它被认为是香槟区的最佳葡园之一。温暖之地常常酿造出"头重脚轻"的葡萄酒，然而令人吃惊的是，歌雪葡园香槟（通常由三分之二的黑比诺与三分之一的霞多丽酿成）一直具备高度的结构性，夏尔·菲丽宝娜将它归功于该地特殊的白垩土壤。结果是得到了一种表现出强烈矿物风味的葡萄酒，仿佛白垩精髓锚固在成熟的水果风味中一般。"为何歌雪葡园香槟既丰熟又富有矿物质味，这几乎是个悖论。"菲丽宝娜说，"唯一的解释在于土壤。"

来自顶级年份的歌雪葡园香槟是能够提供极致体验的香槟之一。它也是一种长寿的葡萄酒，需要多年陈化方能臻于至善。2014 年，菲丽宝娜与美国进口商一道在纽约举办了一场罕见的品鉴会，展示了横跨超过半个世纪、14 个年份的歌雪葡园香槟。某些年份强调了属地的力量，例如香浓（甚至有些刺鼻）的 1998 年份或浓郁的 1983 年份。其他的，例如柔和的 1989 年份或纯粹优雅的 1982 年份，具有更明显的白垩味，结构更加紧致。还有令你震惊的年份，例如，1976 是个炎热、过熟的年份，但歌雪葡园香槟却非同寻常地紧致鲜活。1964 年的歌雪葡园香槟依旧来自一个温暖的年份，但它的"脚步"却相当轻盈，展现出复杂性和精巧性之余，却没有常常伴随那个年份出现的过重的酒劲。最杰出的恐怕是威严的 1952 年份——歌雪葡园香槟有史以来评价最高的年份，尽管它尝起来已完全成熟，发展出一种穆哈咖啡式的烟熏味，却依然极具白垩色彩，充分显露出葡园所在地的鲜活强度。

不管是哪个年份，歌雪葡园香槟都保持着延续一致的特色。"它是一种相当强劲的葡萄酒，极具风味和个性，"菲丽宝娜说，"每个年份都有鲜明的特质，但它们都非常纯粹，非常具备矿物风味。这就是歌雪葡园香槟：融合了酒劲、强烈矿物风味，同时拥有优异的长期陈化潜质。"当你站在这片陡坡，沐浴着温暖阳光，脚下是这些白色土壤——一切都是不言而喻的。

虽然艾河畔马勒伊是歌雪葡园的故乡，这座村庄却仅仅为一级园而非特级园。为什么呢？这是个引发热议的问题，就如同勃艮第的尚博勒慕斯尼爱侣园（Chambolle-Musigny Les Amoureuses）或默尔索佩里埃（Meursault Perrières）[1]——许多人认为马勒伊应该属于擢升等级的"超一级园"。

马勒伊大体上能够分为两种风土：白垩含量更高的东侧与黏土丰富的西侧（虽然在与艾伊接壤的远西部又有一些白垩地块）。村庄东部，南向、东向的山坡处于小镇最高点格吕盖圣母像的注视下。据菲丽宝娜说，山坡的南部受到了更多侵蚀，甚至连表层土也为白垩。歌雪葡园位于该区域的河畔边缘，不过此地还有一些其他著名葡园。马克赫巴的让－保罗·赫巴利用自己在本区的地块酿造它的小农香槟，而在山丘周围，安塞尔姆·瑟洛斯以苏勒蒙葡园（Sous le Mont）生产一款单一园香槟，因为这里的白云岩岩床镁含量高[2]而令它具有一种标志性的苦味。白垩从马勒伊延伸至大河谷边缘：由于白垩土壤，比瑟伊村种植的葡萄大部分为霞多丽。

马勒伊的西面，朝向穆蒂尼（Mutigny）升高的部分斜坡，白垩成分减少，葡萄酒变得更圆润、柔和。最淋漓尽致表现这片黏土山坡的恐怕当属法布里斯·普永（Fabrice Pouillon）的单一园香槟莱布兰希安（Les Blanchiens，由等分量的黑比诺和霞多丽制成）。莱布兰希安葡园生产出一款香辛的葡萄酒，在味觉上充分体现出该地黏土的丰富。普永将此特质归于布兰希安的地理位置，和马勒伊其他地方相比，它位于山坡更高处，拥有更深的土壤和较少的白垩。

在马勒伊中心还有其他一些拥有显著黏土堆积的地块。历史上显赫的品牌沙龙帝皇用源自圣伊莱尔葡园（Clos Saint-Hilaire，正好位于其酿酒厂背后）的黑比诺酿造他们最抢手的葡萄酒之一。圣伊莱尔葡园香槟强劲而个性突出，同时展现了黑比诺的丰熟与黏土的丰厚。它完全在橡木桶内酿造，以表现力强著称，其张扬奔放的感觉几乎仅次于该品牌名酿尼古拉·弗朗索瓦·比耶卡尔香槟（Cuvée Nicolas François Billecart）的圆润细腻。尼古拉·弗朗索瓦是一款典型的精致调和酒，而圣伊莱尔葡园香槟则充分展现了地域特质。比耶卡尔家族将黑比诺视为该村庄的标志性品种。有一次，该品牌快人快语的老板安托万·罗兰 – 比耶卡尔（Antoine Roland-Billecart）在葡园漫步时对我说："歌雪葡园最大的遗憾是他们坚持在那儿种植霞多丽葡萄。"我对此不能苟同，但可以理解当一个人试图酿造一款典型马勒伊葡萄酒时会多么钟情于黑比诺。

艾伊：国王的香槟

离开艾河畔马勒伊向西行，马勒伊葡园自然地过渡成了艾伊葡园。若没有记号、路标或任何能够划分这篇连绵的葡萄海洋的东西，你根本无从辨别一个村庄在哪里结束另一个在哪里开始。然而香槟区的所有村庄中，艾伊在历史上是最受推崇的，诸如教皇乌尔班二世、亨利四世、亨利八世都钟爱其葡萄酒的超凡品质。如今，它的风土依然赫赫有名，其葡萄得到整个地区酿酒者的追捧。

艾伊最具盛名的是黑比诺——将近 90% 的葡园种植了这一品种，在其最佳时期，艾伊出产了整个香槟区最好的黑比诺。尽管香槟区还有其他朝南的山坡（布齐与昂博奈都是主要例子），但艾伊由于临近河流而出类拔萃。从主干道望去，艾伊的山坡十分壮观，大片葡园向着高地延伸而去，在某些地方变得相当陡峭。和许多法国最优质的葡园所在地一样，艾伊的最佳地块位于得天独厚、各种要素均衡的山坡中部——混合了白垩与山坡的沉积物，创造出兼具力道与精巧、细腻、复杂的葡萄酒。艾伊就好比勃艮第的沃恩 – 罗曼尼 [3]。

然而艾伊的风土并非铁板一块。将近 988 英亩（400 公顷）的葡萄藤遍布于广袤的区域，山坡上的各种褶皱形成了不同的日照与海拔。在艾伊最重要的香槟厂商堡林爵的首席酿酒师吉勒·德斯科茨（Gilles Descôtes）指出，村庄东面的山坡中部（正好位于邻村穆蒂尼的下方），其土壤及南向的日照恰到好处。在村庄这一侧，堡林爵也有两块逃过根瘤蚜威胁、未嫁接的黑比诺葡园。它们位于绍德泰尔葡园和圣雅克葡园（Clos Saint-Jacques）内，堡林爵用它们酿造其强劲、浓郁、拥有超凡个性的法兰西老藤香槟。加蒂努瓦（Gatinois）也以这一区域的肖富尔葡园（Chaufour，这里的黑比诺种植于 1954 年）的葡萄制造一款紧致、芬芳的红葡萄酒。在更靠北的地块拉科特法龙（La Côte Faron），安塞尔姆·瑟洛斯种植了一小片黑比诺，并用来酿制一种极具复杂性和表现力的单一园香槟：过去叫孔特拉斯特 [4]，现在被取名为艾伊拉科特法龙。"由于其陡峭、南向的山坡，它总是非常成熟。"瑟洛斯评价来自该葡园的黑比诺说，"与此同时，它相当干，又相当坚实——两种特性的反差创造出了一种极度紧致感。"

村庄的西部甚至可能更加著名。驱车行驶在艾伊至迪济的路上时，你能看到山坡上的大片葡园向上延伸，艾伊某些最优质的地块就在这宽广、南向的山坡中。在它的西部边缘，隐藏在与迪济接壤边界处的一片树林后，雅克森的洛朗·希凯与让 – 埃尔韦·希凯两兄弟在沃泽勒特默葡园内种植了不到 1 英亩（30 公亩）的黑比诺。这片 1980 年开始有机耕种的白垩葡园酿造出的葡萄酒拥有绝佳的结构和精巧性。雅克森最初在 1996 年以单一园香槟的形式灌装了沃泽勒特默香槟，有感于其品质，他们在 2002 年再度进行了生产。如今它是"单一园香槟三重奏"（另两款是阿维兹尚坎 [Avize Champ Caïn] 与迪济科尔内博特雷 [Dizy Corne Bautray]）中的一环——雅克森仅在最佳年份进行生产。2002 年份沃泽勒特默香槟令人侧目，它甚至在质地和基调上优于 1996 年份，显示出一种庄严、来自土壤的复杂性，后来发售的也延续了这一倾向。如今，很少有人会怀疑它是艾伊酿造的顶级香槟之一。

据吉勒·德斯科茨所说，艾伊有一块不起眼的角落。"艾伊不引人注目的这部分是邻近迪济、尚皮永（Champillon）的高坡，例如弗雷尔马丁（Frères Martin）。"他说。在山坡最高处，气温明显更低，令葡萄成熟变得更加困难，又由于靠近森林，土壤会变得厚重。然而就大部分而言，这一区域是村子中的"另类"，长期被认为拥有某些香槟区最佳的风土。

艾伊在调制葡萄酒方面也具备重大影响。一个范例是菲丽宝娜的 1522 香槟（Cuvée 1522），它原料中的 60% 为来自史上著名的勒莱昂（Le Léon，恰好在雅克森的沃泽勒特默的马路对面）的黑比诺。剩下的则是来自白丘的霞多丽，尽管霞多丽提供了一种优雅的质感，但该香槟的特性还是由艾伊黑比诺决定的。"勒莱昂一直产出香辛、带胡椒味的葡萄酒。"菲丽宝娜说。2006 年，菲丽宝娜甚至灌装了少量纯勒莱昂黑比诺，打造出了一种纯粹表达该地风土的香槟：与 1522 香槟相比，它尝起来更狂野，极其浓郁。

水晶桃红香槟：艾伊高雅的体现

然而，以艾伊为基础的调制酒中，最惊人的当属路易王妃体现出风土特色的高贵的水晶桃红香槟。对大多数消费者而言，水晶香槟仅是种奢侈品。很少有人将它与风土观念联系起来，然而，水晶桃红香槟总能展现出高雅的风度，以及复杂、浓缩的路易王妃艾伊黑比诺风味。

在艾伊 9 月一个阳光明媚的日子，我和路易王妃首席酿酒师让－巴蒂斯特·莱卡永步行前往该品牌用于酿造水晶桃红香槟的两座生物动力法黑比诺葡园——博诺特皮埃尔罗贝尔（Bonotte Pierre Robert）与加若特（Gargeotte）。恰逢收获前数日，葡萄已接近完全成熟。他鼓动我试吃一些，我发现它们甜而多汁，其成熟风味得到艾伊微妙特色芳香的加强。"许多人谈论艾伊时，将它当作一种强劲的葡萄酒，"莱卡永说，"不过对我而言，它是一种十分优雅的酒。它更多的是关乎于复杂性和精巧。"高雅脱俗的水晶桃红香槟以优雅的框架表现了艾伊的浓郁。在高标准白垩的持续"熏陶"下，它具有多面的复杂风味，但又柔美和谐，浑然天成。

它还是一款拥有漫长寿命的香槟。尽管在"青年时期"便已令人印象深刻，但在收获后仍需 20 多年，芬芳才会真正显露出来。在我写作的此刻，诸如 1995 年份、1996 年份还远未达到成熟巅峰，而 1985 年份、1988 年份才真正接近其顶点。不过，对我而言，2002 年份是个转折——没人能想到该年份葡萄酒能演变得如此之好。这部分应归功于该年份自身的卓越品质。但水晶香槟也开始体现出莱卡永及其团队在葡萄种植方面的重大进步，他们将

黑比诺海洋中的霞多丽

与迪济接壤的加斯东希凯酒庄，安东尼·希凯（Antoine Chiquet）和尼古拉·希凯（Nicolas Chiquet）兄弟在艾伊拥有葡萄藤并酿造了一款纯艾伊香槟。这种葡萄酒非同寻常之处在于它是一支艾伊白中白，完全由霞多丽酿成。它不像白丘的葡萄酒那样会展现出柑橘、苹果的清爽风味，而更像艾伊比诺——芬芳馥郁，结构宏大，融合了成长于南向山坡的葡萄的优雅口感与浓烈。它亦是一款能够绝佳陈化的葡萄酒。我和尼古拉·希凯共同品鉴了大气、带有异国情调的 1964 年份，这款葡萄酒精细的口感以及蜂蜜、无花果的成熟风味品尝起来像是霞多丽，但相较于白丘却保存了更饱满的酒体与结构。伟大的 1953 年份甚至更进一步，它展现出扑鼻的太妃糖、穆哈咖啡以及白松露的香味，并且无一逾越以成熟的霞多丽为基调的香槟框架。然而，它还显露出一种威严的力度与复杂性，在仪态和深度上感觉与艾伊比诺颇为相似。

如今，加斯东希凯已不是艾伊白中白的唯一典范。法布里斯·普永在莱瓦尔诺（Les Valnons）葡园拥有地块，种植着霞多丽而非黑比诺，从 2007 年起，他以此酿造了一支单一园香槟，与他马勒伊的莱布兰希安香槟对应。普永比较这两款酒说："艾伊更加丰熟，比马勒伊略微厚重。马勒伊在成熟度（或许还有长度）上略逊，但它保留了对长期陈化特别有用的鲜活与优雅。"

关键地块转为了有机、活机种植并提高了可持续发展性。在 2002 年之前，我始终认为 1988 年份是该品牌有史以来最佳的水晶桃红香槟之一，不过，我毫不怀疑，倘若给予同等的陈化期，2002 年份将成为一款甚至更加复杂、更具表现力的酒。

迪济与欧维莱尔：一级园风土

在西边，迪济的葡萄园与艾伊的显著不同。这里的山坡开始向西蜿蜒，土壤开始过渡为马恩河谷的特有类型——白垩之外，有着更多黏土以及泥灰土。这体现在村庄葡园的种植上：与黑比诺占优的艾伊不同，迪济种植了约 40% 的黑比诺，37% 的霞多丽，23% 的莫尼耶。

我住在迪济莫克布泰耶葡园边的一栋小屋已有些年头。村庄本身相当质朴，然而其葡园位于一系列朝向太阳起伏的山坡，光照甚好。虽然坡顶遮住了东边艾伊的景色，但蜿蜒的山坡形成了一只向南开口的"大碗"。抬头望去，你能看见位于山坡高处的尚皮永村，而穿过小小的平原，你能发现隐藏在大片绿色葡园中的欧维莱尔村。作为一个毕生推崇城市生活之人，我并非为了追寻任何"瓦尔登湖"式体验而移居此处，而是为了让自己沉入香槟区的葡萄酒文化中。生活在葡园之间有助于让我发自内心地获得对葡园季节变迁的直觉领悟——从春天萌发的第一批叶子到冬季葡萄进入休眠。

迪济两家最好的生产商是加斯东希凯和雅克森，实际上，他们是亲属关系。加斯东希凯的所有者安东尼·希凯和尼古拉·希凯是雅克森所有者洛朗·希凯（Laurent Chiquet）和让-埃尔韦·希凯的堂兄弟。对于加斯东希凯，迪济是其酒庄葡园的重要组成部分，常常在希凯的顶级葡萄酒（例如小农香槟）中扮演角色。"迪济的山丘构成了一座'圆形露天剧场'，"尼古拉·希凯说，"最佳葡园就位于此区域内，例如苏谢讷和莱塞里西埃（Les Cerisières）。"不过，它们通常与酒庄其他的大河谷葡园的葡萄一起混酿，而非单独装瓶。

实际上，很难找到纯迪济香槟。现今生产的最好一款是雅克森的科尔内博特雷香槟，由村庄后面山坡高处的西南向同名葡园的霞多丽酿造。它位于森林下方，寒冷多风，白垩岩床湮没在厚厚的黏土、淤泥、砂砾下。原则上说，这里不适合种植霞多丽葡萄。让-埃尔韦·希凯承认："当我们的父亲种植这片葡园时，每个人都嘲笑他。如今它却真酿造出了相当优良的酒。"

这些霞多丽葡萄藤种植于 1960 年，其产出的葡萄酒具有卓越、令人惊叹的特性。盲品时，要鉴别其葡萄品种是个挑战——它并未完全聚焦于水果风味，相反，以其丰熟为基础，呈现了一种香辛、多石、由土壤驱动的地域表达。

从加斯东希凯酒庄向山上去便是欧维莱尔，许多香槟人认为它是香槟区最美的村庄。尽管拥有大片葡园，但它与香槟的渊源很大程度上来自其闻名遐迩的酒窖大师唐·皮埃尔·培里依。（参见第 19 页）。如今，虽然欧维莱尔在调制酒中依然重要，但其自身的葡萄酒已很少"出众"。一些杰出的制造商拥有这里的葡园，包括加斯东希凯——尼古拉·希凯评论说，他更喜欢山坡更低处的葡园，例如科隆比尔（Colombier）和丰德贝瓦（Fond de Béval），他常常将这些加入其小农香槟。不过，我曾品尝过来自该村的非起泡葡萄酒，却从未见过或尝过一款纯粹的欧维莱尔香槟。具有讽刺意味的是，尽管这座村子因其历史上为香槟区最知名人物的家乡而受到尊崇，但它邻近的屈米埃才是真正因葡萄酒扬名的村庄。

屈米埃：香槟区的热点

在西边，屈米埃的葡园看似欧维莱尔的延伸，但如果是这样的话，那么它们则占据了山坡的最好地段。大部分山丘朝南或东南，从而打造了独特的温暖小气候并为提前成熟提供了理想条件。屈米埃几乎总是马恩首个葡萄成熟的村庄，传统上，每年葡萄开始收获时，电视及其他媒体都会来记录该年份剪下的第一串葡萄。由于温暖的环境，屈米埃葡萄酒偏向于早熟、丰厚，焕发出成熟水果的深度，而白垩土壤依旧为它带来了相当的紧致。三大主要葡萄品种在这里都有种植，不过黑比诺（其面积略超村庄葡园总面积的一半）是与屈米埃联系最紧密的品种。虽然被划为一级园而非特级园，但该村被视为大河谷内最重要的风土之一。

某些对屈米埃最佳的展现来自勒内·若弗鲁瓦酒庄，其在该地区酿酒的历史可上溯至 17 世纪。虽然酒庄现在位于艾伊，但它的多数葡园还在屈米埃，它有几款香槟完全来自该村。例如，年份印记香槟，便取材于屈米埃的多座葡园并一直主要由黑比诺酿造。"印记"可谓实至名归，兼有一种强劲、外向的魅力与白垩驱动的精致结构。"'印记'的目标是展现屈米埃，"老板让 – 巴蒂斯特·若弗鲁瓦解释说，"它始终以黑比诺为基础，因为这种葡萄最能表达我们的风土。"

如今产于屈米埃最深邃的单一园香槟来自小酒庄乔治·拉瓦尔，它隐居在村庄中心的一条无名街道内。拉瓦尔定居屈米埃的记录可上溯至 1694 年，然而直到 1971 年乔治·拉瓦尔才开始用自己的商标酿造香槟。从 1996 年起，他的儿子樊尚（Vincent，家族在此种植葡萄的第四代）成了酒庄的掌舵人。

拉瓦尔在屈米埃仅拥有 5 英亩（2 公顷）有机耕种的葡园，除了非年份屈米埃调制酒，他还少量生产三种单一园香槟，它们均来自罕有的老藤 [5]。莱奥特谢弗勒葡园（Les Hautes Chèvres）恰好位于村庄上方距离拉瓦尔酒窖的不远处，包含了一小批种于 1931 年的黑比诺葡萄，2004 年拉瓦尔将其首次单独装瓶。该葡萄酒令人印象深刻，展现出一种微妙、多维的复杂性以及有节制的浓郁。不幸的是，他不得不在 2009 年年底拔掉了这些老藤，而新葡萄藤达到类似品质还需要漫长的岁月。不过，拉瓦尔在这片葡园还有一些莫尼耶老藤，2012 年他灌装了莫尼耶版的莱奥特谢弗勒香槟，采用的是种植于 1930 年、1947 年的葡萄。与黑比诺酿成的莱奥特谢弗勒香槟相比，它尝起来基调更具红色水果风味，但拥有同样的咸度和土壤带来的紧致。在莱奥特谢弗勒山下的是莱隆格维奥勒（Les Longues Violes），拉瓦尔在那里拥有一块郊区后院般大小的黑比诺地块。虽然袖珍，但该地却依然分成了三块种植带，最老的始于 1947 年。莱隆格维奥勒的黑比诺不如莱奥特谢弗勒黑比诺那般丰腴，却更加雅致，其白垩矿石风味带来了鲜明的精巧感。

莱隆格维奥勒和莱奥特谢弗勒也均种植霞多丽葡萄，不过拉瓦尔最佳霞多丽来自莱舍纳（位于村庄东部的陡峭地块）。"莱舍纳始终相当成熟，但它也颇具白垩风味，"樊尚·拉瓦尔说，"这里的表层土不多，可能只有 30 厘米（12 英寸）。葡萄藤迅速地直达白垩。"拉瓦尔的父亲用莱舍纳的霞多丽打造其屈米埃混酿，然而樊尚早在 20 世纪 80 年代末便开始寻求展现当地特质的方法了。1994 年，他首度将"莱舍纳"作为酒庄有史以来第一款单一园葡萄酒装瓶，此后几乎每个年份都会酿制它。

莱舍纳香槟一直是款浓郁的葡萄酒，体现出其南向、西南向山坡的温暖，并且即便作为自然香槟，它也能具备高度的复杂性。1998 年份、1999 年份得益于风味的鲜活深度，显得恢弘大气。不过，虽然即便对莱舍纳香槟来说，2002 年份是相当成熟后才收获的，它却受到一种凛冽、带咸味的白垩特质的掌控。更近的年份则更为精巧、均衡，华丽的水果风味与矿物的紧致交相辉映。2004 年份是最佳之一，拥有润泽、鲜活的结构；2006 年份尽管相当丰熟，却保持着惊人的轻盈"脚步"，并展现出灵巧的均衡性。不过，很难想象会有比伟大的 2008 年份更完美的莱舍纳香槟——其千变万化的复杂性与近乎强烈的白垩表现均浓缩于丝滑、微妙的"包裹"内。它是高品质土地、精心种植和顶级酿造的理想结合，在葡萄酒的世界中，它是你所能找到的一幅风土的动人画卷。

大河谷
单一村、单一园香槟推荐

比瑟伊： A. R. Lenoble Blanc de Noirs（年份）、Etienne Calsac Les Rocheforts（非年份）

艾河畔马勒伊： Philipponnat Clos des Goisses（年份）、Billecart-Salmon Clos Saint-Hilaire（年份）、Jacques Selosse Mareuil-sur-Aÿ Sous le Mont（nonvintage）、R. Pouillon Les Blanchiens（年份）、Marc Hébrart Brut Rosé（nonvintage）

艾伊： Jacques Selosse Aÿ La Côte Faron（nonvintage）、Jacquesson Vauzelle Terme（年份）、Philipponnat Le Léon（年份）、Gaston Chiquet Blanc de Blancs d'Aÿ（未标明年份）、Marc Hébrart Noces de Craie（年份）、R. Pouillon Les Valnons（年份）、Gatinois Brut（年份）、Henri Giraud Argönne（年份）

迪济： Jacquesson Dizy Corne Bautray（年份）、Jacquesson Dizy Terres Rouges（年份）

屈米埃： Georges Laval Les Chênes（年份）、Georges Laval Les Hautes Chèvres（年份）、Georges Laval Les Longues Violes（年份）、Louis Roederer Brut Nature（年份）、René Geoffroy Empreinte（年份）、René Geoffroy Volupté（年份）、René Geoffroy Les Houtrants Complantés（非年份）。

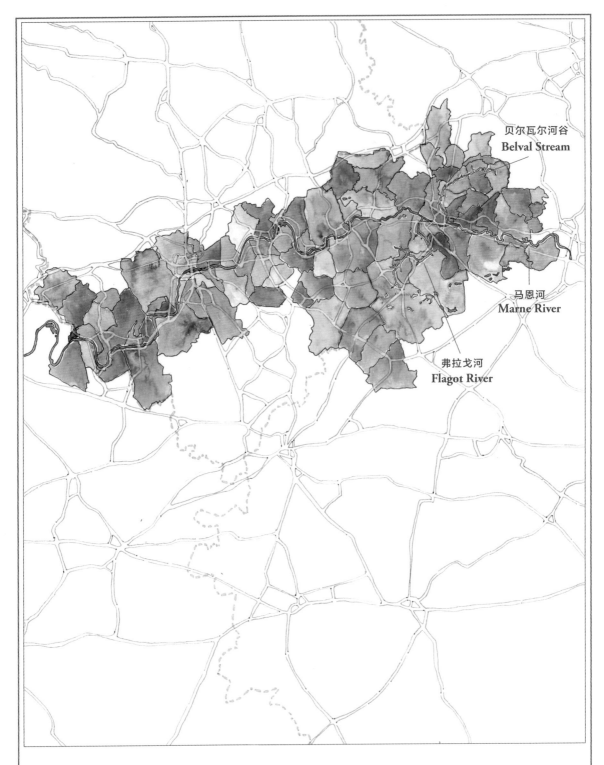

贝尔瓦尔河谷
Belval Stream

马恩河
Marne River

弗拉戈河
Flagot River

马 恩 河 谷

塞纳－马恩省（左）、埃纳省（上）及马恩省（右）之间的边界

更详细地图请参见第 156—157 页

CHAPTER IX

左岸，右岸
马恩河谷

你了解香槟区的首件事情是它位于白垩之上。因此，我不禁心生疑窦：为何我站在一片像海滩一样的土地上，茫茫的细密灰沙钻进我的鞋里？

我和酿酒师伯努瓦·塔兰（其家族酒庄位于奥厄伊利村）正步行穿越名副其实地叫作莱萨布勒（Les Sables，意为"沙子"）的葡园。在香槟区也有其他富含沙子的区域，但这似乎太多了。在此葡园内，塔兰拥有 40 公亩（约 1 英亩）种植于 20 世纪 50 年代的未嫁接霞多丽。可能正因为这些沙土，不论缘由为何以侵袭欧洲葡萄根茎著称的根瘤蚜才无法逾越。塔兰认识到了该地的潜力，于 1999 年以它酿造了一款单一园香槟安唐葡园（La Vigne d'Antan）。此酒最引人注目的特性是沙土和多石泥灰的特质在多大程度上盖过了葡萄的特质。当我首次品尝它时，要猜测它由何种葡萄酿成甚至都很困难。是因为葡萄藤未嫁接吗？世界其他地方由未嫁接葡萄酿制的酒亦有类似情形——水果风味并不突出，带有举重若轻的凝聚感。不管什么原因，此酒始终展现出来自土壤的力量，似乎其水果的丰熟滋味仅仅是运送风土的载体而已。

> ## 马恩河谷一瞥
>
> · 村庄数量：81
> · 葡园面积：21958 英亩（8886 公顷）
> · 葡萄品种：72% 莫尼耶，16% 黑比诺，12% 霞多丽
> · 闻名之处：酒体丰满、风味宽厚的河葡萄酒。坚韧耐寒的葡萄品种莫尼耶因为该种植区易霜冻的环境以及厚重的黏土表层土（越往西越厚）而占据优势。

左岸，右岸

沙土仅仅是构成马恩河谷风土的一小块拼图。这一区域拥有至埃佩尔奈西部的马恩河两岸

马恩河谷村庄

西部村庄

1 Trélou-sur-Marne
2 Courthiézy
3 Passy-sur-Marne
4 Reuilly-Sauvigny
5 Barzy-sur-Marne
6 Connigis
7 Saint-Eugène
8 Celles-lès-Condé
9 Saint-Agnan
10 Courtemont-Varennes
11 Jaulgonne
12 Chartèves
13 Mont-Saint-Père
14 Mézy-Moulins
15 Crézancy
16 Fossoy

17 Gland
18 Blesmes
19 Chierry
20 Brasles
21 Château-Thierry
22 Étamps-sur-Marne
23 Nesles-la-Montagne
24 Nogentel
25 Essômes-sur-Marne
26 Azy-sur-Marne
27 Bonneil
28 Chézy-sur-Marne
29 Romeny-sur-Marne
30 Nogent-l'Artaud
31 Saulchery

32 Charly-sur-Marne
33 Pavant
34 Villiers-Saint-Denis
35 Domptin
36 Citry
37 Crouttes-sur-Marne
38 Nanteuil-sur-Marne
39 Bézu-le-Guéry
40 Saâcy-sur-Marne
41 Montreuil-aux-Lions

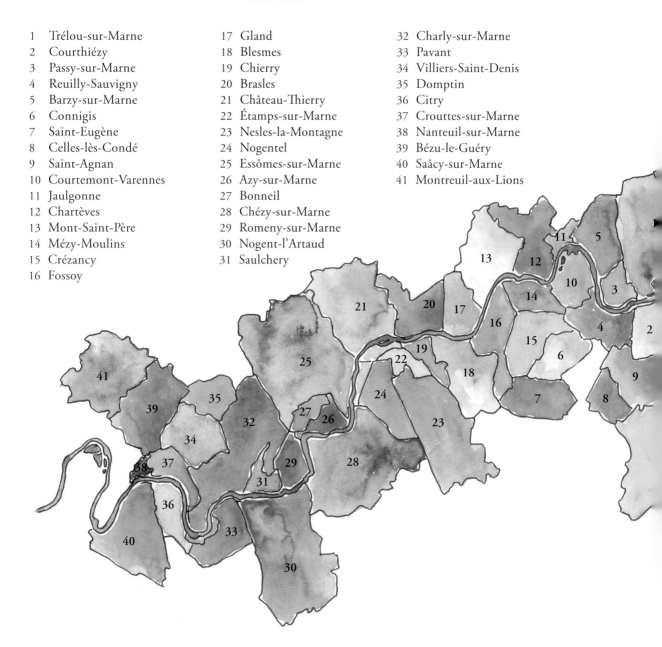

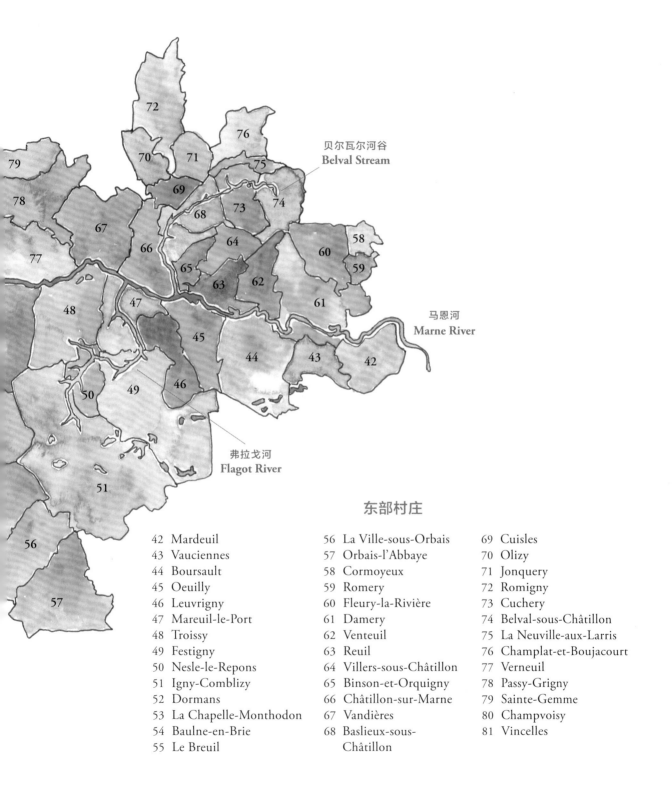

贝尔瓦尔河谷
Belval Stream

马恩河
Marne River

弗拉戈河
Flagot River

东部村庄

42 Mardeuil	56 La Ville-sous-Orbais	69 Cuisles
43 Vauciennes	57 Orbais-l'Abbaye	70 Olizy
44 Boursault	58 Cormoyeux	71 Jonquery
45 Oeuilly	59 Romery	72 Romigny
46 Leuvrigny	60 Fleury-la-Rivière	73 Cuchery
47 Mareuil-le-Port	61 Damery	74 Belval-sous-Châtillon
48 Troissy	62 Venteuil	75 La Neuville-aux-Larris
49 Festigny	63 Reuil	76 Champlat-et-Boujacourt
50 Nesle-le-Repons	64 Villers-sous-Châtillon	77 Verneuil
51 Igny-Comblizy	65 Binson-et-Orquigny	78 Passy-Grigny
52 Dormans	66 Châtillon-sur-Marne	79 Sainte-Gemme
53 La Chapelle-Monthodon	67 Vandières	80 Champvoisy
54 Baulne-en-Brie	68 Baslieux-sous-Châtillon	81 Vincelles
55 Le Breuil		

及其两侧覆盖的葡园。尽管长期以来许多人将大河谷视为马恩河谷的分区，但在我看来，二者风土截然不同。在大河谷，屈米埃东部马恩河畔的葡园具有更多白垩，更适于黑比诺葡萄。然而，沿河往西，天气转凉，土壤变得富含黏土，白垩通常被深埋于表层土下。在这种环境下，黑比诺与霞多丽如履薄冰，但更坚韧耐寒的莫尼耶却能欣欣向荣。

如同巴黎被塞纳河分为左岸（Rive Gauche）、右岸（Rive Droite）一样，马恩河谷也被分为左岸（南侧）与右岸（北侧）。河的左（南）岸，种植区始于埃佩尔奈西部，河流在此进入谷口。右（北）岸，正好起于屈米埃西部。它从这里沿河向西蜿蜒超过40英里（约64公里），最终截止于马恩河畔萨西。

和我交谈的右岸果农声称他们一侧更加优越，因为南向光照较好并能获得更高的成熟度。不过，和我聊天的左岸果农则说，对面阳光直射过多，他们一侧更胜一筹，因为北向的山坡保持了更多酸度，并酿造出更加均衡的葡萄酒。实际上，不同的山丘、山坳以及支流产生的侧谷令两边的葡园几乎朝向四面八方。因此，他们的言论必然大打折扣。

无论葡园位于河流哪一侧，这里的生长环境要求比香槟其他地区都需要更多关注。不仅因为天气凉爽，还因为富含黏土的土壤排水缓慢，对种植而言太过泥泞。此外，该地区容易滋生贵族霉[1]，这种葡萄的腐烂对于诸如苏玳（Sauternes）这样的甜酒是必不可少的，但对香槟而言却避之不及。"马恩河谷最大的问题是贵族霉，"贝勒斯家的拉斐尔·贝勒斯（他在马勒伊勒波尔［Mareuil-le-Port］附近拥有葡园）说，"葡萄成熟非常缓慢，河谷内始终雾气弥漫，因此贵族霉无时不在。"

热罗姆·德乌（Jérôme Dehours）拥有的家族酒庄位于马勒伊勒波尔的小村庄塞瑟伊（Cerseuil），他进一步阐明了这种观点。"我们劳作的风土十分寒冷，可能是整个香槟区最冷的风土，"他说，"这是整个地区最艰难的地段。"

然而，河谷中存在多种多样的土壤和微气候，葡萄果农们做到了因地制宜。在奥厄伊利，塔兰的葡园位于附近一片漫长、北向的山坡，而村庄本身建在葡园上方的山坡高处，能够将河谷一览无余。尽管山坡不算非常陡峭，但它足以凸显与下方翠绿河流以及上方超过450英尺（140米）处林木丛生的山脊之间海拔上的差异。山坡的一部分是沙土，例如莱萨布勒，不过，有许多是来自斯巴纳恰期富含褐煤以及石灰质泥灰的土层（塔兰喜欢在这种植黑比诺）或年代稍近的屈伊西（Cuisian）期的沙石黏土。[2]在山坡底部，他拥有一座白垩葡园，对马恩河谷而言这非同寻常，当地的白垩一般深埋于富含黏土的表层土下。该地块名叫莱克雷埃（Les Crayères），种植着超过 50 年的黑比诺与霞多丽。1982 年，伯努瓦的父亲让－马里·塔兰（Jean-Mary Tarlant）将两种葡萄混酿了一款单一园香槟：它以伯努瓦的高曾祖父路易·阿德里安·塔兰（Louis Adrien Tarlant，家族中首个在 1928 年灌装自有香槟的人）命名，路易佳酿香槟依旧是塔兰酒窖中的顶级葡萄酒。它完全在橡木桶内酿造，是一款宽厚大气的葡萄酒，体现出河畔温和气候带来的浓郁，并以鲜活的白垩味作为"主心骨"。

由于塔兰推出了它，莱克雷埃尔打造出了一款真正的河葡萄酒。"在山坡底部，你能发现河流的强烈影响，"他解释说，"这种鲜活以及凉爽气温保持了高酸度。湿度并非问题，因为这里的土壤富含白垩，有助于控制、调节水分。如果这里黏土更多的话，会有更高的腐烂、霉变风险，不过并没有发生这种情况。"

勒夫里尼与菲斯蒂尼：出类拔萃的莫尼耶

在奥厄伊利以西河边，小小的弗拉戈河（Flagot River）在汇入马恩河之前流经了一处蜿蜒的河谷。勒夫里尼（Leuvrigny，以向库克提供莫尼耶葡萄闻名）与菲斯蒂尼（Festigny，另一个莫尼耶优质产地）均位于该河谷内。与马恩河谷其他地区相比，这些村拥有显著的气候与土壤优势。例如，菲斯蒂尼就马恩河谷而言拥有相对富含白垩的土壤，并且位于温暖河谷中，光照充足。许多菲斯蒂尼最优秀的葡园居河谷内的一座孤山上：其林木覆盖的山顶和陡峭的山侧令我想到勃艮第的科尔通[3]（Corton，虽然菲斯蒂尼的山丘为东向或东南向，而非科尔通那样的西南向）。

菲斯蒂尼的普罗尼斯酒庄（Apollonis）老板米歇尔·洛里奥（Michel Loriot）用位于这座山丘东坡的葡园采集老藤莫尼耶葡萄，虽然官方名称是代叙·勒·布瓦·德·沙泰尼耶（Dessus le Bois des Châtaigniers），但他却称其为拉尔庞（L'Arpent）。从 2002 年起，为了展现酒庄三处种植于 1942 年至 1966 年的莫尼耶地块，洛里奥开始利用这批老藤灌装葡萄酒，命名为老藤莫尼耶老藤香槟（Meunier Vieilles Vignes）。如今它已改名为莫诺迪耶恩莫尼耶马基尔，是一种风味浓郁、质感丰富的葡萄酒，在鲜活地凝聚了水果味的同时又保持了精巧的平衡——这是老藤莫尼耶的特色。由于洛里奥在勒夫里尼也拥有葡园（用来调制其非年份干香槟），我曾经问他两座村庄风土上的差异。"它们均为沉积泥灰及石灰石土质，但恐怕菲斯蒂尼的白垩含量更高。"他告诉我说。由于其带咸味的特质，他从自己的全部地块中挑选菲斯蒂尼作为上品，他将这归功于白垩土壤。

在菲斯蒂尼的另一边，克里斯托弗·米尼翁以来自菲斯蒂尼和勒布勒伊（Le Breuil，一座位于西南方 9 英里的村庄）的葡萄酿造一款莫尼耶香槟。与菲斯蒂尼相比，勒布勒伊位于稍微凉爽一些的地方，这赋予了其葡萄酒更多的紧致感。米尼翁的大部分葡萄酒由 100% 莫尼耶酿成，不过他通常将两种风土调制在一起，以博采众家之长。"菲斯蒂尼的葡萄酒较之勒布勒伊更具一些水果风味，"他说，"勒布勒伊酸度略高，更有结构感，但丰熟度稍逊。"

左岸的现实：马勒伊勒波尔

马恩河左岸与菲斯蒂尼、勒夫里尼接壤的是马勒伊勒波尔，该村可分为三个小村落：波塔宾颂（Port-à-Binson）、塞瑟伊及马勒伊勒波尔。贝勒斯家族在波塔宾颂的莱米西（Les Misy）拥有 2 公顷（将近 5 英亩）的土地。北向的莱米西位于一处明显但平缓的山坡上，能够尽览河谷的美景。然而葡园紧密的黏土混合着沙子及海洋化石，本身并不易于打理，当地面渗水时更是如此。"下雨时，根本不可能走进葡园。"拉斐尔·贝勒斯说。然而，葡萄藤的年龄令它们即便处于富有挑战性的风土依然具备极佳的表现力。葡园中的大部分葡萄为 1969 年种植的莫尼耶，从 2007 年起，贝勒斯借助此地灌装一种名为"左岸"的莫尼耶香槟。贝勒斯认为老藤有助于维系必要的均衡，以便让葡萄酒尝起来像一款单一园香槟那般完整。"莫尼耶以水果风味见长，但它容易变得有些厚重，"他说，"通过这些老藤，我们在没有过分丰熟的情况下获得了凝聚的水果风味，因此它也保持了生机勃勃。"

然而，莫尼耶并非马恩河左岸唯一种植的葡萄品种。尽管热罗姆·德乌在本地区酿造了杰出的单一园莫尼耶香槟，他依旧在马勒伊勒波尔的布里塞费尔葡园（Brisefer）种植了霞多丽（大部分种于 1966 年，但其中一些是 1992 年重种的）。虽然布里塞费尔所处的河岸被认为是朝北的，但该地块实际上略微朝向东南——这再度证明关于每侧河岸的笼统论述并不总是精确的。温暖的光照和黏土带来了丰熟、浓郁的香槟，与白丘辛爽、富有白垩味的霞多丽迥异。但是，上述葡萄酒保持了灵巧的均衡与鲜活的风度，对如此厚重的风土而言这令人惊叹。"我了解到,葡萄酒的鲜活并非始终与酸度相关,"德乌解释道,"它常常是一种盐度,安塞尔姆·瑟洛斯称作'滋味'(sapidity),且的确是风土中的一环。"

让葡萄酒以发人深省的方式表现风土并不一定需要尽善尽美的环境。迈松塞勒(Maisoncelle,波塔宾颂一处东北朝向的地块)的黑比诺在厚重的黏土里"苦苦挣扎",德乌并不太看好该品种在此地的潜力。"本地区黑比诺的问题是它过于多产,因此成熟起来很吃力,"德乌说道,"倘若首次在迈松塞勒种植,我认为自己不会选择黑比诺。"

理论上,我理解他的保留意见,但每当我品尝这种葡萄酒,我都觉得他有些过于严苛了。我发现此酒相当不错,2006年份尤其具备揭示力,质地优雅,余味美妙悠长。它与兰斯山的黑比诺显然不同,展现出一种宽广、带泥土味的构造以及文雅、复杂的芬芳。是否种植莫尼耶更佳?我不知道。然而,在这种情况下,迈松塞勒香槟是一款极有个性、表现力强的葡萄酒。

右岸景致

对我而言,马恩河谷的右岸始于达默里——我将屈米埃(参见第140页,对"大河谷"与"马恩河谷"的说明)视为大河谷的一部分,而达默里属于马恩河谷。鉴于屈米埃拥有白垩土壤(尤其在东面),达默里的黏土表层土更深。这体现在各个村庄的葡萄品种上,屈米埃的葡萄54%为黑比诺,而达默里葡园中62%种植着莫尼耶。在村庄西部,莫尼耶的比例进一步上升(尤其在马恩河畔沙蒂永那侧),那里的白垩深藏于地表之下,其表层土更为年轻,更具海洋血统。[4]

沙蒂永北边有一座贝尔瓦尔(Belval)河雕琢而成的河谷,它从马恩河畔沙蒂永途经屈斯勒(Cuisles)、巴斯利厄苏沙蒂永(Baslieux-sous-Châtillon)、屈谢里(Cuchery)、贝尔瓦尔苏沙蒂永(Belval-sous-Châtillon)最终直抵马恩河。这里是莫尼耶最初的故乡,葡萄藤生长于各式黏土、泥灰土、沙土之上。穆塞(Moussé)家族从1750年起便在这里种植葡萄,如今,塞德里克·穆塞(Cédric Moussé)种植了13.5英亩(5.5公顷)的葡萄,大部分为莫尼耶并在屈斯勒。除了黏土和泥灰土,他的土地还含有绿色伊来石(Illite),这是一种结晶黏土矿物,我从未在香槟区其他地方见过。与白云母或云母类似,伊来石存在于地下厚厚的矿脉中。"你只能在塔德努瓦城(Ville-en-Tardenois)与马恩河畔沙蒂永之间的区域内找到它。"穆塞说道。他指出，伊来石有助于控水，能在干旱时期贮备水分以防止葡萄藤变得过于枯槁。

在邻近的村庄巴斯利厄苏沙蒂永，弗兰克·帕斯卡尔（Franck Pascal）从 1994 年开始种植葡萄并从 2002 年开始改为生物动力法。尽管其香槟通过宽裕的构造体现出黏土风土，但它们依然十分精巧，尝起来足够干却未失之简朴。他还在酒窖内平衡其富含黏土的风土——不像香槟区其他那些改良派果农，帕斯卡尔很少使用橡木桶。"木头让这些酒过于圆润厚重。"他解释道。帕斯卡尔的香槟大部分以莫尼耶酿成，从最好的方面来说，它尝起来有现代感，融合了成熟、具有深度的水果味与娴雅的质感以及凝聚的来自土壤的结构。他还相信，生物动力法种植在均衡其葡萄酒方面发挥了作用，提高了酸度并有益于更佳的鲜活度。

远西部：埃纳省

从马恩河畔沙蒂永沿河而下，库尔蒂耶济村（Courthiézy）标志着马恩省的边界。该村的另一边，河水及香槟区继续延伸至埃纳省，它在马恩河两岸共有 38 座出产香槟的村庄。其中最东面的马恩河畔特雷卢（Trélou-sur-Marne）拥有马恩省首个发现根瘤蚜之地的恶名。

河流向西继续深入巴黎盆地的心脏，土壤转为更年轻的地层——斯巴纳恰土层开始被石灰质泥灰、石灰石、石灰华取代，在某些地方还有额外的黏土及沙子。[5] 塔兰在塞勒莱孔代村（Celles-lès-Condé）拥有葡园，他用其中一个名为莫克托诺（Mocque Tonneau）的地块酿造了一款杰出的单一园香槟——罗亚尔葡园（La Vigne Royale）。这里的山坡陡峭得令人瞠目，塔兰地块种植的黑比诺其底层土是坚硬的石灰石而非黏土。石灰质的影响令葡萄酒获得了强劲的盐度，并激活了香辛多汁的红色水果风味。

在抵达马恩河畔克鲁特（Croutte-sur-Marne）之前，两岸的葡园途经多尔芒村（Dormans）绵延了大约 10 英里（16 公里），弗朗索瓦丝·贝德尔在此培育了 21 英亩（8.4 公顷）葡萄，其中 80% 为莫尼耶。马恩河畔克鲁特位于埃纳省西部边界，几乎处在"香槟"这个地理名词的最西端：只有邻近的塞纳－马恩省村庄马恩河畔南特伊（Nanteuil-sur-Marne）与马恩河畔萨西位置更偏远。它与巴黎的直线距离仅有 41 英里（64 公里），距离另一方向的埃佩尔奈 33 英里（53 公里，不过公路距离要远得多）。

贝德尔在克鲁特及周边三座村庄种植了葡萄，她的酒庄自1999年起便获得了生物动力法认证。与马恩河谷其他地方一样，这里的土壤变化多端，不过她将其分为两种主要类型——粉状石灰石（silty limestone）与石灰质黏土。她利用前者打造了一款名为迪斯万塞克雷（Dis, Vin Secret）的香槟，它圆润大气，具有丰饶的水果深度。另一种香槟昂特西埃尔伊泰尔（Entre Ciel et Terre）来自她的石灰质黏土地块，其结构更加明晰，更加紧致。两者都较为丰熟浓郁，反映出该地的土壤深度，它们尝起来和白丘辛爽的霞多丽以及兰斯山润泽的黑比诺截然不同。

马恩河谷
单一村、单一园香槟推荐

左岸

奥厄伊利：Tarlant Cuvée Louis（非年份）、Tarlant La Vigne d'Antan（年份）、Tarlant La Vigne d'Or（年份）、Tarlant BAM!（非年份）

菲斯蒂尼：Apollonis Monodie en Meunier Majeur（年份）、Apollonis Les Sources du Flagot（年份）

马勒伊勒波尔：Bérêche Rive Gauche（未标明年份）、Dehours Maisoncelle（年份）、Dehours Brisefer（年份）、Dehours La Côte en Bosses（年份）

特鲁瓦西（TROISSY）：Dehours Les Genevraux（年份）、Dehours La Croix Joly（年份）

右岸

屈斯勒：Moussé Fils Spécial Club（年份）、Moussé Fils Spécial Club Rosé（年份）、Moussé Fils Anecdote（非年份）

巴斯利厄苏沙蒂永：Franck Pascal Harmonie（年份）

塞勒莱孔代：Tarlant La Vigne Royale（年份）

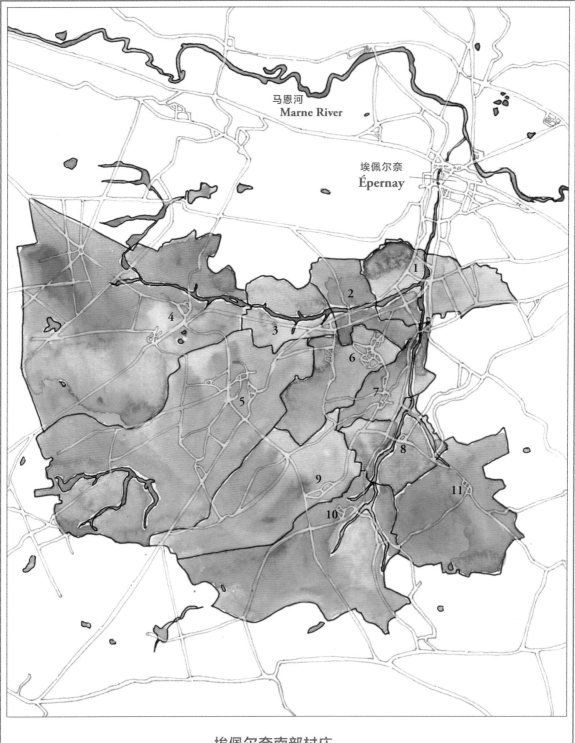

马恩河
Marne River

埃佩尔奈
Épernay

埃佩尔奈南部村庄

1	Pierry	7	Monthelon
2	Moussy	8	Mancy
3	Vinay	9	Morangis
4	Saint-Martin-d'Ablois	10	Moslins
5	Brugny-Vaudancourt	11	Grauves
6	Chavot-Courcourt		

CHAPTER X

两个巨人之间
埃佩尔奈南坡

1915 年,皮埃尔·泰廷爵(Pierre Taittinger)是一名"一战"中的年轻骑兵军官,他驻扎在马尔凯特埃城堡(Château de la Marquetterie,位于埃佩尔奈附近皮耶尔里村的一处华丽的18 世纪地产)。泰廷爵是如此喜爱这所房产,以至于他发誓有朝一日要买下它。1930 年,通过购得福雷–富尔诺品牌,他进入了香槟业,并将其更名为自己的姓氏,两年后,他购买了马尔凯特埃城堡并接手了周边葡园。

埃佩尔奈南坡一瞥

· 村庄数量:11

· 葡园面积:2965 英亩(1200 公顷)

· 葡萄品种:47% 莫尼耶,45% 霞多丽,8% 黑比诺

· 闻名之处:土壤复杂多样,酿造的霞多丽、莫尼耶兼具酒体和精巧性。

马尔凯特埃得名于像西洋棋盘般交替种植西多利与黑比诺的方式,或者,更类似家具师所说的"镶嵌细工"。城堡是在 18 世纪为法国作家、哲学家雅克·卡佐特[1](Jacques Cazotte,在大革命期间被送上了断头台)修建的。不过在泰廷爵购买之前(甚至在城堡修建之前),马尔凯特埃便因酿造葡萄酒闻名已久。它曾经属于圣皮耶尔欧蒙修道会(Order of Saint-Pierre aux Monts,附近马恩河畔沙隆[现名香槟沙隆]的一家本笃会修道院)的酿酒工坊。17 世纪,一位名叫弗雷尔·乌达尔(Frère Oudart)的修士曾在此生活、工作,乌达尔和唐·培里侬(二人很可能共过事)被认为是今天我们所知的香槟创始人之一。

尽管从接手这片地产起，泰廷爵便使用这里的葡园酿造调制酒，但该品牌从 2002 年才开始灌装当地的单一园香槟。它被冠名为莱福利德拉马尔凯特埃（Les Folies de la Marquetterie），拥有宽阔的结构和燧石味，既体现了皮耶尔里多石土壤的影响，又凸显了令香槟人将该村列入一级园的那份精巧。

皮耶尔里位于马恩河支流屈布里（Cubry）形成的河谷内。这片区域夹在东南方的白丘与西北方的马恩河谷之间[2]，当地人称其为埃佩尔奈南坡。实际上，关于香槟区的每本葡萄酒书籍或地图中，埃佩尔奈南坡都被算作马恩河谷的一部分或被列为它的一个分区。但我认为，如同大河谷，南坡应被当作一块单独的产区。尽管它面积狭小，然而其风土与黏土丰富、气候凉爽的马恩河谷迥异，拥有更多样化的土壤、日照及葡萄种类。它也与白丘不同，欠缺同样极致的白垩表达。相反，南坡提供了一个介于两个邻居风格之间的中间地带。

"我们的葡萄酒较之白丘体现了更多黏土的影响，但它们又比马恩河谷更具白垩风味。"拉埃尔特弗雷尔（位于沙沃库尔库尔村［Chavot-Courcourt］，是当地最佳的酿酒商之一）的老板奥雷利安·拉埃尔特评论说。

定义埃佩尔奈南坡

1996 年，埃佩尔奈南坡成立了一个宣传其本身及其葡萄酒的协会。成员包括布吕尼－沃当库尔（Brugny-Vaudancourt）、沙沃库尔库尔、格罗韦（Grauves）、曼西（Mancy）、蒙泰隆（Monthelon）、莫朗吉（Morangis）、摩兰（Moslins）、穆西（Moussy）、皮耶尔里、圣马丁达布卢瓦（Saint-Martin-d'Ablois）以及维奈（Vinay）。这是我对该分区的定义，不过我承认这是有争议的，尤其是对于格罗韦村。事实上任何一位香槟行家（很可能还包括多数香槟人）都会认为格罗韦属于白丘，原因很简单：格罗韦位于阿维兹、克拉芒所处同一座山丘的西坡上，其 90% 的葡园种植的是霞多丽。然而，有两个原因令我认为该村属于埃佩尔奈南坡。首先，其葡园朝西，而非像白丘其他村庄那样朝东，它的白垩山坡没入的是种植莫尼耶的冲击沙土。其次，更重要的是，当埃佩尔奈南坡成立官方协会时，格罗韦村申请成为会员，这表明了其身份归属。

皮耶尔里的多石土壤

埃佩尔奈南坡的葡萄品种可谓白丘与马恩河谷之间过渡的写照。格罗韦毗邻曼西和蒙泰隆，位于一座长长的山坡之上（莫朗吉·摩兰也在此处）。上述 5 个村庄中，霞多丽是主要葡萄品种，占格罗韦种植的 90%，在其他 4 座村庄占比 51%—58%。然而，在埃佩尔奈南坡朝马恩河谷方向向北和西走去，莫尼耶开始占据优势。莫尼耶占据了皮耶尔里总种植量的 50%，霞多丽占 32%，黑比诺则仅有 18%。

"在本地区黑比诺不多。"让 – 马克·塞利克（Jean-Marc Sélèque）说，他在皮耶尔里的同名酒庄是南坡最佳之一。在大约 18.5 英亩（7.5 公顷）的葡园中，他只在莱加耶（Les Gayères）种有 1 英亩（0.5 公顷）的黑比诺，其土壤混杂着石灰石与黏土，这片位居南向中坡的地块酿造出浓郁、成熟的葡萄酒。"皮耶尔里的葡萄酒含有丰富的物质。它因斯巴纳恰土壤而偏向于丰满、宽厚。"塞利克解释说。他将这归于在附近的马恩河谷也能找到的石灰石泥灰与黏土。山丘更高处是莱塔尔蒂埃（Les Tartières）——他最好的霞多丽葡园之一。"这是经典的斯巴纳恰光滑的黏土。"他指着地面说。他也提到了砂岩的存在，这种粗糙的二氧化硅砂砾过去被用来充当磨石（法语：*meules à grain*）。村中有几个采石场，皮耶尔里可能就得名于"石头"（*pierre*）——指的或许是采石场，或许是葡园中大量的小石子——尤其是燧石，这带给皮耶尔里葡萄酒一种典型的烟熏矿物质味。我们回到酒窖品鉴来自莱塔尔蒂埃的低度葡萄酒，我评论说它尝起来多么的丰腴宽厚。"那来源于斯巴纳恰期，"他说，"它赋予它以某种'甜美'（*sucrosité*），其浓郁的质感几可咀嚼，就像嚼口香糖。"

塞利克的最佳莫尼耶来自 1951 年和 1953 年种于莱古德多（Les Gouttes d'Or，位于村庄附近的坡底）的葡萄藤。这里的土壤特别多石，其表层土含有黄色石灰石和带沙子的屈伊西期黏土（较斯巴纳恰期略年轻一些）。塞利克通常将这里的莫尼耶混入顶级名酿帕尔蒂雄（Partition），不过在 2011 年，他决定用莱古德多灌装一款单一园香槟，取名为独唱者（Les Solistes）。就其自身而言，它优雅、和谐，熟而不腻，结构开阔但兼具鲜活的水果深度。

沙沃库尔库尔：土壤多样性的范例

拉埃尔特弗雷尔的所在地沙沃库尔库尔村位于皮耶尔里以南屈布里河谷的另一侧。如果有个地方能证明按照村庄来描述风土不可行，那么非沙沃库尔库尔莫属。鉴于皮耶尔里朝南，在河谷对岸的沙沃库尔库尔则朝北，不过由于山坡上有许多裂口和小丘，也存在朝东、朝西的日照。村庄位于山坡高处，水平地分散在山上，如同香槟区常见的情形那样，山顶被森林及厚重的黏土覆盖。然而，当你下山时，土壤就变得更富有白垩，并且表层土也变薄了。

"在村庄下方，你能发现土壤的显著差异。"2002 年加入家族酒庄的奥雷利安·拉埃尔特说道。仅在沙沃库尔库尔，他就分辨出 27 种不同的风土类型——除了沙土，这里可谓应有尽有（从白垩、黏土到石灰石）。为了保存这些细分的风土，他在村子里划分了 45 个不同地块进行种植，均采用生物动力法并单独压榨。

村庄里拉埃尔特的小旅馆的周围是一片名叫莱克洛的葡园，酿造出了他最具特色的葡萄酒之一。拉埃尔特在此种植了香槟区认可的全部七种葡萄——不仅有黑比诺、莫尼耶、霞多丽，还包括阿尔巴纳、小梅莉、灰比诺、白比诺。从 2005 年起，他采摘、压榨上述全部品种用于酿造七号香槟（Les 7）。[3] 作为一款"恒动"香槟，每次装瓶都包含了从最近年份回溯到 2005 年之间的每个年份。它一直是种辛爽、鲜活的酒，体现了阿尔巴纳和小梅莉强烈的酸度，却又依然拥有丰腴的酒体和复杂的矿物质风味（来自白垩岩床上厚厚的黏土、石灰石以及沉积土）。在沙沃库尔库尔坡底，拉埃尔特用位于一小块丰厚黑色黏土上的莱波迪耶葡园（Les Baudiers）打造了另一款单一园香槟。这里种植的均为莫尼耶，其中一些可上溯至 20 世纪 50 年代，他酿造的葡萄酒名为莱博迪耶（Les Beaudiers，此名是印刷错误的结果）[4]。这是一款香辛、深色的桃红香槟，采用放血法酿造——即通过浸泡葡萄皮而获得颜色。

穆西与莫尼耶大师

皮耶尔里以西的穆西村是香槟区最优秀的莫尼耶专家之一——若泽·米歇尔的家。米歇尔的家族从 1847 年就开始在穆西种植莫尼耶葡萄，1955 年开始在此酿酒。穆西和皮耶尔里身处同一山坡，坡上有一道通向上方森林的裂口，这导致该地许多葡园朝向东南方。山坡白垩岩床上有着类似的斯巴纳恰泥灰和屈伊西黏土带，村中将近 2/3 的葡园种植了莫尼耶。这里的莫尼耶容易成熟，但与马恩河谷相比，白垩影响更大，更具结构性，而缺乏同等明显的酒体。

米歇尔的葡园大约一半种植了莫尼耶，它们散布于 7 座不同的村庄。不幸的是，他几乎不再酿造纯穆西香槟了。尽管他的确生产了一款莫尼耶非年份香槟，但他是混合来自马恩河谷西部埃纳与穆西、皮耶尔里、沙沃库尔库尔的葡萄。因为他喜欢霞多丽为调制酒带来的精巧性，其年份香槟与小农香槟由等比例的莫尼耶和霞多丽混合酿制而成，二者均出类拔萃。然而，在他生涯的头 20 年里，其年份葡萄酒是由来自埃佩尔奈南坡的纯莫尼耶打造。我曾有幸与他一起品尝过一些上述的年份酒——其中精品包括成熟而复杂的 1953 年份，令人惊讶的鲜活的 1959 年份，香辛、带松露风味的 1965 年份，以及他父亲酿造的活泼、复杂、难以置信的年轻的 1946 年份。我希望他能再度酿造这样的酒，但他坚信霞多丽能为混酿带来某些积极因素，我无从反驳这种逻辑。我所知道的是，他的老年份酒证明了倘若悉心打造，莫尼耶也能够酿出复杂、适合陈化的葡萄酒，我期望在埃佩尔奈南坡能有人接过其衣钵，制造出下一款莫尼耶香槟。

埃佩尔奈南坡
单一村、单一园香槟推荐

皮耶尔里: J.-M.Sélèque Les Solistes（年份）、Bruno Michel Les Brousses（年份）、Taittinger Les Folies de la Marquetterie（非年份）

沙沃库尔库尔: Laherte Frères Les 7（非年份）、Laherte Frères Les Empreintes（未标明年份）、Laherte Frères Les Beaudiers Rosé de Saignée（未标明年份）

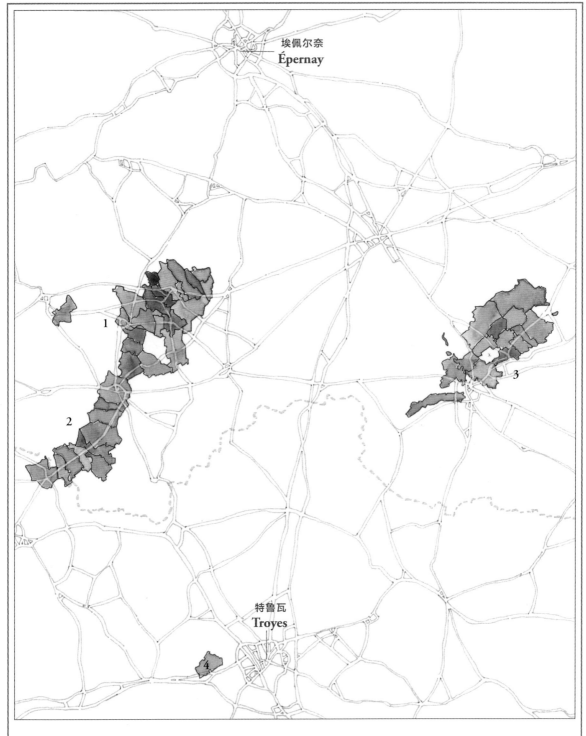

莫兰坡、塞扎讷丘、维特里和蒙格厄

马恩省（上）和奥布省（下）
之间的边界

1 Coteaux du Morin
2 Côte de Sézanne
3 Vitryat
4 Montgueux

埃佩尔奈
Épernay

特鲁瓦
Troyes

更详细地图请参见第 178—179 页

CHAPTER XI

新式种植
莫兰坡、塞扎讷丘、维特里和蒙格厄

目睹山坡上绵延的葡园地块，很容易认为香槟区作为整体已达到了其葡萄种植的巅峰。然而在 120 年前，甚至有更多土地用于种植葡萄。在根瘤蚜于 19 世纪末入侵之前，据估计香槟区拥有超过 15 万英亩（6 万公顷）的葡园，几乎是现代 8.4 万英亩（3.4 万公顷）的两倍。尽管并非所有额外土地皆属顶级，但其中一些所包含的史上重要风土已经被遗弃了。种植上的衰退是 20 世纪上半叶经济、社会环境作用下的结果：在根瘤蚜摧残下，香槟区不仅需要重种，还面临空前野蛮的战争，接踵而至的是全球萧条和一场甚至规模更大的战争。[1] 简而言之，已经没有种植葡萄的资金了。

> ## 莫兰坡一瞥
>
> · 村庄数量：18
> · 葡园面积：2233 英亩（903 公顷）
> · 葡萄品种：47% 莫尼耶，40% 霞多丽，13% 黑比诺
> · 闻名之处：多样的土壤酿造出馥郁、优雅的香槟，其霞多丽尤具表现力。

"二战"后，新的篇章开启。经济复苏刺激了香槟区工业增长并激励酿酒者种植了更多葡萄。到了 20 世纪六七十年代，果农重新对上半世纪休耕的土地产生了兴趣。这尤其影响了白丘南部塞扎讷县附近区域、更东面的维特里勒弗朗索瓦以及特鲁瓦附近的蒙格厄。如今，上述种植区已经建立起来了，不过，那里的果农－酿酒商相较其他地区要少许多，种植户将大部分葡萄都卖给了香槟厂商或合作社。这意味着它尚停留在辨识上述香槟区南部、东部独特土壤、气候、日照的初期阶段。但新一代酿酒者正开始更细致入微地探索上述风土，令我们感到这片土地充满了无限潜力。

莫兰坡、塞扎讷丘、维特里和蒙格厄村庄

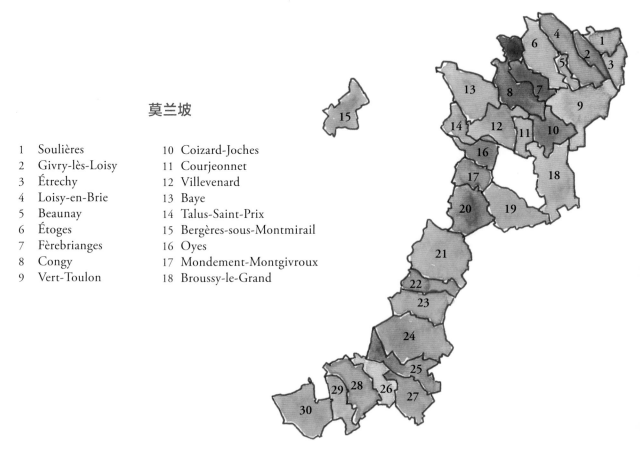

莫兰坡

1 Soulières
2 Givry-lès-Loisy
3 Étrechy
4 Loisy-en-Brie
5 Beaunay
6 Étoges
7 Fèrebrianges
8 Congy
9 Vert-Toulon
10 Coizard-Joches
11 Courjeonnet
12 Villevenard
13 Baye
14 Talus-Saint-Prix
15 Bergères-sous-Montmirail
16 Oyes
17 Mondement-Montgivroux
18 Broussy-le-Grand

塞扎讷丘

19 Allemant
20 Broyes
21 Sézanne
22 Vindey
23 Saudoy
24 Barbonne-Fayel
25 Fontain-Denis-Nuisy
26 Chantemerle
27 La Celle-sous-Chantemerle
28 Bethon
29 Montgenost
30 Villenauxe-la-Grande

蒙格厄

46 Montgueux

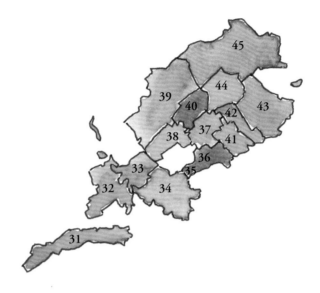

维特里

31 Glannes
32 Loisy-sur-Marne
33 Couvrot
34 Vitry-en-Perthois
35 Merlaut
36 Changy
37 Bassuet
38 Saint-Lumier-en-Champagne

39 Saint-Amand-sur-Fion
40 Lisse-en-Champagne
41 Vavray-le-Grand
42 Vavray-le-Petit
43 Val-de-Vière
44 Bassu
45 Vanault-le-Châtel

定义莫兰坡

即便距白丘南部边缘仅有很短一段车程，进入孔日村（Congy）还是会让人觉得仿佛置身于"另一个法国"。不同于白丘或马恩河谷葡园的绵延无际，孔日附近感觉更具田园风情，田野、山林和葡园犬牙交错。尽管距离埃佩尔奈仅 15 英里（24 公里），但它依旧默默无闻，这主要是因为孔日周边大部分果农只出售葡萄而非自己酿造香槟。

在大部分葡萄酒书籍中，如果提到这片种植区的话，它都被纳入了南边的塞扎讷丘。香槟人常常因一条流经韦尔图隆（Vert-Toulon）南部从东到西横贯本区的小河而将之称为小莫兰河谷（Val du Petit Morin）。但该地区最著名的生产商于利斯科兰的奥利维耶·科兰（Olivier Collin）更喜欢"莫兰坡"这个名字，它突出了葡萄生长的山丘。他还对界定这块小小的种植区包含哪些部分固执己见。"于我而言，塞扎讷丘始于维勒韦纳尔（Villevenard）南面的布鲁瓦（Broyes）和阿莱芒（Allemant）。"当某日我造访其鉴酒室，他如此断言道。他指着屋内一张法国地质勘验地图，勾勒出一个大致的三角形。"我们区在这儿，从北边的苏利埃（Soulières）到南边的维勒韦纳尔，直至东边的韦尔图隆，"他解释说，"它与白丘或塞扎讷丘大不相同。"

科兰酒庄位于莫兰坡北部的孔日，那里的土壤含白垩较多，适于霞多丽生长。在"小莫兰"的另一侧，土壤变得富含黏土，更适于莫尼耶。实际上，当你放眼整个地区，莫尼耶才是种植最广泛的葡萄品种，大约占据了 47% 的葡园面积。霞多丽仅略多于 40%，剩下的则为黑比诺。

科兰家族在孔日及其周边拥有葡园已经多年，将其长期租借给波默里。科兰原本从未打算亲自种植葡萄，然而在安塞尔姆·瑟洛斯的酒窖工作一小段时间后，他被酿造香槟的创造性和哲学上的可能性打开了眼界，重新唤起了他对家族葡园土地的兴趣。在一些葡园租约到期后，他于 2004 年收回了几个地块并开始酿造葡萄酒。

尽管尚算新手，科兰却很快成为莫兰坡的佼佼者，他利用本地的几处地块酿造出了成熟、富有表现力的单一园香槟。东南向的霞多丽葡园莱皮耶里埃位于邻近的韦尔图隆，出产圆润优雅的葡萄酒，以一种来自土壤中黑燧石的烟熏、香辛的矿石风味著称。孔日葡园莱罗伊塞（Les Roises）酿造出更浓郁的霞多丽香槟，部分因为其温暖、南向的日照，但也与这里的科兰 60 年葡萄藤有关。科兰的所有葡园均采用有机肥料耕作，不使用除草剂，仅在必要时采用人工化合物除霉，并且葡萄酒在酒窖桶内以本地酵母发酵。

到目前为止，该地区尚无其他可圈可点的制造商，科兰的葡萄酒算是本地的"另类"。不过，他坚信自己土地的价值，我们只能希望会有其他果农追随其脚步。"有人将莫兰坡和塞扎讷视为次要风土，"他对我解释说，"但风土就是风土——它取决于果农如何表现它，如何让酿酒与之适应。那才是品质差异的真正所在。"

塞扎讷丘的历史风土复兴

酿酒在塞扎讷丘由来已久。12 世纪，随着香槟区的修道院如雨后春笋般涌现，在塞扎讷附近成立了勒克吕圣母修道院（Notre-Dame du Reclus Abbey）[2]，和当时所有修道院一样，它也在周围种植了葡萄。13 世纪亨利·丹德利的《葡萄酒之战》（参见第 17 页）中提及了塞扎讷葡萄酒，然而不幸的是，在这首著名诗歌中它被列为下品。500 年后，皮埃尔·让 – 巴蒂斯特·勒格朗·德奥西[3]（Pierre Jean-Baptiste Legrand d'Aussy）在其 1782 年的著作《法国私人生活史》（*Histoire de la vie privée des Français*）中将塞扎讷与埃佩尔奈、兰斯等葡萄酒名城并列。[4] 但与莫兰坡一样，塞扎讷丘（也被称作 Coteaux du Sézannais）的葡萄种植在 20 世纪初被根瘤蚜一扫而空。多年以后才有人重新种植，甚至直到今天，这里的大部分葡萄都用于"酒商收购"或合作社混酿。但是，这里还是有一些酒庄将目光重新投向了这片被忽视的地区。

> **塞扎讷丘一瞥**
>
> · 村庄数量：12
> · 葡园面积：3655 英亩（1479 公顷）
> · 葡萄品种：77% 霞多丽，18% 黑比诺，5% 莫尼耶
> · 闻名之处：来自史上重要风土带有花香、果香的霞多丽。

在塞扎讷最南边的村庄大维勒诺（Villenauxe-la-Grande），一对夫妻档——卢瓦克·巴拉（Loïc Barrat）和奥雷莉·马松（Aurélie Masson）经营着成立于 2010 年的小型酒庄巴拉 – 马松（Barrat-Masson）。酒农巴拉与当地合作社前首席酿酒专家马松从双方家族继承了葡园，2011 年酿造了他们收获的首批葡萄。酒庄位置相当靠南，以至于从行政区域上而言属于奥布省，而非马恩省。然而，它与奥布主要葡园区巴尔丘在风土上毫无共同之处。虽然环境状况令该区域较之北方的白丘或兰斯山更加温暖，但维勒诺的白垩依然属于白垩纪。为了适应白垩土壤，巴拉 – 马松 90% 的葡园为霞多丽。他们的大部分葡萄位于边界马恩一侧的贝通村（Bethon），不过夫妻俩也有两座大块葡园位于维勒诺（马松的家族来自那里）。"维勒诺的黏土稍多于贝通，"巴拉指出，"这里的土壤更复杂。"不过，鉴于根瘤蚜侵袭后葡萄种植正慢慢恢复，对于这里的风土尚有待探究。"直到 20 世纪六七十年代本地才重新种植，"巴拉说道，"即便那时，人们还在葡萄旁种植了许多其他作物。"

塞扎讷丘其他地方黏土更丰富，但霞多丽依然是优势品种，占超过本地种植面积的 3/4。在这片更靠南的地区，天气比白丘温暖，大陆气候影响更大，再加上更厚重的土壤，从而产出了丰熟、带果香的葡萄酒。尽管此时当地酿酒者还不多，但它是一片值得探索的地方，不久之后，我们很可能见到更多忙碌的身影。

见证差异：维特里

维特里位于塞扎讷以东 40 英里、韦尔蒂东南 30 英里处（二者之间并无葡园），看上去并不像种植香槟葡萄之地。然而，在香槟区历史上，这里长期为重要的酿酒种植区。15 世纪末，它的葡园种植密度仅次于兰斯位居第二，甚至超过了埃佩尔奈周边地区。[5]

如今，维特里仅有 1117 英亩（452 公顷）葡萄，散布于 14 座村庄。在一份 1790 年至 1791 年间的官方普查报告上，这里有超过 7413 英亩（3000 公顷）的葡萄，真可谓今非昔比。不过，当代人对这里具有浓厚兴趣，种植面积正在回升中。大部分维特里的葡萄被用于酒商的混酿，不过，也有数家果农 – 酿酒商在此拥有自己的葡园，其中便包括白丘韦尔蒂同名酒庄帕斯卡尔·多克。

与塞扎讷丘一样，本地区的葡萄种植也曾因根瘤蚜而陷入凋敝。"葡萄藤被拔掉后，这里直到 20 世纪 70 年代才开始重种，"多克回忆说，"1971 年，我父亲是首批在此种植葡萄的人之一。过去，人们曾为了农业及家畜在山坡开凿梯田。当时，许多白丘果农将目光投向了其他地区。他们去了奥布省或埃纳省，但我父亲并不想酿造黑比诺，因为我们是一家白中白香槟品牌。于是他来到了富含白垩的此处。"

香槟区以发现于白丘或塞扎讷丘的坎帕期白垩闻名，但维特里的白垩有所不同，它源于更古老的土伦期 [6]。这种土壤大部分渗透性强，且混入了大量石灰质泥灰，并不适于高质量葡萄种植。但本地有些山坡处于更纯粹的土伦期白垩上，这里最佳的葡萄便种植于此。

维特里一瞥

- 村庄数量：15
- 葡园面积：1134 英亩（459 公顷）
- 葡萄品种：98% 霞多丽，1% 黑比诺，1% 莫尼耶
- 闻名之处：来自土伦期白垩优雅、富有果香的霞多丽。

多克的大部分葡萄依旧是其父亲最初种下的，这里阶梯状、东南向的山坡相当陡峭。白垩岩床上薄薄的表层土由光滑的灰色石灰质黏土构成，奇怪的是，这里还有一些杜福石（*tuffeau*）——一种黄色、富含化石成分的石灰石，令人想到卢瓦尔河流域的黄杜福（*tuffeau jaune*）。多克灌装了一款名叫"地平线"的纯维特里白中白香槟，名字源于从他的韦尔蒂酒庄看向这片葡园时的景色。在他手中，该地风土创造出了一种果味浓郁的香槟，与其白丘葡萄酒清爽的白垩味相比，它展现出更强烈的土石矿物质风味。

市场上并无太多其他的纯维特里香槟，但由于当地霞多丽的水果韵味（这能为调制酒带来一种鲜活与"平易近人"），成为厂商的抢手货。这里是个越来越炙手可热的地区，并且拥有极高的历史价值。

蒙格厄：哥特人之山

塞扎讷丘南边，直到抵达特鲁瓦西部小山蒙格厄之前，视线中都无葡园。蒙格厄在罗马时代以哥特人之山（*Mons Gothorum*）闻名，它是一座高出周围平原数百英尺（约 100 米）的白垩"露头"[7]。这是另一种新的香槟风土，自 20 世纪 60 年代后才开始种植，尽管位于奥布省，但却与北面的葡园更有共同之处。尤其考虑到蒙格厄的白垩来自土伦期，与维特里的白垩十分相似。

蒙格厄距离特鲁瓦仅 15 分钟车程，而在特鲁瓦中心美丽半木质建筑（均有数百年历史）簇拥下的是法兰西最好的酒吧之一——欧克里厄尔德万（Aux Crieurs de Vin）。蒙格厄最佳酿酒师埃马纽埃尔·拉赛涅常常坐在酒吧里和老板让 – 米歇尔·维尔梅（Jean-Michel Wilmes）及弗兰克·温德尔（Franck Windel）闲聊，抑或同朋友们饮酒。这里实际上是他的第二个家——如果你无法在其酒庄或葡园内找到他，这里便是第一选择。

蒙格厄一瞥

- 村庄数量：1
- 葡园面积：514 英亩（208 公顷）
- 葡萄品种：90% 霞多丽，10% 黑比诺
- 闻名之处：带有菠萝、芒果香调，生长于南向白垩山坡的成熟醇美的霞多丽。

2011 年初，我曾与他在那里畅饮一款他命名为拉科利纳因斯皮尔（La Colline Inspirée）的白中白香槟，它得名于当地诗人安德烈·马西（André Massey）撰写的关于蒙格厄的一首诗歌。这是拉赛涅极少数在桶内发酵的葡萄酒，但此法并未妨碍葡萄酒表现风土。"这是蒙格厄非常典型的热带水果、芒果风味，"拉赛涅告诉我说，"我们南向的日照总能产出浓郁的葡萄酒，带有成熟韵味，但土壤白垩充足，因此亦有不少矿物质味。"

蒙格厄山坡完全朝南，它种植的几乎全是霞多丽，仅有不到 10% 的其他品种。当你目睹蒙格厄山坡时，该风土的温暖是显而易见的。驱车从特鲁瓦前往此处，只见山坡从平原上异军突起，沐浴在阳光之下。拉赛涅的父亲雅克是 20 世纪 60 年代首批在蒙格厄开垦葡园的人之一，不过，他将自己的大部分葡萄卖给了酒商。埃马纽埃尔 1999 年接管了生意，试图提高产地灌装香槟的数量，以便展现蒙格厄的风土特性。

拉赛涅拥有 8.6 英亩（3.5 公顷）葡萄藤，并以最严苛的标准进行种植，但他也购买了多达 6 英亩（2.5 公顷）的其他蒙格厄葡萄——精选自他能够掌控种植方法及收获日期的特定地块。最激动人心的开发项目之一是拉赛涅对一块名为圣索菲葡园（Clos Sainte-Sophie）所做的工作，它至少在 19 世纪后期便已存在。多年来其葡萄都被卖给了酒商，但在 2010 年，拉赛涅说服了葡园主人让他首次用于酿酒。

当我在 2011 年拜访他时，我们驱车驶过村庄去视察葡园，它围墙环绕，铁门上令人印象深刻地标注着日期 1880 年。"你知道'克洛'（clos）的官方定义吗？"我知道它指的是封闭葡园，但并未了解更多，于是便摇了摇头。"是围墙或篱笆环绕令骑马者也无法逾越的地块。"体会一下吧。

令人惊讶的是，圣索菲葡园的入口由几株 19 世纪种植的高大红杉拱卫。那时，蒙格厄并非公认的葡萄种植区，但这一面积约 2.5 英亩（略大于 1 公顷）的地块已盛名在外。"19 世纪 80 年代末期，这里种植了 20 种葡萄。"拉赛涅解释道，"葡萄园如此著名，以至于在 1886 年，两个日本人来此研究这座封闭葡园。他们随身带回了 100 根切枝，成了日本种植的首批酿酒葡萄。"如今，它平均种植着黑比诺与霞多丽，最老的葡萄藤可分别上溯至 1968 年和 1973 年。拉赛涅不是个情感外露之人，但他显然为有机会以此葡园酿酒而激动不已。"它是蒙格厄的最佳葡园。"他说。

拉赛涅对蒙格厄的山坡了如指掌，他选择从自己未拥有葡萄藤的地块购买葡萄，以便能完整获得蒙格厄方方面面的风土。为了保存上述差异，无论是木桶或不锈钢罐，他都用本地酵母分别酿造各地块葡萄。

即便所有葡萄酒均只来自蒙格厄，但此举令他得到了一块丰富的"调色板"。例如，在其年份香槟中，他调和了三个地块。来自大科特葡园（Les Grandes Côtes，面朝山坡底部）50 年的葡萄藤产出了浓郁、黄油味的葡萄酒。拉赛涅说："它不能使用过多，但却赋予了调制酒以一种醇厚的酒质[8]，以及浓郁和深度。"另一方面，莱帕吕（Les Paluets）则更加圆润优雅。"由于那里丰富的白垩，石灰性的土壤，"他解释道，"葡萄一直都小巧玲珑，浓缩紧致，非常类似勃艮第葡萄。"最后是来自勒科泰（Le Cotet）种于 1964 年的老藤葡萄。"它们一直颇具柑橘风味，"他说，"为调制酒提供了鲜活感。它本身就得到了我的青睐，尤其是搭配寿司或贝类，不过我认为将它与其他酒混酿也是很有趣的。"

蒙格厄霞多丽葡萄因其丰熟而备受推崇，如今许多品牌都将它纳入自己的混酿中。蒙格厄村里也有一些果农－酿酒商，尽管尚无人能企及拉赛涅的香槟，但无疑这是一片前途似锦的地区。目前而言，拉赛涅的葡萄酒代表了蒙格厄的原貌，它们是丈量其他葡萄酒的标杆。

莫兰坡
单一村、单一园香槟推荐

孔日：Ulysse Collin Les Roises Blanc de Blancs（非年份）、Ulysse Collin Les Enfers Blanc de Blancs（非年份）

韦尔图隆：Ulysse Collin Les Pierrières Blanc de Blancs（非年份）

塞扎讷丘
单一村、单一园香槟推荐

巴尔邦法耶勒：Ulysse Collin Les Maillons Blanc de Noirs（非年份）、Ulysse Collin Les Maillons Rosé de Saignée（非年份）

贝通：Barrat-Masson Fleur de Craie（未标明年份）、Barrat-Masson Grain d'Argile（未标明年份）、Barrat-Masson Les Margannes（未标明年份）、Thierry Triolet Les Vieilles Vignes（年份）

维特里
单一村、单一园香槟推荐

佩尔图瓦：Pascal Doquet Horizon Blanc de Blancs（非年份）

蒙格厄
单一村、单一园香槟推荐

蒙格厄：Jacques Lassaigne Cuvée Le Cotet（非年份）、Jacques Lassaigne Brut Nature（年份）、
Jacques Lassaigne La Colline Inspirée（非年份）、Jacques Lassaigne Clos Sainte-Sophie（年份）、
Jacques Lassaigne Les Vignes de Montgueux（非年份）

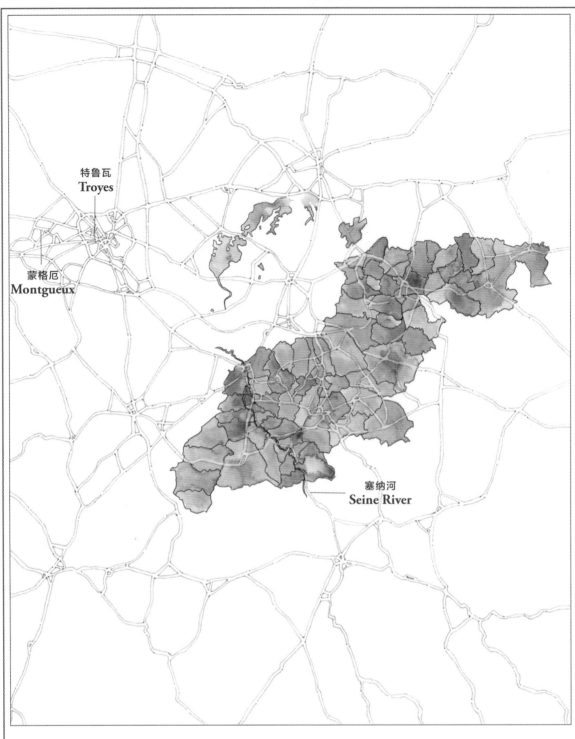

特鲁瓦
Troyes

蒙格厄
Montgueux

塞纳河
Seine River

巴 尔 丘

更详细地图请参见第 196—197 页

CHAPTER XII

新贵
巴尔丘新生代

阿尔克河畔比克西埃（Buxières-sur-Arce）位于特鲁瓦东南约 20 英里（32 公里）、埃佩尔奈以南 70 英里（112 公里）处，贝特朗·戈特罗（Bertrand Gautherot）在此照料着约 12 英亩（5 公顷）的葡萄藤，还饲养了一些奶牛和鸡，并以生物动力法种植了一片蔬菜园及果树。他的酒庄"威特 & 索比"以重视风土表现、对香槟精益求精而在全球酒客中享有盛誉，不过，身处巴尔丘（奥布省主要的葡萄种植区）田园牧歌式的翠绿乡间，会发现世界其他地方似乎异常遥远。

该地区并非一直是偏远之地。在十二三世纪，特鲁瓦是香槟伯国的首府，香槟区是现在法国最重要的省份之一。结果是特鲁瓦成为中世纪欧洲最大的贸易枢纽之一，吸引了远至西西里和北非的商人。然而，香槟区一被纳入法兰西王国，其首府便北迁到了沙隆（后来名为马恩河畔沙隆，随后是香槟沙隆），特鲁瓦的影响力衰颓了。尽管巴尔丘直到 19 世纪依然是葡萄酒的一个重要来源，但到了 20 世纪，马恩省的香槟酿造者却对它投以怀疑的目光，他们将奥布省视为不同的地区。这种观点在现代持续了颇长的时间，部分解释了为何最初对香槟区的定义完全排除了奥布省的葡园——不过在一系列聚众抗议后，巴尔丘最终才勉强被接纳（参见第 33 页）。

> ## 巴尔丘一瞥
>
> · 村庄数量：63
>
> · 葡园面积：19220 英亩（7778 公顷）
>
> · 葡萄品种：86% 黑比诺，10% 霞多丽，4% 莫尼耶
>
> · 闻名之处：大部分由生长于启莫里阶泥灰的黑比诺酿造的香槟，浓郁丰满，与沙布利的土壤类型相同。

巴尔丘村庄

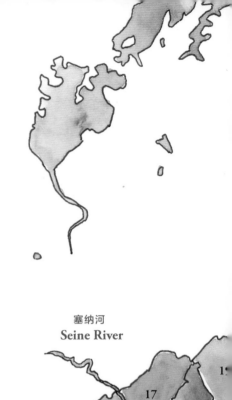

巴瑟加奈

1 Channes
2 Bragelogne-Beauvoir
3 Bagneux-la-Fosse
4 Avirey-Lingey
5 Les Riceys
6 Balnot-sur-Laignes
7 Mussy-sur-Seine
8 Plaines-Saint-Lange
9 Courteron
10 Gyé-sur-Seine
11 Neuville-sur-Seine
12 Buxeuil
13 Polisy
14 Polisot
15 Celles-sur-Ource
16 Merrey-sur-Arce
17 Bar-sur-Seine

18 Ville-sur-Arce
19 Buxières-sur-Arce
20 Chervey
21 Bertignolles
22 Éguilly-sous-Bois
23 Vitry-le-Croisé
24 Chacenay
25 Noé-les-Mallets
26 Saint-Usage
27 Fontette
28 Viviers-sur-Artaut
29 Landreville
30 Loches-sur-Ource
31 Essoyes
32 Verpillières-sur-Ource
33 Cunfin

塞纳河
Seine River

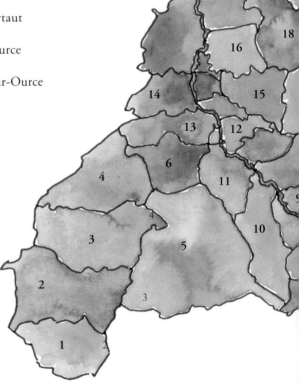

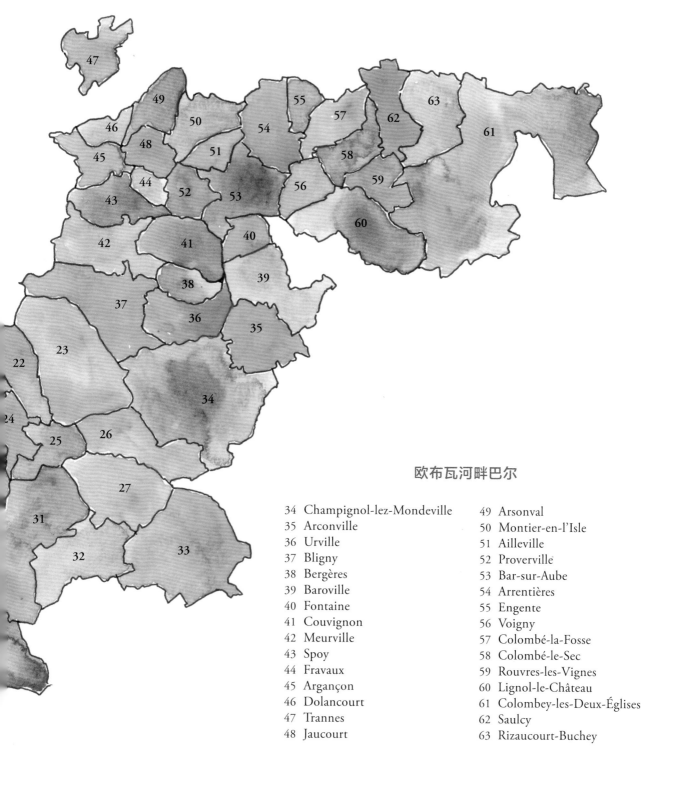

欧布瓦河畔巴尔

34 Champignol-lez-Mondeville
35 Arconville
36 Urville
37 Bligny
38 Bergères
39 Baroville
40 Fontaine
41 Couvignon
42 Meurville
43 Spoy
44 Fravaux
45 Argançon
46 Dolancourt
47 Trannes
48 Jaucourt
49 Arsonval
50 Montier-en-l'Isle
51 Ailleville
52 Proverville
53 Bar-sur-Aube
54 Arrentières
55 Engente
56 Voigny
57 Colombé-la-Fosse
58 Colombé-le-Sec
59 Rouvres-les-Vignes
60 Lignol-le-Château
61 Colombey-les-Deux-Églises
62 Saulcy
63 Rizaucourt-Buchey

如今，虽然奥布省感觉更具田园风光并且不如香槟区其他地方发达，但它却占据了该地区葡园面积的 1/4。尽管这里也有一些史上闻名的酿造商（诸如德拉皮耶和弗勒里），不过，多数果农会将其葡萄卖给当地的合作社或酒商。然而，从 2000 年起，在巴尔丘涌现了一批重要的果农 - 酿造商，他们展现了一种迄今尚未完全发掘的风土。受奥布省启莫里阶土壤及其温暖南方气候的影响，这些葡萄酒在个性上与马恩省的传统香槟截然不同。

威特 & 索比是当代这一运动的领军者。前工业设计师戈特罗自 1986 年起便在阿尔克河畔比克西埃种植葡萄。他身材颀长，说话轻柔，却字字如金。到 1996 年，他弃用除草剂与杀虫剂，以准备改用生物动力法，从 1998 年起，葡园全部认证了生物动力法。

正如戈特罗解释的那样，生物动力法让葡萄藤的根系深入地下，而非在地表附近汲取养分，这在相对短时间内戏剧性地改变了葡园的土壤。我们爬上酒庄背后的小山，来到了他位于一片隆起高地的最著名的葡园之一——索尔贝：他随身带了一把铲子，在其 2.5 英亩（1 公顷）的黑比诺葡园的边缘，将它插入地面，露出了满是根须、蚯蚓、昆虫以及其他有益细菌迹象的温暖湿润土壤。仅仅几码之遥，在同一葡园属于他堂兄弟的地块，他再度挖出了一些土壤——至少他竭力这么做，但这里的泥土又干又硬。与戈特罗丰饶、深棕色的土壤不同，这里的土壤是一种死气沉沉的褐色。他各抓起一把泥土，示意让我闻闻——他的土壤带有宛如步入雨后森林般的芳香。相比而言，其堂兄弟的土壤则没什么气味。

奥布：南方的崛起

巴尔丘构成了香槟区最南部的一角，大约占到了产地总面积的 23%，不过，和马恩省山坡上密集种植的葡园相比，很难想象同一地区内此处的葡园。这里的风景更具田园风光，葡园散布、隐匿在山峦起伏的森林与农田之间。

巴尔丘的葡园与马恩省葡园之间分隔了一段惊人的漫长距离。从兰斯到特鲁瓦（奥布省会及最大城市）的直线距离有 66 英里（106 公里），大约 1.5 小时车程；巴尔丘葡园又有额外半小时车程。在北部的白丘与南部巴尔丘之间分布着约 60 英里（96 公里）不适合葡萄种植的土地，首先是一片干燥的白垩平原，随后是一片湿润黏土、沙土区域，被称作湿润香槟区（*Champagne humide*）。

这片区域外，葡萄重现视野，不过巴尔丘和地表下具有相同白垩岩床的埃佩尔奈、兰斯不同，其岩床更深，并且古老得多。巴尔丘葡园主要位于启莫里阶泥灰之上，这正是令其南方邻居沙布利闻名遐迩的底层土。启莫里阶泥灰来自侏罗纪，早于马恩河附近的白垩纪白垩。不过这里（尤其在比克西埃）还残留着一片稍年轻些的地质层。它被称作波特兰石，为葡萄酒带来了截然不同的矿物质特色。"如果说启莫里阶像盐，那么波特兰就像胡椒。"戈特罗解释说。

另一家享誉国际的酒庄是珍妮玫瑰（其葡萄酒在整个香槟区都炙手可热），它可谓塞德里克·布沙尔的掌上明珠。尽管布沙尔的父亲是阿尔克河畔比克西埃以南村庄乌尔克河畔瑟莱的酿酒者，但他本人却对在家族酒庄工作意兴阑珊。相反，他去了巴黎，在一家葡萄酒店工作了一段时间，在那里他被推荐了其他地区（尤其是勃艮第）的葡萄酒。上述葡萄酒对他影响颇深，甚至直到今天，布沙尔的工作方式都更像勃艮第人而非香槟人——布沙尔的每一款香槟（产量低得惊人）均采用同一年份、同一葡园的同一品种葡萄酿成。由于严格避免混酿，其审美与传统香槟可谓大相径庭。

2000 年，布沙尔的父亲同意他接管位于乌尔克河畔瑟莱的 2.5 英亩（1 公顷）的佑素乐葡园以尝试其新理念。他制定了让其酒庄与众不同的规则：天然葡萄栽培，异乎寻常的低产量，以及极简主义酿酒法。"我想他之所以给我这片葡园是因为这是他最差的，"他风趣地说，"具有讽刺意味的是，尽管拥有许多其他出色的地块，但我依然觉得佑素乐是最棒的。"

如今他酿造了 7 种不同的香槟，每款都具有独特的风土。其葡园大部分位于启莫里阶土壤上，例如产出具有丰富水果深度及生机勃勃结构的黑比诺的佑素乐——均能高度体现珍妮玫瑰的风格。然而，位于白垩之上、拥有 50 年的白比诺葡萄的拉波罗雷葡园酿造出了布沙尔最别致的香槟。其中最引人注目的是来自西向地块克勒德昂费的优雅、微妙的"玫瑰"，布沙尔在那里仅拥有三排黑比诺葡萄。

巴尔丘：不同的土壤，不同的葡萄

巴尔丘被划成了两个区域：得名于塞纳河畔巴尔（Bar-sur-seine）的巴瑟加奈（Barséquanais）以及奥布河畔巴尔附近的欧布瓦河畔巴尔（Bar-sur-Aubois）。目前，巴瑟加奈的驰名香槟

制造商要远多于欧布瓦河畔巴尔，然而巴尔丘历史上最重要的制造商却位于后者的于尔维尔村。

德拉皮耶品牌创立于1808年，在德拉皮耶家族于20世纪初灌装自己的香槟之前，它最初是将葡萄卖给马恩省的酒商。从1979年起，米歇尔·德拉皮耶（Michel Drappier）就执掌这一品牌，作为家族在于尔维尔种植葡萄的第七代的代表。如今，德拉皮耶会从香槟区其他地方购买葡萄，不过它在于尔维尔及其周边也拥有121英亩（53公顷）的葡萄。它的名酿有几款风土极为别致，试图表现出该地区水果味和矿石味的特色。"我们的葡萄酒更圆润，更巴洛克，较马恩省葡萄酒少几分直白，"德拉皮耶说，"它们更像核果[1]而非柑橘。"

我常常对巴尔丘历史上种植黑比诺（之前则是佳美[gamay]葡萄）感到惊奇不解，而相邻的沙布利尽管土壤相同，却是霞多丽种植区。德拉皮耶将此处黑比诺的种植归因于西多会明谷修道院院长伯尔纳铎（Bernard of Clairvaux），他在12世纪创立了本地著名的修道院（后来还负责宣传推动第二次十字军）。德拉皮耶解释说：伯尔纳铎在创建修道院时随身带来了黑莫瑞兰（黑比诺的祖先）。在当时的香槟伯爵布卢瓦的特奥巴尔德（Thibaut de Blois）[2]的帮助下，伯尔纳铎试图向法王进献葡萄酒，与勃艮第一较短长，这些葡萄最终向北传播到了艾伊。在最鼎盛时期，修道院一年相当于酿造了75万瓶葡萄酒。

德拉皮耶说，巴尔丘位于香槟其他产区以南，让人觉得是个温暖之地，这也有所帮助。相比而言，沙布利位于勃艮第北部，被勃艮第人视为较凉爽的地区，并更适合酿造清爽的白葡萄酒。远离马恩河，邻近勃艮第——似乎为奥布省开启了一扇在红白葡萄种类上超越黑比诺、莫尼耶、霞多丽的大门。白比诺（当地人通常称blanc vrai）在奥布省有着悠久历史，实际上，德拉皮耶的白中白香槟一直含有少量白比诺。阿尔巴纳也是欧布瓦河畔巴尔的传统品种，不过德拉皮耶认为它需要和其他品种调配才会美味。"或许香槟区的宏论以及三个品种的标准在这里不如马恩省有效，因为我们离勃艮第更近。"

德拉皮耶最标志性的酒当属大桑德雷，它来自尔维尔一片东向的大型山坡。尽管和于尔维尔东部一样位居启莫里阶岩床之上，大桑德雷（得名于对"灰烬"[cendre]一词的拼写错误，因为19世纪一场火灾摧毁了大部分村庄及周边森林）却具备自身独特的风土。霜冻甚少，葡萄藤生长得极为茁壮。尽管该葡园能够高度成熟，葡萄酒却始终保持着鲜活的结构和显著的精巧，即便在最丰熟的年份仍体现出高雅细腻。我感觉过去 20 年来大桑德雷拥有了更佳的基调和更多面的特色，每次发售皆青出于蓝。在许多方面，大桑德雷象征着奥布省乃至整个香槟区当代文化的进步元素：它是借由风土彰显身份的葡萄酒，被以有利于环境的方式精心种植；其酿造细心且怀揣敬意，其目标不仅仅是打造某种和谐、悦人的饮料，还要表达酿酒者的哲学和信仰体系。

新生代

当我在 20 年前首次来到香槟区时，巴尔丘依然感觉仿佛是片化外之地。一些马恩省的香槟品牌甚至不承认从奥布省买入葡萄，在该地区内，也只有屈指可数的有远见的品牌酿造自己的葡萄酒。

这一切均已改变。如今，在巴尔丘，酿酒者中可谓长江后浪推前浪，而新的酒庄也如同雨后春笋般涌现。例如，2004 年，戴维·多农（Davy Dosnon）在巴瑟加奈的阿维雷兰热（Avirey-Lingey）开设了自己的精品酒商品牌，现在，他酿造出融合了奥布丰熟水果风味，并兼具复杂精致的豪华香槟。沿着波利索（Polisot）的公路，多米妮克·莫罗（Dominique Moreau）2006 年开始在自己的玛丽－库尔坦酒庄（Marie-Courtin）以 6 英亩（约 2.5 公顷）的单一葡萄地块酿造香槟。这些葡萄酒鲜活、犀利，有时甚至朴实无华，在表现其风土上毫不妥协。

在阿尔克河畔维尔村（Ville-sur-Arce）附近，瓦莱里·弗里松（Valérie Frison）与她的前夫蒂里·德·马尔纳（Thierry de Marne）一起于 2007 年建立了自己的酒庄。如今，她已单干，继续酿造来自启莫里阶、波特兰土壤的由矿物质推动、富有葡萄酒味的香槟。在巴尔丘另一边的欧布瓦河畔巴尔，纳塔莉·法尔默（Nathalie Falmet）是一位训练有素的酒类学家和酿酒顾问，从 2008 年起，她便以鲁夫雷莱维盖村（Rouvres-les-Vignes）的家族葡园酿造葡萄酒。

这里还有新人掌权的老酒庄。例如，在乌尔克河畔瑟莱的皮埃尔·热尔巴伊，奥雷利安·热尔巴伊从 2009 年起便和父亲帕斯卡尔一道工作，并渐渐为酒庄的葡萄酒加入了个人的印

香槟区的非起泡桃红葡萄酒

香槟区最神秘的葡萄酒并非起泡酒，而是一款叫作里塞桃红（Rosé des Riceys）的非起酒桃红葡萄酒。此酒拥有自己的独立产地，来自香槟区最南部的莱里塞，它由三座村庄构成：里塞巴（Ricey Bas）、里塞奥（Ricey Haut）以及里塞奥左岸（Ricey Haute Rive）。莱里塞拥有 2140 英亩（866 公顷）的葡萄，是香槟区最大的种植村，但仅有 865 英亩（350 公顷）用于酿造里塞桃红酒。尽管它是一种非起泡葡萄酒，但依然提供了对奥布省这部分风土的诠释，尤其是奥利维耶·奥里奥打造的里塞桃红酒，具备空前的精巧性、复杂性和地域表现力。

当奥里奥于 2000 年以自己的酒标酿酒时，他选择专攻桃红葡萄酒与红葡萄酒，这可谓闻所未闻——即便最杰出的里塞桃红酒生产商，其香槟的产量也高于桃红酒。"我更愿意酿造非起泡葡萄酒而非香槟，"他笑着对我说，"我恐怕是香槟人中最不像香槟人的一个。"如今，他在非起泡葡萄酒以外也酿制香槟，但毋庸置疑，其桃红酒及红葡萄酒才是最具特色的。

里塞桃红酒通常是一种轻盈、恬淡的葡萄酒，但在奥里奥手中，它展现出非同寻常的精细和表现力，这要归功于他在葡园种植和酒窖工作上的努力。据我所知，他亦是唯一灌装单一园里塞桃红酒的酿酒商。他的桃红酒源于两个活机种植地块——瓦兰格兰（Valingrain）和巴尔蒙（Barmont），它们体现了奥布风土的两面。

"瓦兰格兰拥有更多泥灰与更白的黏土，"他跟我解释道，"巴尔蒙的黏土更红，土壤成分更复杂，拥有较多沉降的波特兰阶元素。此外，瓦兰格兰朝南并且夏季炎热。巴尔蒙面朝东南，早晚较为寒冷，这有助于保存酸度。在巴尔蒙，为了获得适宜的成熟度我们常常不得不等待更久，而瓦兰格兰极易成熟，并且易于采摘。"

通过以上描述，你可能会预期瓦兰格兰葡萄酒更为大气，但对我而言，这恰恰相反。由于其丰饶的土壤，巴尔蒙是一种更博大、果味更丰富的葡萄酒，而瓦兰格兰口感更细腻，更轻盈，其香味会随着陈化而越发馥郁。

记。在弗勒里，让－塞巴斯蒂安·弗勒里于 2009 年加入了父亲让－皮埃尔的生物动力认证酒庄，如今，弟弟伯努瓦也参与到葡园和酒窖的事务中。夏尔·迪富尔在 2006 年接手了家族产业，现在于朗德勒维尔建立了自己的酒庄，并拥有一系列杰出的新葡萄酒。

这批奥布省新生代果农的哲学观是相当锐意进取的，并受到精耕细作是酿造高品质葡萄酒的方法的当代观念的影响。即便这场运动还仅限于屈指可数的顶级生产商，但它依然给巴尔丘带来了活力，激励了其他酒农亦步亦趋，并且令该地区进入了全世界香槟行家瞩目的焦点。

巴尔丘
单一村、单一园香槟推荐

阿尔克河畔比克西埃：Vouette & Sorbée Blanc d'Argile（未标明年份）、Vouette & Sorbée Saignée de Sorbée（未标明年份）

阿尔克河畔维尔：Val Frison Lalore（未标明年份）、Val Frison Goustan（未标明年份）

阿尔克河畔梅尔雷（Merrey-sur-arce）：Roses de Jeanne La Bolorée（年份）

乌尔克河畔瑟莱：Roses de Jeanne Le Creux d'Enfer（年份）、Roses de Jeanne Les Ursules（年份）、Roses de Jeanne La Haute-Lemblé（年份）、Roses de Jeanne Presle（年份）、Roses de Jeanne Côte de Bechalin（年份）、Pierre Gerbais L'Originale（年份）、Pierre Gerbais L'Audace（未标明年份）、Pierre Gerbais Prestige（未标明年份）、Charles Dufour Le Champ du Clos Blanc de Blancs（未标明年份）、Charles Dufour Le Champ du Clos Rosé（未标明年份）

朗德勒维尔（Landreville）：Charles Dufour La Chevétrée Blanc de Blancs（未标明年份）、Charles Dufour Le Haut de la Guignelle Blanc de Noirs（未标明年份）

波利索：Marie-Courtin Resonance（vintage not indicated）、Marie-Courtin Efflorescence（年份）、Marie-Courtin Eloquence（年份）、Marie-Courtin Concordance（vintage not indicated）、Marie-Courtin Indulgence（年份）

波利西（Polisy）：Roses de Jeanne Côte de Val Vilaine（未标明年份）

库尔特龙（Courteron）：Fleury Notes Blanches（未标明年份）、Fleury Sonate No.9（未标明年份）

于尔维尔：Drappier Pinot Noir Brut Nature（非年份）、Drappier Pinot Noir Brut Nature Sans Soufre（非年份）、Drappier Grande Sendrée（年份）、Drappier Grande Sendrée Rosé（年份）

鲁夫雷莱维盖：Nathalie Falmet Le Val Cornet（未标明年份）、Nathalie Falmet Brut Nature（非年份）、Nathalie Falmet Parcelle ZH 302（未标明年份）、Nathalie Falmet Parcelle ZH 303（未标明年份）、Nathalie Falmet Parcelle ZH 318（未标明年份）

下篇　　那里的人

THE PEOPLE

CHAPTER XIII

香槟酿造商

21 世纪对香槟区的印象常常强调品牌、营销及喜庆，有时反而损害了香槟作为葡萄酒的特性。虽然观念依旧根深蒂固，但 21 世纪带来了更多样化的面貌，酿造商与消费者均在探求关乎完整性、真实性以及地域的答案。

如今香槟区的氛围某种程度上充满了各种可能性，仅仅在数十年前，这可能还会被视作异端。于是，酿造商以空前的速度涌现，例如在其克拉芒酒庄打造表现风土特色香槟的奥雷利安·苏尼（Aurélien Suenen）以及探索格罗韦、比瑟伊风土的年轻酒农艾蒂安·卡尔萨克（Etienne Calsac）这样的新面孔。不过，也并非全是新人——许多老品牌也进行了改革。例如，路易王妃便拥有该地区最纯粹的生物动力法耕种的土地。其他品牌也已冒着巨大风险彻底改弦更张：史上著名的香槟品牌勒克莱尔－布里昂在弗雷德里克·蔡梅特（Frédéric Zeimett）与埃尔韦·热斯坦（Hervé Jestin）的领导下正在浴火重生。

本章介绍了这场变革背后的一些人物。我没有编制一份香槟酿造商的完整名录，而选择了酒商酒庄与酒农酒庄按字母顺序排列，我认为如此有助于揭示风土问题并推进上篇、中篇讨论的主旨。书中这部分描绘的酒庄、酿酒者有的着墨甚多，另一些则极其简短。但他们均有个共同点，即通过最终赋予香槟以一种对地域的真实领悟而重新诠释了它。

阿格帕特父子酒庄
AGRAPART ET FILS
白　丘

1984 年，帕斯卡尔·阿格帕特接管了家族在阿维兹的酒庄，并从此因其来自白丘的富有风土表现力的高品质葡萄酒，树立了仅次于雅克·瑟洛斯的安塞尔姆·瑟洛斯的声誉。阿格帕特工作的葡园大部分位于阿维兹、克拉芒、瓦里、奥热尔，他依据月亮的节奏及可持续种植来尽可能地让葡萄能够表现其"出身"。他在酒窖只使用本地酵母，他的一部分最佳葡萄酒在 600 升的木桶内陈化——"姜还是老的辣。"他说。

他酿造了三种非年份酒：来自 7 座村庄的 **7 葡园**（7 Crus，$），包括大河谷的阿韦奈瓦多（Avenay Val d'Or）以及马恩河谷的马尔德伊（Mardeuil）；而更加丰熟复杂的**风土**（Terroirs，$）则是阿维兹、克拉芒、瓦里、奥热尔混酿而成的特酿。从 2007 年起，他还打造了一款"田野混酿"[1]（field-blended）香槟**康布朗蒂**（Complantée，$$）——包含 6 种一起收获、压榨的葡萄。他名为**矿物**（$$）的年份香槟——辛爽、生机勃勃，始终来自阿维兹的勒尚布托和克拉芒的莱比奥内，二者相互毗邻，实际上拥有相同的土壤成分。酒窖内另一顶级名酿展现了的阿维兹风土，即**阿维佐伊斯香槟**（$$$），它来自山坡上的黏土地块莱罗巴茨与拉瓦德埃佩尔奈，更加

宽宏大气；而以过去耕耘拉福瑟的马匹命名的**维纳斯香槟**（$$$）则更加轮廓分明、晶莹剔透，反映出这一特殊地块土壤富含白垩的特性。

普罗尼斯
APOLLONIS
马恩河谷

米歇尔·洛里奥的家族从 1675 年开始就种植葡萄，1903 年，其曾祖父利奥波德·洛里奥（Léopold Loriot）是菲斯蒂尼首个装备葡萄酒压榨机的酒农。米歇尔从 1977 年开始执掌家族酒庄，尽管他曾以自己的名字灌装葡萄酒，但由于洛里奥在马恩河谷这一带过于普通，所以他在 2016 年将酒庄名更改为了普罗尼斯。洛里奥的酒庄以莫尼耶葡萄为主，占据了其葡园面积的 85%。他的非年份干香槟**纯正莫尼耶**（Authentic Meunier，$）由富丽多汁的 100% 莫尼耶酿成。**莱苏尔斯杜弗拉戈**（Les Sources du Flagot，$）是一款带有泥土气息、酒味浓烈的白中白年份香槟，与来自白丘的霞多丽截然不同；而**季节灵感**（Inspiration de Saison，$）则是由霞多丽、莫尼耶酿造的年份干香槟。而酒窖的明星是**莫尼耶老藤香槟**（$$）。这是一款来自同一地块的三片区域（分别种植于 1942 年、1962 年、1966 年）的单一园莫尼耶香槟。它芳香浓郁，带有盐味余韵，展现老藤葡萄紧致的同时又保持了精妙的平衡与细腻。

帕斯卡尔·阿格帕特
阿格帕特父子酒庄

米歇尔·阿尔奴酒庄
MICHEL ARNOULD ET FILS
兰斯山

米歇尔·阿尔奴（Michel Arnould）在 20 世纪 60 年代开始灌装香槟，1985 年将其韦尔兹奈的酒庄移交给了儿子帕特里克管理。如今，米歇尔·阿尔奴总共种植了 30 英亩（12 公顷）的葡萄，酿造出体现韦尔兹奈特色的精良香槟。他在韦尔兹奈的几乎每个主要葡园种植区都拥有葡萄藤，不过，村庄北部山脚莱瓦特（Les Voiettes）附近区域尤为重要，因为米歇尔竭力与在本区拥有葡园的酒商交换地块以便兼并更多土地。我尤其喜欢阿尔奴的年份香槟**葡园记忆**（Mémoire de Vignes，$$$），它专以超过 40 年的黑比诺老藤葡萄酿成。葡萄来自韦尔兹奈某些享有盛誉之地，包括邻近著名磨坊（风车）的莱库蒂尔，位于同名山坡底部的莱波唐斯，韦尔兹奈 80 英尺灯塔下的葡园莱佩尔图瓦（Les Perthois）。葡园记忆是一款纹理丰富、精巧细腻的葡萄酒，展现了韦尔兹奈典型的浓缩风味和紧致结构，在水果味暗调之下还兼具芳香扑鼻的腔调。

小奥布里酒庄
L. AUBRY FILS
兰斯山

双胞胎兄弟皮埃尔·奥布里和菲利普·奥布里在"小山"种植了约 30 英亩（12 公顷）的葡萄，酿造出了奇特、原生态的香槟。他们以保留了被遗忘的古老葡萄品种阿尔巴纳、小梅莉、福满多、白比诺而闻名，并借此产出迷人的葡萄酒，例如用香槟区全部 7 种葡萄混酿而成的**勒农布雷德多**（$$）。

勒农布雷德多萨布莱白中白香槟（Le Nombre d'Or Sablé，$$）由三种白色葡萄阿尔巴纳、小梅莉、霞多丽（以此得名"白中白"）低压装瓶而成；风格类似的**萨布莱玫瑰**（Sablé Rosé，$$）因其黑比诺经轻微浸渍[2]（Maceration）带来的浅色复古了一种 18 世纪葡萄酒的风貌。奥布里的经典款，例如**非年份干香槟**（$）或**年份象牙乌木**（Ivoire & Ébène，$$）以及**奥布里德亨伯特**（Aubry de Humbert，$$）也不可小觑，由于酒庄的香槟以小众葡萄品种酿成，它们均充满个性与表现力。

保罗巴拉
PAUL BARA
兰斯山

2015 年去世的保罗·巴拉是布齐最杰出的人物以及兰斯山的传奇。自 1833 年起，巴拉家族便在这座村庄种植葡萄，如今，巴拉的女儿尚塔勒（Chantale）负责这座占地 27 英亩（11 公顷）的酒庄。该家族的葡萄酒可谓布齐风土的范本，展现出生长在南向山坡黑比诺的丰润酒体和成熟果味。年份香槟**法国玛丽伯爵夫人**（Comtesse Marie de France，$$）以 2/3 黑比诺和 1/3 霞多丽混酿而成。2004 年，巴拉还打造了史上首款**特别园桃红香槟**（Spécial Club Rosé，$$$）。

巴拉-马松
BARRAT-MASSON
塞扎讷丘

2010 年，一对夫妻档——卢瓦克·巴拉和奥雷莉·马松在塞扎讷最南边的大维勒诺村建立了自己

小农香槟

1971 年，12 家果农 – 酿酒商聚集在一起创立了香槟果农俱乐部（Club de Viticulteurs Champenois），其宗旨为促进酒农香槟——即完全用酒庄自产葡萄酿造的香槟。这是酒农香槟尚默默无闻之时，香槟区首个重要的果农组织。

1999 年，更名为香槟珍宝俱乐部（Club Trésors de Champagne），如今在整个香槟区拥有 28 个会员。过去的岁月中其会员不断变动，而新会员仅能依靠邀请加入。依旧在俱乐部中的创始会员包括保罗巴拉、加斯东希凯和皮埃尔·吉莫内。现在的其他俱乐部明星有马克赫巴与 A. 马尔盖纳，刚刚崭露头角的小穆塞酒庄、穆宗 – 勒鲁也值得留意。

作为俱乐部会员资格的组成部分，每家酒庄都会打造一款代表其最高成就的小农香槟。虽然它可源于任何品种或风土，但只能由最佳年份制作。此外，它还需由酒类专家和酿酒师进行两次盲品以确保符合俱乐部水准。一次发生在基酒阶段，另一次则是陈化三年后的香槟（专家组并非走过场而已，葡萄酒常常遭到否决）。葡萄酒满足要求以后，才被允许装入特制小农香槟瓶（参照 18 世纪设计，在俱乐部中可谓独一无二）内发售。在过去，所有小农香槟共用同一个酒标（华丽的绿色、金色，令人想起 19 世纪法兰西的典雅）。如今，酒农可以自由地设计酒标，不过，小农葡萄酒始终能通过其特殊、矮胖的酒瓶以及酒标上"小农香槟"的字样予以识别。

2015 年，珍宝俱乐部在兰斯布兰格林市场（Boulingrin market）附近开设了一家精品店，它不仅是零售店，亦是葡萄酒品鉴、教育的中心。所有俱乐部会员的香槟在这里都能买到，为这个历史组织提供了绝佳的介绍。

酒农组织

2009 年，拉斐尔·贝勒斯与奥雷利安·拉埃尔特发起了香槟葡萄风土（Terres et Vins de Champagne）组织，邀请一批志趣相投的果农 – 酿酒商（例如帕斯卡尔·阿格帕特、亚历山大·沙图托涅、伯努瓦·拉艾、樊尚·拉瓦尔和伯努瓦·塔兰）参与组织品酒会，试图唤起人们对来自其酒庄的体现风土、精心打造的香槟的关注。2009 年 4 月，17 位酒农在艾伊举办了香槟区首个公开的品酒会，不但提供香槟，还包括非起泡葡萄酒（这在香槟区亦为首次）。品酒会取得了巨大成功，吸引了来自世界各地的专家与游客，该组织（如今有 23 个成员）每年都继续举办此项活动。

受葡萄风土启发，另一批酒农在 2010 年成立了自己的组织（包括德乌、J.-L. 韦尔尼翁、马克赫巴、萨瓦尔与维尔马），自称为香槟匠人（Les Artisans du Champagne）。这 15 家酒农（如今为17 家）在葡萄风土品酒会后的第二天举办自己的类似品酒会，这给了香槟爱好者 4 月到访的另一个理由。第二年，这两场品酒会得到了"品质联盟"（Trait-d-Union）的补充，它由雅克·瑟洛斯、欧歌利屋、热罗姆·普雷沃、牧笛薄衣、雅克森以及罗歇·库隆举办。

如今，由于其他组织也举办了自己的品酒会，4 月的第三周已是香槟区日历上的固定活动期。2016 年的香槟春季品鉴周（Le Printemps des Champagnes）中，各团体举办了不少于 33 场公开品酒会。"香槟风土之手"（Les Mains du Terroir de Champagne）是其中重要的一场，包括诸如雅尼松 – 巴拉东（Janisson-Baradon）、德索萨（De Sousa）、塞利克、埃里克·罗德兹等酒农；"葡萄酒之足"（Des Pieds et des Vins）则云集了一批新晋酒庄，例如巴拉 – 马松、艾蒂安·卡尔萨克、穆宗 – 勒鲁。香槟区最早的果农组织香槟珍宝（参见第 215 页）如今也举办品酒会。尽管不少活动仅对葡萄酒专业人士开放，但它依然成了香槟区人人欢庆之日，为此地带来了活力和关注度。

的小酒庄。他们位于维勒诺及附近的贝通的约 17 英亩（7 公顷）葡萄均为有机种植，正如巴拉指出的那样，这给葡园土壤带来了"良好的动植物群"。巴拉 – 马松的葡萄酒体现了种植区典型的鲜活特征——在白垩土壤的显著特点之外，花香四溢、风味高调，还有着成熟扑鼻的果味。**白垩之花**（Fleur de Craie，$）是一款完全来自贝通的，清爽、带盐味的白中白香槟，而**黏土之谷**（Grain d'Argile，$）是一款更深邃、色调更暗的霞多丽、黑比诺混酿。第三种酒**莱马尔冈内**（Les Margannes，$）部分在橡木桶中发酵，从而赋予了它更好的结构及紧致。

弗朗索瓦丝 · 贝德尔
FRANÇOISE BEDEL
马恩河谷

弗朗索瓦丝 · 贝德尔和她的儿子樊尚在香槟区远西部的马恩河畔克鲁特村及其周边种植葡萄。贝德尔是生物动力法的拥趸，从 1999 年起将酒庄全部 21 英亩（8.4 公顷）葡萄转为了生物动力法种植。据她说，这令葡萄酒"有了一种将自己与品酒者连接的神秘韵味"。她的葡园大部分种植的是本地典型的莫尼耶。本地各式富含黏土的土壤赋予了贝德尔葡萄酒以浓郁的酒体和很高的深度，经过长期陈化后上述特点又能进一步加强。特别有趣的是两款特殊风土的酒：**迪斯万塞克雷**（$$）完全来自石灰石与黏土地块，圆润大气，具有丰饶的果味内核。另一方面，**昂特西埃尔伊泰尔**（$$）来自石灰质黏土，这产生了一款更丝滑、结构更突出的葡萄酒。

贝勒斯父子酒庄
BÉRÊCHE ET FILS
兰斯山

在兰斯山北部的吕德村，拉斐尔 · 贝勒斯与樊尚 · 贝勒斯静静地打造出表现风土特色的优雅香槟，有望竞争本地区最佳。其 22 英亩（9 公顷）葡萄位于香槟区的不同地方——其中三块主要种植区均在吕德附近，以及"小山"奥尔梅的多石风土和马恩河谷左岸马勒伊勒波尔周边区域。部分葡萄藤以生物动力法种植，3/4 的产品以本地酵母在木桶内酿造。非同寻常的是，贝勒斯灌装的一些葡萄酒在二次发酵中使用软木塞而非"皇冠盖"，拉斐尔认为这能为酒带来更佳的深度和复杂性。

从风味饱满、生机勃勃的**非年份陈酿干香槟**（Brut Réserve，$）算起，酒庄的所有葡萄酒均属上乘。贝勒斯的葡萄酒均未经乳酸菌发酵，**莱博勒加尔**（$$）的这种感觉恐怕最为强烈——辛爽、鲜活的同时又表现出兰斯山土壤的丰腴。**马恩河左岸河谷**（Vallée de la Marne Rive Gauche，$$）是一款具备罕见精致的纯莫尼耶香槟，以马勒伊勒波尔附近的莱米西葡园种植于 1969 年的葡萄藤酿成。而**年份香槟勒克朗**（Le Cran，$$$）由来自吕德的两座葡园的黑比诺、霞多丽混酿而成，稳定且具有陈化潜力。酒庄最优雅的葡萄酒当属**坎帕尼亚雷门西斯**（Campania Remensis，$$），这是一款用奥尔梅黑比诺和霞多丽酿造的桃红香槟，精细，体现土壤特色。

沙龙帝皇
BILLECART-SALMON
大河谷

比耶卡尔家族自 1818 年起便在艾河畔马勒伊酿造香槟，如今，弗朗索瓦·罗兰－比耶卡尔和安东尼·罗兰－比耶卡尔（François and Antoine Roland-Billecart）两兄弟代表家族第七代管理该品牌。沙龙帝皇的风格属于最精巧、均衡的之一，并且通过长时间低温发酵保留了大量水果芬芳。尤其引人注目的是它的非年份**白中白香槟**（$$），由首席酿酒师弗朗索瓦·多米将阿维兹、克拉芒、舒伊利、奥热尔河畔勒梅尼勒四个特级园村的葡萄混酿而成。其年份**白中白香槟**（$$$）来自同一风土，但精选了格外丰熟的葡萄，更加浓郁、复杂。**尼古拉·弗朗索瓦·比耶卡尔香槟**（$$$）是该品牌杰出的名酿，通常以 60% 黑比诺和 40% 霞多丽调配而成；它的桃红版**伊丽莎白沙龙**（Cuvée Elisabeth Salmon，$$$$）是香槟区最精致优雅的桃红香槟之一。从 1995 年起，该品牌打造了一款单一园**圣伊莱尔葡园香槟**（$$$$）：风味浓郁、生动，同时受到其雄健结构的制衡，这一纯黑比诺香槟极富个性。

H. 比约酒庄
H. BILLIOT FILS
兰斯山

该酒庄从 20 世纪初便在昂博奈酿造香槟，如今，它由利蒂希娅·比约（Laetitia Billiot）管理。其约 12 英亩（5 公顷）葡萄均位于昂博奈，该村丰熟的果味深深烙印在葡萄酒中，例如**朱莉**（Cuvée Julie，$$）是一款黑比诺、霞多丽在橡木桶内陈化的混酿。**利蒂希娅**（Cuvée Laetitia，$$）是一款始于 80 年代中期的永动名酿，只在最佳年份更新，如今包含超过 20 个不同年份。该酒庄结构丝滑的葡萄酒中，最出色的应是其年份**干香槟**（$$），它同时展现了昂博奈风土中的成熟与白垩矿石的风味。

堡林爵
BOLLINGER
大河谷

该品牌成立于 1829 年，不仅是艾伊最杰出的生产商，亦是整个香槟区最著名的品牌之一。其**丰年香槟**（$$$）是本地区享有盛誉的名酿之一，该品牌以其名为 R.D.（$$$$）的香槟版本率先实践了延长酒泥陈化、推迟发布年份酒的理念。堡林爵一些最优质的葡园是位于艾伊东侧酒厂附近的绍德泰尔和圣雅克。该品牌在此保留了两小片未嫁接的黑比诺葡萄藤，以传统自然压条法（*provignage*，根瘤蚜入侵前在香槟区十分普遍）培育。该技术将葡萄藤主枝埋入土中，以形成与旧枝连为一体的新葡萄藤。一而再再而三，整整一列葡萄藤于地下融为了一体。堡林爵用这些葡萄藤酿造了名叫**法兰西老藤**（$$$$）的黑中白香槟，强力、刺激地展现了黑比诺。不过，在其艾伊葡园中，最著名的当属童丘（Côte aux Enfants），它位于村庄上方山腹升起的斜坡上，面积近 10 英亩（4 公顷）。这里的很多黑比诺被制成红酒调制到其卓越的**丰年桃红香槟**（Grande Année Rosé，$$$）中，不过，有一小部分被作为红色香槟山丘（Coteaux Champenois，参见第 260 页）的非起泡红酒单独装瓶，名为**童丘**（$$$），这是一款浓郁、带有丰熟果味，酒香充溢口腔的葡萄酒。

博奈尔
BONNAIRE
白　丘

该克拉芒酒庄 1932 年由费尔南·布凯蒙（Fernand Bouquemont）创立，如今由他的两位曾孙让 – 埃马纽埃尔和让 – 艾蒂安·博奈尔（Jean-Emmanuel and Jean-Etienne Bonnaire）运营。在酒庄大约 54 英亩（22 公顷）的葡萄中，近半数位于克拉芒。博奈尔酿造了一系列葡萄酒，但最知名的当属其丰腴、带奶油味的白中白香槟，甚至非年份**白中白香槟**（$，通常由克拉芒和舒伊利的葡萄混酿而成）也罕见地宏大、浓郁。年份**白中白香槟**（$$）纯粹由克拉芒葡萄酿成，兼有浓缩的丰熟与辛爽、生机勃勃的结构，适于长期陈化。

弗朗西斯·布拉尔
FRANCIS BOULARD
兰斯山

作为兰斯北部圣蒂耶尔里丘陵屈指可数的果农 – 酿酒商之一，弗朗西斯·布拉尔与他的女儿德尔菲娜（Delphine）以位于丘陵及马恩河谷有机、活机种植的葡园（还有一小块土地在特级园马伊香槟）打造出成熟、体现土壤特色的香槟。酒庄的全部地块均采用本地酵母在各种尺寸的旧橡木桶内单独发酵。由莫尼耶和黑比诺酿成的非年份黑中白**莱米尔吉耶香槟**（Les Murgiers，$）是了解该酒庄风格的绝佳入门产品，而**老藤白中白**（Blanc de Blancs Vieilles Vignes，$）是一款香味浓郁、来自勒穆尔特（le Murtet，位于科尔米西村的沙土、石灰石地块）的单一园香槟。**马伊香槟**

特酿（Grand Cru Mailly-Champagne，$）大部分为黑比诺，展现了这一北向风土的典型白垩紧致；**佩特拉**（Petraea，$$）是一种罕见的在无梗花栎（Quercus petraea）[3] 木桶中酿成的永动名酿，为它增添了一种馥郁的芬芳。最佳为单一园白中白香槟**莱拉谢**（Les Rachais，$$），它来自生物动力法种植的 1967 年霞多丽葡萄藤。这里的沙土带来了生气勃勃的芳香，而在丰富果味之下还有着明显的矿物质盐味。

埃马纽埃尔·布罗谢
EMMANUEL BROCHET
兰斯山

倘若没有埃马纽埃尔·布罗谢的话，兰斯西南方的维莱尔奥诺厄德村将无足轻重，他于 1997 年接手了部分家族葡园。布罗谢的大约 6 英亩（2.5 公顷）葡萄皆位于名为勒蒙伯努瓦的单一地块，自 2011 年后转为有机种植。仅仅 16 英寸（40 厘米）厚的表层土之下便是白垩，布罗谢在此种植了香槟区三个主要葡萄品种。他分片单独种植，并以本地酵母在橡木桶内发酵。

布罗谢香槟成了"小山"涌现的最激动人心的葡萄酒之一，不过一年总产量仅有 1 万瓶，可谓一瓶难求。非年份**勒蒙伯努瓦**（$$）由全部三种葡萄混酿而成，以超天然香槟发售，它始终是一款充满活力、复杂的葡萄酒，被冷峻的矿石风味衬托得更为突出。在最好的年份，他也会酿造少量年份酒。**高级霞多丽**（Les Hauts Chardonnays，$$$）是一款精细、优雅的白中白香槟，源于 1962 年的葡萄藤并

专以"核心库维"（初榨的精髓）不经乳酸菌发酵酿成。**高级莫尼耶**（Les Hauts Meuniers，$$$）是一款年份莫尼耶香槟，亦源于 1962 年的葡萄藤，是一种圆润、表现土壤的葡萄酒，以莫尼耶而言最大限度地描绘了当地风土。

艾蒂安·卡尔萨克
ETIENNE CALSAC
白　丘

2010 年，艾蒂安·卡尔萨克从祖父手中接过 7 英亩（2.8 公顷）的葡萄，在阿维兹郊外开设了一家酿酒厂。他的葡萄均为霞多丽，主要在格罗韦和比瑟伊，虽然未进行认证，但他还是予以有机种植。尽管酿酒的时间并不长，但其香槟依然令我们对这两个默默无闻的村庄有了一亲芳泽的机会。其非年份**勒沙普**（L'échapée Bele，$）过去曾包含少量购买的黑比诺葡萄，但如今已是一款主要来自格罗韦（一些来自比瑟伊）的香槟。它圆润、花香四溢，体现了黏土的影响，虽然同时发布干香槟和超天然香槟两个版本，但后者更令人印象深刻。阿维兹南向、富含白垩的马拉德里葡园（Clos des Maladries）面积仅有 0.4 英亩（16 公亩），由于缺乏拖拉机进入的空间，它一直采用马犁。卡尔萨克曾经用它和比瑟伊霞多丽混酿一款名为**极致白**（Inifiniment Blanc）的白中白香槟，不过未来他要将马拉德里葡园香槟作为单一园葡萄酒发售。另一款单一园香槟来自比瑟伊一块温暖、白垩含量很高的土地，名为**莱罗什福尔**（Les Rocheforts，$$），它在展现大河谷风貌的同时，依然保持了紧致、辛爽的结构。

卡蒂埃
CATTIER
兰斯山

位于基尼莱罗斯的家族品牌卡蒂埃恐怕更以黑桃 A（Ace of Spades，为杰斯 [4][Jay Z] 酿造的豪华香槟阿尔芒·德·布里尼亚克 [Armand de Brignac]）为世人熟知——甚至超过了自家产品。然而，卡蒂埃家族自 1763 年起便在此种植葡萄，从 1918 年开始酿造香槟。该品牌大部分葡萄酒浓郁、富有果味，不过，其**黑中白香槟**（$）更具个性，显示出兰斯山北部幽暗的水果基调与紧致的结构。卡蒂埃最好的酒当属**穆兰葡园**（$$$），它来自邻村吕德一处购买于 1951 年的 5.4 英亩（2.2 公顷）地块。从 1952 年起，卡蒂埃一直用它酿造单一园香槟，最初调和两个不同收获季的葡萄，但从 70 年代后，它便包含 3 个精选的最优年份。这是一款宏大丰足的葡萄酒，结合了花香、果香与泥土的矿石风味。

克洛德·卡扎尔斯
CLAUDE CAZALS
白　丘

尽管该酒庄位于奥热尔河畔勒梅尼勒，其最佳葡萄酒却是**卡扎尔斯葡园**（Clos Cazals，$$$）——来自奥热尔一处 8.6 英亩（3.5 公顷）的地块内最古老的葡萄藤。1995 年，它最初作为一款年份白中白香槟酿造，从 2006 年起，老板德尔菲娜·卡扎尔斯（Delphine Cazals）[5] 用该地块更年轻一些的葡萄藤打造了另一款名为**葡园教堂**（La Chapelle du Clos，$$$）的名酿。卡扎尔斯葡园是一款质感突出、轮

廓分明的葡萄酒，因超过 10 年的酒泥陈化而更加鲜明。自第一个年份以来，后续发售的版本在基调上越发青出于蓝，不过它们似乎并不"长寿"⁶。

居伊·查理曼
GUY CHARLEMAGNE
白 丘

1988 年，菲利普·查理曼（Philippe Charlemagne）从父亲居伊手中接过了这座奥热尔河畔勒梅尼勒的酒庄，如今，他耕耘着 37 英亩（15 公顷）的葡萄，不仅在白丘，还包括塞扎讷丘和维特里。他的**经典干香槟**（Brut Classic，$）和**自然香槟**（$）均来自塞扎讷丘，以霞多丽、黑比诺混酿；而质感更优雅的**白中白陈酿**（$）则来自奥热尔及奥热尔河畔勒梅尼勒。顶级产品**梅尼勒桑**（Mesnillésime，$$），是一款来自查理曼勒梅尼勒最老葡萄藤的年份白中白香槟，就如同其所有葡萄酒一样，尽管它拥有多层的果味深度以及突出的白垩风味以平衡高酸度，却依然鲜活辛爽。

沙图托涅–塔耶
CHARTOGNE-TAILLET
兰斯山

自从 2006 年年仅 23 岁的亚历山大·沙图托涅接手家族的梅尔菲酒庄后，酿造出了香槟区一些最具表现力的葡萄酒。在兰斯西北的圣蒂耶尔里丘陵，梅尔菲村的白垩岩床与兰斯山其余地方并无二致，但这里的白垩埋藏在更薄的沙质表层土下，从而为该村的葡萄酒带来了鲜活的果味及柔顺的纹理。沙图托涅曾短暂地与雅克·瑟洛斯的安塞

尔姆·瑟洛斯共事，后者对他的葡萄种植理念产生了重要影响。他首先专注于保存、表现梅尔菲各种风土的鲜明特色。"梅尔菲的特别之处在于白垩之上有着黏土和沙土，"沙图托涅说，"根系深入地下汲取真正矿物质是很重要的，有时我们的根系达到了超过地下 20 米（65 英尺）。"

沙图托涅的葡萄酒均 100% 来自梅尔菲，首先是鲜活辛爽的非年份圣安妮（Cuvée Sainte-Anne，$）以及优雅、果味浓郁的非年份桃红香槟（$）。然而酒庄的亮点当属展现村庄各风土的单一园香槟系列（详情参见第 135 页）。用未嫁接莫尼耶酿成的莱巴勒斯（$$）在 2006 年首先推出，一年后是来自含较多石灰石地块黑比诺的奥里佐（$$）。厄尔特比兹（$$）一直是沙图托涅果香丰裕的白中白香槟的来源，虽然此地的名字直到 2007 年才写入酒标；[7]莱阿利耶（$$）由嫁接后的莫尼耶酿成，比莱巴勒斯更加轻盈，果味更浓郁。2010 年，沙图托涅又引入了两款单一园香槟：莱库阿尔（Les Couarres，$$）复杂、基调深沉，由 60% 黑比诺与 40% 霞多丽混酿而成；黑比诺香槟库阿尔沙托（$$）则展现了鲜活的红色水果风味以及辛爽、含盐的矿石风味。

加斯东希凯
GASTON CHIQUET
大河谷

这家迪济酒庄自 1919 年起灌装香槟，如今，它由创始人的孙子安东尼·希凯和尼古拉·希凯掌舵。它是家大型酒农酒庄，拥有 57 英亩（23 公顷）的葡萄藤，大部分位于大河谷的艾伊、艾河畔马勒伊、迪济和欧维莱尔。酒庄葡萄藤的平均年龄较高，几乎所有希凯葡园依然采用马撒拉选种（参见"抵抗克隆，"第 79 页）而非无性繁殖，保持着天然的低产量。这些葡萄酒均在酒罐内发酵，因为两位希凯都觉得这里的风土酒体浓郁特色突出，木头会让葡萄酒过于厚重。优秀的非年份传统香槟（Tradition，$）将近一半为莫尼耶，赋予了它宽宏、芬芳的魅力；其中部分经过四到五年额外陈化后以陈酿（$）发售，它明显更为复杂、优雅。希凯的年份干香槟（$$）通常由来自迪济、欧维莱尔（不过有时也会包括马勒伊）的 60% 黑比诺和 40% 霞多丽酿成。艾伊、马勒伊更常出现在小农香槟（$$）中，它始终是酒窖里最优雅精致的酒。从 1950 年起，酒庄还打造了其极佳的艾伊白中白香槟（$），在以黑比诺著称的地区，它是一款罕见的纯粹、能表现风土的霞多丽葡萄酒。

柯桑
COESSENS
巴尔丘

在阿尔克河畔维尔村，热罗姆·柯桑（Jérôme Coessens）自 2006 年起以自己的酒标酿造香槟。他所有葡萄酒均来自一座名叫拉吉利埃（Largillier）的葡园，面积 8.3 英亩（3.4 公顷），位于富含石灰石和石灰性黏土的启莫里阶土壤之上。"和沙布利特级园完全相同。"柯桑说道。然而，与沙布利的葡园不同，拉吉利埃只种植黑比诺。在其南向、东南向的山坡，柯桑区分出四种不同的地块——从白垩含量极高到黏土相对丰富，他在这些地块分别种植，并仅用超过 30 年的老藤黑比诺酿酒。考虑到柯桑的香槟均来自同一葡园，它们展现出了惊人的多样风味：**自然香槟**（$）是这一系列的良好入门，对于"零补液"香槟而言拥有绝佳的平衡性；而**黑中白香槟**（$）表现了更复杂的果味以及更强烈的矿物质风味。他的年份**超天然**（$）甚至更加醇烈，带有丰富的来自土壤的细节，而以放血法酿成的**桃红干香槟**（$）采用了相反的手法，明快、香辛的果味扑鼻而来。

于利斯科兰
ULYSSE COLLIN
莫兰坡

奥利维耶·科兰对安塞尔姆·瑟洛斯鼓励他成为一名酿酒者感激不已。他说，2001 年在雅克·瑟洛斯酒庄的短暂工作成为改变其人生的转折，这促使他收回家族部分外租的葡园。如今，他在莫兰坡北部的孔日村酿造出一系列地域色彩浓厚的单一园香槟。

尽管现在拥有 21.5 英亩（8.7 公顷）葡萄藤，但在 2004 年开始酿酒时，他只有一个地块，因为他觉得其他的需要通过施加有机肥料、改善土壤，令其恢复健康。从那时起，他每年都酿造来自同名葡园的**莱皮耶里埃香槟**（$$），这座白垩葡园的 30 年霞多丽葡萄藤生长于含有黑燧石的土壤上，其葡萄酒具备特有的烟熏味。2006 年，他开始酿造一款浓郁醇厚、来自**莱马利翁**（Les Maillons，$$）的黑中白香槟。该黑比诺葡园位于塞扎讷丘的巴尔邦法耶勒村（Barbonne-Fayel），其土壤为褐色，富含铁质。从 2011 年起，他还打造了一款来自莱马利翁的**浸血桃红香槟**（Rosé de Saignée，$$），这是一种鲜活的葡萄酒，充满紧致的红色水果风味。**莱罗**

伊塞（$$）是一款源于孔日 60 年霞多丽葡萄藤的白中白香槟，其葡园位于一块温暖、南向的山坡。这些葡萄藤采用老式马撒拉选种（参见"抵抗克隆"，第 79 页），产出了罕见的浓郁果实，酿造出较之莱皮耶里埃更加丰腴、强劲的葡萄酒。莱罗伊塞旁边是一座名为**莱昂费**（$$）的东向葡园，表层拥有更少的红色黏土，酿造出一款润滑、果味鲜明的葡萄酒。

罗歇·库隆
ROGER COULON
兰斯山

埃里克·库隆是家族在弗里尼村种植葡萄的第八代，他和妻子伊莎贝尔共同在"小山"培育了 25 英亩（10 公顷）葡萄。虽然他并不相信有机认证（由于抵御霉菌需要大量的铜），但他还是竭力用尽可能自然的方式种植，并且近乎强迫症似的减少产量。他坚决反对葡萄酒酒精度数过高，认为香槟超过 12 度会失之粗鄙。与之相辅相成的是，他灌装的所有香槟（年份酒除外）均压力较低（5 个大气压而非 6 个）——以便令其更加水乳交融，少一些辛烈。库隆完全以本地酵母发酵其葡萄酒并在木桶内陈化其某些最佳地块。他的**奥梅陈酿**（Réserve de l'Hommée，$）是一款宝贵的非年份干香槟，芳香扑鼻，口感浓厚；而年份**干香槟**（$$）每年由同样的两座葡园酿成：黑比诺来自库洛姆拉蒙塔涅村（Coulommes-la-Montagne），而莫尼耶来自格厄种植于 1953 年的未嫁接葡萄藤。库隆的**弗里尼之魂**（Esprit de Vrigny，$$）体现了该村的三种土壤，由沙土区的莫尼耶、黏土区的黑比诺以及白垩区的霞多丽构成；**瓦利耶丘**（Les Coteaux de Vallier，$$）是一款复杂、带盐味的单一园香槟，由产量极低的霞多丽、黑比诺酿成，并在旧橡木桶内发酵。

德索萨父子酒庄
DE SOUSA ET FILS
白 丘

埃里克·德·索萨（Erick De Sousa）在其阿维兹酒庄酿造出的丰腴、突出的香槟，大部分来自白丘生物动力法种植的葡萄。他的将近 25 英亩（近 10 公顷）葡萄藤中，2/3 位于特级园村阿维兹、奥热尔、克拉芒、奥热尔河畔勒梅尼勒、舒伊利，其中许多种植着老藤葡萄：酒庄的平均葡萄藤树龄高于 45 年，70% 葡园则超过 25 年。**陈年科达利佳酿**（Cuvée des Caudalies，$$）是超过 50 年的葡萄藤酿造的白中白香槟，为一款始于 1995 年并包含随后每个年份的永动名酿。它兼具凝脂般丰厚的果味深度与碘酊般的白垩风味，尝起来既浓郁又优雅。埃里克·德·索萨还生产了一种年份**科达利佳酿**（$$$），它也源于老藤，结构更加紧致，口感更加青春。它通常由几个村庄混酿，但他也曾专门以奥热尔河畔勒梅尼勒打造过数个版本。截然不同的是 **3A 名酿**（$），得名于三座村庄——阿维兹、艾伊、昂博奈。[8] 它由等比例的霞多丽、黑比诺共同压榨、发酵而成，是一款丰厚、具有香辛矿物质风味的香槟。

德乌
DEHOURS
马恩河谷

自从 1996 年接受家族酒庄以来，热罗姆·德乌一直酿造着越来越清晰再现马恩河谷左岸的葡萄酒。尽管他在塞瑟伊的酒庄打造了一系列香槟，但最引人注目的还是来自面朝马恩河地块的单一园香槟。**莱热纳夫罗**（Les Genevraux，$$）位于俯瞰河流的山崖上，其地势相对平坦，略微斜向西北，由于靠近河水，导致湿度颇高。德乌在这里拥有 50 年的莫尼耶葡萄，酿制出一种圆润、清凛且具备显著矿物质风味的葡萄酒。从莱热纳夫罗略走一段路便是另一处生长着 40—50 年莫尼耶的**拉克鲁瓦若利**（La Croix Joly，$$），它更靠西，有着更多日照，稍稍温暖一些，这似乎体现在葡萄酒丰熟的果园风味中。德乌在**博斯山丘**（La Côte en Bosses，$$）种植了全部三个香槟主要葡萄品种，这片老藤地块位于马勒伊勒波尔坡底，他将它们共同采摘和压榨。**布里瑟费尔**（Brisefer，$$）是个黏土质温暖的地方，凸显出霞多丽的自身特色；**迈松塞勒**（$$）则源于生长在富含铁质黏土的黑比诺葡萄，精细而芬芳。上述所有葡萄酒的灌装数量都不大，通常每个年份少于 2500 瓶，故而不易求得。不过，倘若你能见到，不要犹豫，买下它。

迪耶博瓦卢瓦
DIEBOLT-VALLOIS
白 丘

雅克·迪耶博自 1959 年起便在克拉芒酿酒，虽然如今他已将大部分工作交给了儿子阿诺和女儿伊莎贝尔，但依然积极参与酒庄运营。尽管酒庄扎根于克拉芒，迪耶博的妻子却来自奎斯，其酿造非年份**白中白香槟**（$）与年份**白中白香槟**（$$）的葡萄有高比例来自该村，并与埃佩尔奈、舒伊利和克拉芒的葡萄酒混酿。**高级特酿**（Cuvée Prestige，$）曾经是一款以迪耶博最老葡萄藤酿造的纯克拉芒白

雅克·迪耶博
迪耶博瓦卢瓦

有机与活机香槟

乔治·拉瓦尔在 1971 年获得认证，是有机种植的最早采用者之一。香槟区首个获得活机认证的是弗勒里，他于 1989 年开始进行活机种植。然而，香槟区获得认证的酿酒者少于其他葡萄种植区，这很大程度上是由于寒冷潮湿地区中霉菌持续、致命的威胁，后者很难以有机方式应对。不过，他们的数量正在增加，在 2016 年度香槟生物科学协会（Association des Champagnes Biologiques）举办、有机果农参加的"香槟的泡泡与活力"（Bulles Bio en Champagne）品鉴会上，现身的有机、活机酿酒商不少于 34 家，是有史以来规模最大的一次。

本书中出现的香槟区有机认证酿酒商包括：巴拉－马松、埃马纽埃尔·布罗谢、帕斯卡尔·多克、夏尔·迪富尔、巴尔·弗里松（Val Frison）、于格·戈德梅、伯努瓦·拉艾、马尔盖、玛丽－库尔坦和布鲁诺·米歇尔。杜洛儿亦为有机种植的拥趸，并且在香槟品牌中首个发布有机认证香槟酒。

弗勒里之外，香槟区的重量级活机种植拥趸包括：弗朗索瓦丝·贝德尔、奥利维耶·奥里奥、牧笛薄衣、大卫·勒克拉帕、勒克莱尔－布里昂、弗兰克·帕斯卡尔以及"威特 & 索比"。现今香槟区拥有最多土地的活机果农是路易王妃，当前以生物动力法培育了 185 英亩（75 公顷）葡萄藤并计划至 2020 年实现 247 英亩（100 公顷）的目标。

中白香槟，但如今它含有少量舒伊利与奥热尔河畔勒梅尼勒的葡萄。不过它依旧是一款十分具有个性、精巧的葡萄酒，以三个不同年份调制而成，并部分地在古老大橡木桶内陈化。自1995年以来，迪耶博的**热情之花**（$$$）成了酒庄的"当家花旦"，完全由克拉芒最佳风土上的老藤葡萄酿制而成。它是一款要求很高的香槟，需要漫长的岁月方能充分展现其复杂性和深度，今天甚至其20世纪90年代的最初年份也依然保持着青春活力。

唐培里侬
DOM PÉRIGNON
埃佩尔奈

1921年，酩悦香槟首发了唐培里侬香槟，1936年又作为"名酿"发布，它可能是世界上最著名的香槟。如今，**唐培里侬**（$$$）是路威酩轩集团（LVMH）[9]内的一个独立品牌，领军的首席酿酒师为1990年便加入的夏尔·若弗鲁瓦。虽然唐培里侬香槟产量甚大，既使用外购葡萄也采用酒庄自产葡萄，但它始终以下列9座村庄的核心葡园群为基础：霞多丽来自白丘的舒伊利、克拉芒、阿维兹和奥热尔河畔勒梅尼勒；黑比诺来自马恩河对岸的艾伊、布齐、马伊香槟、韦尔兹奈与欧维莱尔。一款典型的唐培里侬香槟调制中的霞多丽略多于黑比诺，不过实际调配还要依照该年份的特性。它是一种极具陈化潜力的香槟，实际上需要长期陈化方能达到最佳，可讽刺的是，大部分在"青年期"就被喝掉了。它一直追求着返璞归真（不惜一切代价避免氧化），这导致它成长非常缓慢，需要数十年方能尽显其复杂性与深度。随着P2（$$$$）和P3

（$$$$）的发售（它们是经过了后期进化的更古老年份酒），该品牌也认可了这点。唐培里侬香槟展现了显著的持久风格，与此同时，若弗鲁瓦也在通过掌握气候与酒文化的当代变化来不断发展葡萄酒的精细。**唐培里侬桃红香槟**（$$$$）便可见一斑，是香槟区最佳桃红酒之一。它紧而不滞，极为精致、复杂，我觉得与昔日传奇年份相比，如今的桃红酒具备陈化潜力的已经凤毛麟角了。

帕斯卡尔·多克
PASCAL DOQUET
白 丘

在以父母的酒标多克 – 让迈尔（Doquet-Jeanmaire）酿造20年香槟后，帕斯卡尔·多克于2004年创立了其同名的韦尔蒂酒庄。如今，他种植着30英亩（12公顷）的有机葡园，其中12英亩位于白丘南部，其余的在东面的维特里。与许多果农不同，他在葡园内长期保留着遮盖作物，支持最大限度的生物多样性。他悉心照料各式植物，他说，天然植被充分展示了其下土壤的特质。多克酿造了一系列香槟，以年份、非年份方式单独灌装不同风土。非年份**地平线香槟**（$）是一款来自维特里，果味浓郁、鲜明的白中白香槟，而**一级园**（$）来自白丘的韦尔蒂、贝尔热莱韦尔蒂以及艾梅山。他的非年份**奥热尔河畔勒梅尼勒**（$$）彰显了特级园的资质，在复杂性与精巧性上有所提升。他的三种年份香槟重演了类似的区别。**艾梅山**（$$）润滑、香辛，以一种燧石风味著称，而**韦尔蒂**（$$）来自山坡中部精选地块，酒体更丰满，更浓烈。三种中最大气、最复杂的当属**奥热尔河畔勒梅尼勒**（$$$），由超过90

年的葡萄藤酿成。它兼具力度与精巧，与其他两种相比，表现出该特级园风土更佳的深度与复杂度。

多农
DOSNON
巴尔丘

2004 年，在继承其祖父在老家阿维雷兰热的一些葡园后，戴维·多农开设了自己的酒商品牌。它初名多农与莱帕赫（Dosnon et Lepage，因其前合作伙伴西蒙–查理·莱帕赫 [Simon-Charles Lepage] 而得名），自 2014 年更名为多农。多农在阿维雷兰热村拥有 5 英亩（2 公顷）葡萄，并从村庄周边区域的额外 12 英亩葡园购买葡萄。他以购于普里尼–蒙哈榭（Puligny-Montrachet）[10] 的二手木桶发酵，同时尽可能使用本地酵母，不过他在酿酒时却不拘一格。多农的葡萄酒精良、圆润，浓郁而均衡。他的**布朗什收获**（Récolte Blanche，$$）是一款基于邻村波利西霞多丽地块的白中白香槟，其丰富果味与持久的燧石风味形成了鲜明对比。它对应的黑中白版本**黑色收获**（Récolte Noire，$$）由来自阿维雷兰热的黑比诺酿成，圆润、鲜活的结构中展现了丰熟的水果深度。该系列的顶级产品**阿利亚**（Alliae，$$$），由单一收获季的黑比诺、霞多丽混酿而成（虽然并未标注年份），每年均能体现该收获季的特色。

杜瓦亚尔
DOYARD
白　丘

作为一名第十二代葡萄果农，查理·杜瓦亚尔（Charks Doyard）的家族种植史可上溯至 1677 年。

他的父亲扬尼克（Yannick）从 1979 年起就在家族酒庄酿酒，如今，他正将父亲奠定的基业发扬光大，包括生物动力法，保存老藤，以及对橡木桶的合理利用。他的非年份白中白香槟**葡月佳酿**（Cuvée Vendémiaire，$）是一种韦尔蒂、奥热尔河畔勒梅尼勒、奥热尔、阿维兹以及克拉芒葡萄的混酿，而**革命**（$）则是源自阿维兹、奥热尔、克拉芒和奥热尔河畔勒梅尼勒的特酿。杜瓦亚尔的年份**白中白**（$$）主要来自阿维兹，其余的来自克拉芒、奥热尔河畔勒梅尼勒以及奥热尔。少见的浅色年份**帕特里奇之眼**（Oeil de Perdrix，$$）勉强算是一款桃红酒，由源自艾伊，缓慢榨取的黑比诺葡萄酿成。这是一款丝滑、馥郁的香槟，与众不同。从 2008 年起，杜瓦亚尔开始灌装来自酒庄背后一座种植于 1956 年的霞多丽葡园的**阿贝葡园**（Clos de l'Abbaye，$$$）香槟。该地块采用生物动力法种植并完全用马匹耕耘，杜瓦亚尔计划每年都以年份酒生产它。它是一款雅致细腻的香槟，体现出一种微妙的差别和复杂性，为不断延长的白丘单一园香槟名录添上了浓墨重彩的一笔。杜瓦亚尔中最不同凡响的葡萄酒当属甜香槟 [11] **浪子**（La Libertine，$$$），其明快的泡沫和提高的甜度有意地重温了 18 世纪香槟酒的精髓。

德拉皮耶
DRAPPIER
巴尔丘

德拉皮耶作为夏尔·戴高乐最喜爱的香槟品牌，从 20 世纪初便在于尔维尔村酿造香槟，是巴尔丘为数不多长期经营的酿酒商之一。米歇尔·德拉皮耶

自 1979 年起作为家族第七代的代表在当地种植葡萄的，并管理该品牌，如今，他得到了其子女沙利纳、雨果、安东尼的协助。除了处理霉变，他们的葡萄完全有机种植，葡萄酒在各种尺寸的不锈钢桶内发酵，得以让不同地块单独进行酿制。德拉皮耶最著名的葡萄酒之一是浓郁多汁的**自然香槟**（$）——由 100% 于尔维尔黑比诺葡萄打造。来自同一地方的精选葡萄被用于酿造**无硫天然香槟**（$）——完全未添加硫黄。虽然来源相同，无硫版尝起来更加复杂，但少了鲜明的果味，以氧化为代价换取了更紧致的矿物风味表现。更罕见的则是**夸托** [12]（Quattuor，$$），以黑比诺、阿尔巴纳、小梅莉和霞多丽混酿而成，创造出一种鲜活、美味的香槟。最好的是年份**大桑德雷**（$$$），源自尔维尔同名葡园——丰熟却不凝重，一直是种精细复杂的香槟，带有当地启莫里阶石灰石土壤的强烈印记。德拉皮耶还酿造了一款**大桑德雷桃红香槟**（$$$），优雅精致，几乎完全用黑比诺葡萄以放血法酿造。

夏尔·迪富尔
CHARLES DUFOUR
巴尔丘

夏尔·迪富尔于 2006 年接手了家族的罗贝尔·迪富尔（Robert Dufour）酒庄，但在 2010 年与其他家族成员分割了葡园。迪富尔在朗德勒维尔建立了自己的酒庄，种植了 15 英亩（6 公顷）有机认证葡萄，尽管其葡园大部分为黑比诺和霞多丽，但也拥有一些超过 60 年的白比诺葡萄藤。比勒德孔图瓦尔（Bulles de Comptoir）是一款非年份超天然香槟（其大部分产品均为此类型），由黑比诺、霞多丽和白比诺混酿而成，为喝早酒（early drinking）设计，充满了爽口的早熟果味。每次发售都会连续编号并赋予新的艺术酒标。到写本书时为止，他发布了四款，**比勒德孔图瓦尔 4 号**（又名维诺拉马〔Vinorama〕，$）主要基于 2013 年份，并混合了 2010 年份、2011 年份陈酿。迪富尔也酿造了少量单一园香槟，通常以本地酵母在木桶内发酵。勒尚杜克洛是位于乌尔克河畔瑟莱的一座南向、拥有厚重黏土的葡园，**勒尚杜克洛白中白**（$$）是一款具备丰富深度及柔化结构的白比诺香槟。**勒尚杜克洛桃红**（$$）由浸泡了两周的黑比诺葡萄酿制，是一款生动、鲜活、充满风味的葡萄酒。**拉舍韦特雷白中白**（La Chevétrée Blanc de Blancs，$$）是一款来自朗德勒维尔多石黏土中的霞多丽香槟，浓郁而又不失含盐矿物质风味。黑比诺葡萄出现在**勒奥德拉吉涅黑中白**（Le Haut de la Guignelle Blanc de Noirs，$$）中，是一款来自朗德勒维尔另一个地方质感优美的香槟。迪富尔香槟均带有显著独特的个性，颇像他本人，此外，它们的包装拥有香槟区最具吸引力的一些酒标。

杜洛儿
DUVAL-LEROY
白 丘

这家著名品牌 1859 年创立于韦尔蒂，生产了广泛的一系列香槟，虽然其中一些遵循传统方式，但另一些则"离经叛道"。我是 AB 干香槟（Cuvée Brut AB，$）的拥趸，这是一款有机认证香槟（AB 为有机农法的缩写），其葡萄购自大卫·勒克拉

帕、伯努瓦·拉艾、巴尔·弗里松以及巴拉－马松等酒农。另一款值得追寻的是杜洛儿的名酿年份酒**香槟之女**（Femme de Champagne，$$$）。尽管每次发售都会改变配方，但主要成分还是来自舒伊利、阿维兹、奥热尔与奥热尔河畔勒梅尼勒的霞多丽，其余的则是来自布齐和艾伊的黑比诺，它们创造出了一种紧致浓郁而又丝滑精巧的葡萄酒。**香槟之女放血法桃红版**（Femme de Champagne Rosé de Saignée，$$$）是一种来自布齐，浓烈、复杂的黑比诺香槟，适合与大餐相配。杜洛儿还酿造了一系列特殊风土的葡萄酒，如风味浓厚、口感醇和的年份**奥特蒂屈米埃黑中白香槟**（Authentis Cumières，$$）。**奥特蒂小梅莉**（Authentis Petit Meslier，$$$）来自马恩河谷旺特伊，它是据我所知少数纯小梅莉香槟之一。它在木桶内发酵，丰熟馥郁，具有大黄、接骨木浆果、香甜药草的野味。其中最佳当属来自韦尔蒂上坡同名葡园的**布弗瑞葡园**（Clos des Bouveries，$$）。它是一片早熟、东向，有机种植着 50 年至 70 年霞多丽的地块，该葡萄酒展现了韦尔蒂典型的柔和、优雅的构造，但还蕴含了某种丰熟以及白垩驱动的复杂性。2002 年份的首次发售版体现了那个伟大年份的深度与精细；2004 年份则更为柔滑、辛爽；尽管 2005 年是个炎热、成熟的年份，但却保持了突出的均衡性。

欧歌利屋
EGLY-OURIET
兰斯山

弗朗西斯·欧歌利自 1982 年起便在这家著名的昂博奈酒庄酿酒，如今在果农－酿酒商间，他在该地区的声望仅次于安塞尔姆·瑟洛斯。他的 30 英亩（12 公顷）葡萄中，20 英亩（8 公顷）位于昂博奈，其余的在布齐、韦尔兹奈，还有 5 英亩（2 公顷）的莫尼耶葡萄在"小山"的弗里尼——用来酿造香辛、口感丰富的**弗里尼葡园**（Les Vignes de Vrigny，$$）。得益于老藤和低产量，欧歌利屋始终收获有少见的高成熟度葡萄，他将其一半放入购自勃艮第的多米尼克·洛朗（Dominique Laurent）的橡木桶内酿造。一旦葡萄酒装瓶，它们将进入漫长的酒泥陈化期，他相信这有益于发售后的进一步陈化潜力。

欧歌利屋的香槟浓烈馥郁，同时又兼具优异的复杂性与精巧性。补液极少，通常在每升 1 至 3 克，这增添了上述葡萄酒"特立独行"的个性。他的非年份**传统干香槟**（$$）鲜活、风味浓郁，以 70% 黑比诺和 30% 霞多丽混酿而成。类似的调配也用在其**桃红干香槟**（$$$）的基酒上，它还掺入了约 8% 的红葡萄酒。他的其他香槟全部来自昂博奈：**V.P. 超天然香槟**（V. P. Extra Brut，$$$）经历了额外的长期酒泥陈化（V.P. 是长期陈化 [*vieillissement prolongé*] 的缩写），通常为期 5 至 6 年，这增加了它的复杂和优雅；欧歌利屋的年份**干香槟**（$$$）在发布前甚至陈化了 10 年之久。它最佳的葡萄酒为**黑中白特酿**（$$$），是一款由生长于昂博奈顶级地块莱克雷埃白垩土壤中的黑比诺老藤酿造的单一园香槟。这些葡萄种植于 1946 年和 1947 年，生产出紧致、浓郁而又不乏活力、精巧的葡萄酒。欧歌利屋的年份**昂博奈胭脂**（Ambonnay Rouge，$$$）亦颇受推崇，是香槟区最深邃、最浓郁的红酒之一。

纳塔莉·法尔默
NATHALIE FALMET
巴尔丘

纳塔莉·法尔默是奥布河畔巴尔新兴酒庄之一，她是一位酒类学家、酿酒顾问，从 2008 年开始以自己的酒标酿造香槟。法尔默在巴尔丘（以及香槟区本身）东部边陲的鲁夫雷莱维盖生产鲜活、风味浓郁的香槟，大部分来自黑比诺，不过她也种植了少量霞多丽与莫尼耶。法尔默的**自然香槟**（$$）是一款来自单一园（虽然未在酒标注明）的纯黑比诺香槟。**勒瓦尔科尔内**（Le Val Cornet，$$）是一款令人印象深刻的单一园香槟，由来自 35 年的老藤葡萄制成。在这里，黑比诺种植于山坡上部而莫尼耶位于底部，法尔默等比例混酿两种葡萄，并将部分葡萄酒置于木桶内发酵。2009 年份柔滑馥郁，丰熟果味与其下的冷峻相得益彰，之后的年份也具备潜力。2010 年，她单独以勒瓦尔科尔内的莫尼耶葡萄酿造了 **ZH302 之土**（Parcelle ZH302，$$$），展现了一种更深邃的风味以及芬芳、源于土壤的复杂性；她随即在 2012 年又打造了另外两种勒瓦尔科尔内特选精品，霞多丽款称作 **ZH303 之土**（$$$），黑比诺款称作 **ZH 318 之土**（$$$）。

弗勒里
FLEURY
巴尔丘

位于库尔特龙的弗勒里酒庄可上溯至罗贝尔·弗勒里（Robert Fleury）以"酿酒果农"身份制造香槟的 1929 年，不过其父埃米尔至少从 1895 年起就在当地种植葡萄了。1962 年，罗贝尔之子让-皮埃尔接手了品牌并开始逐步转向天然种植。1970 年，他停止使用除草剂和所有非有机肥料，1989 年，他成为香槟区采用生物动力法的第一人。到 1992 年，他将整座酒庄转变为生物动力法种植，如今，弗勒里依然是香槟区最积极的生物动力法拥趸之一。自 2009 年以来，让-皮埃尔获得了儿子塞巴斯蒂安的协助，其弟伯努瓦也扮演了积极的角色。

如今，弗勒里在库尔特龙周边种植了 37 英亩（15 公顷）葡萄，并购买将近 20 英亩（8 公顷）葡萄，后者亦为生物动力法种植。从 1996 年起，让-皮埃尔·弗勒里只采用本地酵母，其大部分产品在木桶内发酵。弗勒里的香槟倾向于丰腴、大气，**9 号奏鸣曲**（Sonate No. 9，$$$）便是一个范例，体现出奥布省黑比诺的丰熟，却又潜藏着香辛、野性，并具有稳定的结构。该品牌其他系列，从浓郁的**黑中白香槟**（$）到芳香四溢的年份**博莱罗**[13]**香槟**（Boléro，$）均以其一致性而令人侧目。由 25 年葡萄藤制成并在木桶内发酵的单一园白比诺香槟**诺泰斯布朗什**（Notes Blanches，$）亦是如此。

巴尔·弗里松
VAL FRISON
巴尔丘

1997 年，瓦莱里·弗里松接手了阿尔克河畔维尔的将近 15 英亩的家族葡园，不过继续将葡萄出售给当地合作社。2003 年，她与前夫蒂里·德·马尔纳一起将其地块转为有机种植，并于 2007 年在朋友威特 & 索比的贝特朗·戈特罗的帮助下，酿造了自己的第一款香槟。起初，他们以酒标"德

马尔纳 – 弗里松"发售葡萄酒，但德·马尔纳在2013年离开了，2015年，酒庄更名为巴尔·弗里松。弗里松大部分葡萄为黑比诺，仅有 1.24 英亩（50 公亩）的霞多丽。她将所有地块的葡萄单独酿造，并在二手沙布利木桶内以本地酵母发酵，打造出了三款不同的香槟（均为天然）。**古斯坦**（Goustan，$）是一款来自几个地块的纯黑比诺香槟（但 2007 年为黑比诺、霞多丽混酿），以丰富的红色果味以及凛冽的矿物质风味著称。相比而言，**拉洛赫**（Lalore，$$）是一款单一园白中白香槟，来自名为莱科塔纳（Les Cotannes）的霞多丽地块，它位于波特兰土壤之上，而非当地更常见的启莫里阶土壤。尽管它丝滑多汁，但又受到辛辣矿物质风味的约束，从而增添了复杂性。最后，**埃利翁**（Elion，$$）是一款添加少量硫的桃红香槟，令它在锋芒毕露的红色果味之余具备了一丝坚果味氧化。

加蒂努瓦
GATINOIS
大河谷

皮埃尔·舍瓦尔（Pierre Cheval）担任这家艾伊酒庄老板已有 30 年，生产来自艾伊温暖、南向山坡的鲜活、浓郁的葡萄酒。"它们是为美食打造的，而非那些围坐游泳池之人。"他曾这样说。他还是当地政治（无论社区还是葡萄酒世界）的活跃分子，对香槟区于 2015 年成功列入联合国教科文组织世界遗产候选名录做出了贡献。但在这场胜利后不久，他便于 2016 年 1 月不幸离世了。他的儿子路易·舍瓦尔从 2010 年起执掌酒庄，代表其家族第十二代在当地种植葡萄。加蒂努瓦的全部 17 英亩（7 公顷）葡萄均位于艾伊，散布在其中超过 27 个地块中，其中不乏该村的最佳地块。和父亲一样，舍瓦尔尽可能少地干预其葡萄酒，没有澄清、筛选或冷却稳定，并采用手工吐泥。他的非年份香槟**传统**（$）以其细腻丰熟及优雅白垩风味高度展现了艾伊的特色；其中一部分在酒泥中额外陈化一年并以**陈酿**（$）为名发售。加蒂努瓦的年份**干香槟**（$$）在最佳年份酿造，常常以名为"艾伊比诺"的黑比诺历史变种为原料，它以精巧长寿著称。加蒂努瓦还以**艾伊红**（Aÿ Rouge，$）闻名，这是一款拥有罕见复杂性与质地的红色"香槟山丘"（参见第 260 页）。

勒内·若弗鲁瓦
RENÉ GEOFFROY
大河谷

虽然勒内·若弗鲁瓦之子让 – 巴蒂斯特手中的这座家族酒庄已迁移至艾伊，但若弗鲁瓦家族的根在屈米埃（从 17 世纪便在那里种植葡萄）。若弗鲁瓦 35 英亩（14 公顷）葡萄中的 11 英亩位于屈米埃并特别看重可持续性种植。杰出的非年份香槟**表达**（Expression，$）充分体现了若弗鲁瓦的浓郁风格，同时具备果味深度及鲜活的结构。有两种呈现屈米埃的佳酿：**厄姆帕特**（Empreinte，$$，意为足迹或印记）以该村标志性的黑比诺葡萄为主，是一款复杂多面、风味浓厚的香槟，表现了屈米埃的丰熟及其白垩矿物质风味。**快感**（Volupté，$$$）是厄姆帕特的姊妹款，改变了品种比例，霞多丽占优。它在展现屈米埃方面毫不逊于厄姆帕特，有如加斯东希凯的艾伊白中白香槟，无愧其血统，刻画了一幅红酒风土中的霞多丽肖像。**莱乌特郎**（$$$$）来自

同名的多石黏土地块，若弗鲁瓦称之为屈米埃最早熟的葡园。受阿尔萨斯的让－米歇尔·戴斯（Jean-Michel Deiss）的伴生种植哲学启发，不仅种植了黑比诺、莫尼耶和霞多丽，还包括阿尔巴纳、小梅莉。若弗鲁瓦出产全部五个品种的混酿，将它们共同采摘、压榨以便消弭品种特性而突出风土。

皮埃尔·热尔巴伊
PIERRE GERBAIS
巴尔丘

奥雷利安·热尔巴伊是其家族在乌尔克河畔瑟莱种植葡萄的第八代、酿酒的第四代。从 2009 年起，奥雷利安便与父亲帕斯卡尔一同工作，不过他已经渐渐在酒庄中注入了自己的印记。皮埃尔·热尔巴伊最令人吃惊的方面是白比诺占到了其大约 43 英亩（17.5 公顷）葡园的近 1/4，令它成为香槟区最重要的白比诺酿造商。传统上，白比诺种植于乌尔克河畔瑟莱，因为该村位于潮湿、多霜冻的河谷，白比诺较之霞多丽或黑比诺更能应对这种环境。热尔巴伊灌装了一款名为原初（L'Originale，$$）的纯白比诺香槟，它来自两个地块中 60 年至 80 年的葡萄藤。这是一款微妙、多层次的葡萄酒，就其品种而言实现了罕见的复杂性与细节。

热尔巴伊的所有香槟都得到了精妙的调教，兼具丰熟风味与鲜活高雅。名望（Prestige，$）是一款纯霞多丽白中白香槟，来自温暖、南向山坡与凉爽、北向山坡以试图实现丰熟与酸度的理想均衡。另一款热尔巴伊名录中我喜爱的葡萄酒是无硫香槟果敢（L'Audace，$$），由来自圣玛丽（Sainte-Marie）的

黑比诺老藤酿成。如同世上许多最佳无硫葡萄酒相仿，它不仅触动人的味觉、嗅觉，还能调动人的触觉，直达脏腑。

皮埃尔·吉莫内
PIERRE GIMONNET
白　丘

吉莫内酒庄的多数葡萄藤位于奎斯、克拉芒和舒伊利，其出产的香槟为白丘北部的典范。吉莫内家族从 1750 年起就在香槟区种植葡萄，而皮埃尔·吉莫内于 1935 年开始在奎斯酿酒。如今，他的孙子迪迪埃·吉莫内和奥利维耶·吉莫内负责这家酒庄，耕种着 70 英亩（28 公顷）的葡萄。老藤是吉莫内哲学中的重要一环：酒庄葡萄藤平均树龄 35 年，在特级园，70% 葡萄藤超过 40 年。酒庄最老的葡萄藤来自两个克拉芒地块——丰杜巴托，种植于 1911 年，布韦松，种植于 1913 年——它们通常被用作吉莫内小农香槟的基酒。

吉莫内柔和、鲜活的非年份白中白香槟（$）始终百分之百来自奎斯，不过，酒庄大部分年份白中白香槟都按照不同比例混合了三个村庄的葡萄。例如，美食家（$$）中舒伊利占比甚高，因为该村丰熟、前倾的果味有助于令混酿博得年轻人的青睐。酒庄的传统年份香槟弗勒龙（Fleuron，$$）平衡了舒伊利的柔滑浓郁以及克拉芒的结构和矿物质风味；这种混酿的一部分在酒窖中陈化更长时间并以零补液品酒家（Oenophile，$$）发布。吉莫内的顶级混酿小农香槟（$$）更倚重克拉芒，造就了一种复杂、值得陈化的香槟。2012 年，吉莫内首度酿造了来自

克拉芒、舒伊利、奥热尔的单一园小农香槟，这为我们提供了少有的独立品鉴吉莫内葡园的机会。

亨利·吉罗
HENRI GIRAUD
大河谷

这一艾伊品牌以丰熟大气的香槟著称，可溯源至 17 世纪。如今它由克劳德·吉罗（Claude Giraud）掌舵，在艾伊种植了 22 英亩（9 公顷）葡萄，并额外购买葡萄作为补充。非年份香槟**吉罗之魂**（Esprit de Giraud，$）圆润而酒体丰满，稀少的非年份香槟**致敬弗朗索瓦·埃马尔**（Hommage à François Hémart，$$）完全来自艾伊，展现了一种更柔滑的结构与鲜活的深度。**黑色代码**（Code Noir，$$$）是一款纯粹用艾伊黑比诺酿成的丰熟、充盈口腔的香槟，为了纪念 2007 年葡萄基因成功解码而得名。1989 年以来，克劳德·吉罗致力于恢复使用阿戈讷森林（Forest of Argönne）的橡木，他相信这能够提升香槟的鲜活。1990 年，他创造了**橡木桶佳酿**（Cuvée Fût de Chêne，$$$$）以展现其努力的成果，它如今是一款奶油般顺滑、大部分由黑比诺酿成的陈年香槟。吉罗的名酿是橡木桶的年份版，名为**阿戈讷**（$$$$），它在华丽、醇和的浓郁之外，更具结构和力道。

于格·戈德梅
HUGUES GODMÉ
兰斯山

戈德梅家族在兰斯山种植葡萄已有五代的时间，从 20 世纪 30 年代起生产酒庄瓶装香槟。于格·戈德梅曾经运营着家族的戈德梅父子酒庄（Godmé Père et Fils），但 2015 年他在韦尔兹奈创立了自己的酒庄，以生物动力法种植了 17 英亩（7 公顷）葡萄。相比酿酒，他更侧重葡萄栽培，不仅有机种植，还在其葡萄藤上涂抹各种草药和精油，他观察到的效果则是丰熟与酸度的共同提升。他的黑比诺葡萄来自韦尔兹奈与韦尔济，体现在其**黑中白特酿香槟**中（Grand Cru Blanc de Noirs，$$）——此酒精巧与力道并重，结构鲜活，带有矿物质风味的幽暗果香，敏锐地表现出北部山区特色。**芬布瓦**（Fin Bois，$$）是其顶级窖藏葡萄酒之一，由来自韦尔兹奈、韦尔济的黑比诺与霞多丽在木桶内发酵酿成。它取材于戈德梅某些最佳地块的老藤葡萄，依托其回味无穷的白垩风味，是一款优雅自信的葡萄酒。**圣马丁原野**（Les Champs Saint Martin，$$$）是一款单一园香槟，精致细腻地演绎出韦尔兹奈风貌。戈德梅在维莱尔马尔默里打造了一款来自**莱阿卢特圣贝**（$$$）的单一园霞多丽同名香槟。戈德梅在这里的葡萄藤有将近 50 年，它们酿造出一种极具深度与精巧的葡萄酒，融入了该村的蜡质矿石风味。第三款单一园香槟由来自维尔多芒格的**莱罗曼尼**（Les Romaines，$$$）的莫尼耶制成，是一种反映出当地石灰质土壤丰熟、柔滑的葡萄酒。

戈内－米德维尔
GONET-MÉDEVILLE
大河谷

塞维尔·戈内（Xavier Gonet）来自奥热尔河畔勒梅尼勒一个历史悠久的葡萄果农家族，而他的妻子朱莉·米德维尔（Julie Médeville）来自波尔多，其家族拥有诸如苏玳的吉莱特堡（Château Gilette）[14]、格

拉夫的莱斯彼得 – 米德维尔城堡（Château Respide-Médeville）等资产。两人一起于 2000 年创办了戈内 – 米德维尔酒庄，在比瑟伊村建立了新的酿酒厂。他们 25 英亩（10 公顷）葡园中的一半位于比瑟伊，其余的分布于白丘及兰斯山。大部分收获的葡萄在木桶内发酵，这为戈内 – 米德维尔葡萄酒在丰熟果味之外又带来了雅致口感。非年份**传统**（$）基于来自比瑟伊的霞多丽（较之白丘的更加柔滑、平易近人）酿造；还被加入了黑比诺与莫尼耶以打造出一款鲜活迷人的葡萄酒。美味的**黑中白香槟**（$）也是基于比瑟伊，是黑比诺芬芳馥郁及温润口感的范本。戈内 – 米德维尔美丽、精妙的**超天然桃红香槟**（$$）同样不容错过，它大部分基于奥热尔河畔勒梅尼勒的霞多丽葡萄并用来自昂博奈的红酒上色。更能表现勒梅尼勒的是来自**尚德阿卢埃特**（$$$）的单一园香槟——一款浓郁又紧致的白中白。而来自昂博奈**拉格朗德吕埃勒**（$$$）的单一园黑比诺香槟展现了丰熟果味的深邃以及紧致、复杂的矿物质风味。这两座葡园又共同打造了一款细腻、优雅的**泰奥菲勒佳酿香槟**（Cuvée Théophile，$$$）。

马克赫巴
MARC HÉBRART
大河谷

大河谷最佳酒庄之一，自 1997 年起由让 – 保罗·赫巴掌舵。赫巴拥有散布于不同村庄的 37 英亩（15 公顷）葡萄园，尽管大部位于大河谷，但亦有舒伊利、瓦里、阿维兹这样的例外，还有一小块在卢瓦。他采用有机堆肥等方法尽可能避免使用人造手段，并将地块单独酿酒以保持其地域特性。他的

陈酿（$）作为非年份干香槟拥有非同寻常的复杂度和精致性，不过，真正的价值在于其另一款香槟**遴选**（$），这是一款专门以艾河畔马勒伊黑比诺老藤地块及舒伊利、瓦里的霞多丽制成的珍贵非年份佳酿。赫巴富有表现力的**白中白香槟**（$）大部分取材于艾河畔马勒伊的霞多丽葡萄，这赋予了它一种大气、丝滑的浓郁以及泥土矿物质风味。在本地区，他还以其出色的**桃红香槟**（$）闻名，均来自艾河畔马勒伊：既柔和又芬芳，平衡了丰富的果味与凛冽、带盐味的白垩风味。2004 年，他选取来自艾伊的老藤黑比诺与来自舒伊利蒙泰居、瓦里拉贾斯蒂斯（La Justice）的霞多丽打造了**左岸 – 右岸香槟**（Rive Gauche-Rive Droite，$$$）。它以本地酵母在木桶内发酵，是一款具备高度复杂性和精巧性，令人激动的香槟。它与其**小农香槟**（$$）形成了耐人寻味的对比，后者选用了相似的葡萄但在酒罐内发酵：小农香槟通常更为芳香优雅，而左岸 – 右岸则沉郁、神秘，需要更多时间去绽放。赫巴最新产品为**白垩婚礼**（Noces de Craie，$$$），一款来自艾伊地块老藤的黑中白香槟。它优雅地彰显了地方特质，具备醒目的复杂性以及细腻浓缩的果味深度。

哈雷
CHARLES HEIDSIECK
兰　斯

夏尔·埃德西克于 1851 年创立他的香槟品牌时，年仅 29 岁。他数度前往美国宣传其葡萄酒，早在 1852 年便造访了纽约，据说他是一个富有魅力的公

（下页）洛朗·克利凯与让 – 埃尔韦·克利凯
雅克森

子以及香槟大使。美国内战期间，在他多姿多彩的美国冒险中，却有一段不幸的新奥尔良之旅——他被指控为间谍，被投入了牢狱。然而，其美国之行是成功的，他声名远扬，赢得了一个绰号香槟夏尔。

1785 年，夏尔的叔祖父弗洛朗·路易·埃德西克创立了最终演变为白雪的香槟品牌。1988 年，两个品牌合二为一。如今，它们共享兰斯的酿酒设备、葡园及购买的葡萄，不过，它们保留了独立的商标还有两位不同的首席酿酒师。哈雷复杂精致的**陈酿干香槟**（$）是市面上最佳非年份香槟之一，并且是混酿的典范。考虑到其中 40% 为平均 10 年的优质陈酿，所以价值不菲。哈雷的全部香槟都值得入手，但尤其吸引人的是**千禧白中白香槟**（$$$），这款白中白名酿以克拉芒、阿维兹、奥热尔、奥热尔河畔勒梅尼勒、韦尔蒂葡萄混酿而成。它口感浓郁，纤细复杂，经历了漫长的酒泥陈化，具备优美的精巧性。

奥利维耶·奥里奥
OLIVIER HORIOT
巴尔丘

里塞桃红酒（参见第 205 页）的称谓已经算是隐晦不清了，但勃艮第木桶发酵的单一园生物动力法里塞桃红酒甚至更加晦涩。当奥利维耶·奥里奥于 2000 年开始酿酒时，他并未制造香槟。然而，他空前地捍卫了里塞桃红酒的称号，其葡萄酒亦可谓绝无仅有。奥里奥以两个葡园酿造里塞桃红酒，酒标为**恩巴尔蒙**（En Barmont，$）和**恩瓦兰格兰**（En Valingrain，$），并分别灌装。巴尔蒙朝向东或东

南，有着厚重的黏土层。"巴尔蒙历来红色果味浓郁。"奥里奥说。与之相比，瓦兰格兰朝南，位于更轻薄细腻的黏土上，这似乎产生了更轻盈精致的葡萄酒。"它更加含蓄，"奥里奥说，"需要更多时间成长。"奥里奥酿造了一款来自巴尔蒙的红色**里塞胭脂香槟山丘**（Coteaux Champenois Riceys Rouge，$$，参见第 260 页），丰熟而紧致；甚至有一款来自瓦兰格兰的**里塞白香槟山丘**（Coteaux Champenois Riceys Blanc，$$），有着蜡的质感，凛冽袭人。其实从 2004 年起，他就开始生产香槟：鲜活、芬芳的**塞夫黑中白香槟**（Sève Blanc de Noirs，$）以及紫铜色、带饼干味的**塞夫放血法桃红香槟**（Sève Rosé de Saignée，$）——二者皆来自巴尔蒙。**五种感官**（5 Sens，$$）则是一种由来自其他酒庄霞多丽、黑比诺、莫尼耶、阿尔巴纳、白比诺打造的混酿，果味浓郁而又多变。

于雷·弗雷尔
HURÉ FRÈRES
兰斯山

在吕德兰斯山脉北侧，弗朗索瓦·于雷和他的兄弟皮埃尔经营着家族酒庄于雷·弗雷尔，种植了大约 25 英亩（10 公顷）葡萄。大部分葡园为有机种植，各地块独立培育以确保其特色。如同大部分由黑比诺、莫尼耶酿成的非年份**吸引**（Invitation，$）展现的那样，于雷香槟将浓郁口感和辛爽酸度合二为一。**意外白中白**（Inattendue Blanc de Blancs，$）是来自吕德莱森杰（Les Sentiers）和里伊拉蒙塔涅布朗什瓦葡园的霞多丽混酿而成的香槟，其酒体丰满，风味浓厚，将兰斯山特色展现无余。须

臾（Instantanée，$$）则是一款每年推出，由黑比诺、莫尼耶、霞多丽等比例构成的年份超天然香槟。与之相比，**记忆**（$$）则是一款始于 1982 年的永动名酿，它大部分由超过 30 年的黑比诺、莫尼耶葡萄酒组成，是一款复杂、基调沉郁的香槟，均衡了成熟风韵和原初果味。高端酒方面，于雷一系列名为四元素的作品，指出了高质量葡萄酒的四个要素：葡萄、葡园、年份与酿酒果农。它们均为单一园单一品种年份香槟，第一款发售的为**莫尼耶四元素**（4 Elements Meunier，$$$），来自吕德一座名叫拉格罗斯皮埃尔（La Grosse Pierre）、种植于 1963 年的葡园。它的精致令人印象深刻，并平衡了兰斯山脉的丰熟与柔和、鲜活的结构。

雅克森
JACQUESSON
大河谷

雅克森 1798 年创立于马恩河畔沙隆，是香槟区 19 世纪最重要的品牌之一。它随后衰落并在 1920 年被一名葡萄酒掮客购得，并迁往了兰斯，1974 年克利凯家族买下了它，又迁去了迪济。如今，让－埃尔韦·克利凯和他的兄弟洛朗共同经营该品牌，二人是一对绝配：让－埃尔韦风度翩翩，适于作为品牌的公众代言人；而洛朗的酿酒天赋和精益求精令他适于掌控酒窖。两人齐心打造出了拥有罕见深度与精巧性的葡萄酒。品牌全部葡园均位于大河谷和白丘，还包括从相同村庄额外购入的葡萄。葡园大部分为有机种植，所有地块都单独压榨和发酵。雅克森香槟的特征之一是在大型橡木桶内酿造，希凯说这产生了更佳的复杂性以及芬芳。在该品牌连续

编号的 **700 系列**（$$）中，其大气、充盈口腔的雅克森风格一览无余，是香槟区最好的非年份干香槟之一（参见第 54 页"非年份香槟再思考"）。从**晚吐泥 733 号佳酿**（Cuvée No. 733 Dégorgement Tardif，$$$）开始，又发布了一系列晚吐泥版本，它们展现了更长酒泥陈化带来的香辛的复杂性。三款单一园香槟体现了希凯的风土哲学。第一种是**迪济科尔内博特雷**（$$$$），来自 1960 年种植于山坡高处的霞多丽葡园。尽管理论上此处并非上佳风土，但该葡萄酒却始终优秀，表现出罕见的透明感，尝起来香辛、多石而又自信。在阿维兹，从 2002 年起**尚该隐**（$$$$）开始单独灌装，产出一种既展现阿维兹白垩泥土的精巧与矿物质风味又大气、丰足的香槟。最华丽的当属**艾伊沃泽勒特默**（Aÿ Vauzelle Terme，$$$$），是一款鲜活、多面的葡萄酒，同时勾勒出其风土的紧致与精巧。

雅尼松－巴拉东父子酒庄
JANISSON-BARADON ET FILS
埃佩尔奈

雅尼松－巴拉东创立于 1922 年，是少数位于埃佩尔奈城中的酒农酒庄。西里尔·雅尼松（Cyril Janisson）与他的兄弟马克桑斯（Maxence）是家族管理酒庄的第五代，其 22 英亩（9 公顷）葡萄中的 20 英亩（8 公顷）在埃佩尔奈。葡园不使用化学杀虫剂或除草剂，并且都种植了遮盖作物。部分葡萄酒在橡木桶中酿造，木桶也用于优质陈酿的陈化。雅尼松－巴拉东酿造了一大系列葡萄酒，但最引人关注的还是三款来自埃佩尔奈的单一园香槟。**图莱特**（Toulette，$$）位于白垩黏土之上，其霞多丽

葡萄种植于 1947 年。至少一部分葡萄为霞多丽的一个名为穆斯卡特（*muscaté*）的老品种，它拥有麝香葡萄般的芬芳。**蒂伯夫**（Tue-Boeuf，$$）是一处种植于 1953 年的黑比诺地块，和图莱特一样，它熟透后方才采摘，并于木桶内避免乳酸菌发酵的情况下酿造。它是一款生动、浓郁兼具精巧的葡萄酒，展现出娴熟的平衡性。上述两款的莫尼耶版来自**孔热小径**（Chemin des Conges，$$），葡园位于深厚的黏土之上。它高调而富有果味，轻盈的结构为它注入了活力。

库克
KRUG
兰 斯

该品牌由约瑟夫·库克于 1843 年创立，它当之无愧地享有香槟区最佳之一的声誉。库克只生产名酿（五种各具魅力的香槟）。库克的所有基酒均在 205 升橡木桶内酿造，但仅用于发酵而非陈化。除了酒桶发酵带来的特性，还意味着每个地块分别酿酒，从而令基酒变化多端。库克尤以调配的高超技艺闻名，这赋予该品牌以复杂、精良的香槟风格。讽刺的是，它亦是最早因单一园香槟赢得广泛声誉的品牌之一。**梅尼勒葡园**（$$$$）于 1979 年份首度灌装，它位于白丘村庄奥热尔河畔勒梅尼勒中心，四面围墙环绕。1971 年，作为一笔大宗贸易的一部分，库克获得了这个霞多丽地块，不过，由于其特性令库克单独灌装了它。1995 年，库克又推出了兰斯山脉的对应版本**昂博奈葡园**（Clos d'Ambonnay，$$$$），这是一款精巧与力度并重，鲜活、丝滑的黑比诺香槟。

不过，该品牌葡萄酒大部分为精致复杂的混酿。库克年份**干香槟**（$$$$）依据当年特色，按照不同比例调配三大葡萄品种。然而，由于库克将所有地块葡萄在小木桶内单独发酵，所以风土远比葡萄种类重要——昂博奈与韦尔兹奈均位于兰斯山脉，但他们产出的黑比诺截然不同，并各尽其用。甚至同一村庄的黑比诺都存在变化：2015 年份，库克获得了不少于 35 种昂博奈黑比诺。年份佳酿便来自上述最能体现当年特色的基酒，并且是种相当长寿的酒。每个年份的一部分后来会作为**库克甄选**（$$$$）发售。它们未必都是晚吐泥版本，但酒瓶均处于完美状态——从未离开过酒窖。

然而，库克最复杂多面的葡萄酒非**特酿**（$$$$）莫属，由 6 到 7 个年份的最多达 200 种的不同基酒眼花缭乱地配制而成。库克以收藏广泛的优质陈酿著称，它们最多占到了特酿调制的一半。尽管如此，每种混酿还是明显受其基础年份的影响，如今该品牌将每次发售都在酒标上注明：例如，2008 特酿就被标注为 "164 批次"。每瓶库克香槟在背标上还拥有识别码，你可以进入库克官网或智能手机 APP 获得更多信息。库克的**桃红香槟**（$$$$）也是一款多年份混酿，但它无意与特酿在复杂度上一争长短。相反，它是一款聚焦于优雅精致的香槟，被设计为系列中最轻盈素净的葡萄酒。

库克声名斐然，它的许多历史年份酒位居香槟区最佳葡萄酒之列。其中最近的是 2002 年份干香槟以及 2002 年份梅尼勒葡园，这两款惊人的香槟一定会成为当代经典。然而，随着那些葡萄酒的酿造，

埃里克·勒贝尔
库克

如今库克甚至更加卓越。首席酿酒师埃里克·勒贝尔（Eric Lebel）及其团队是香槟区最佳酿酒师之一，但该品牌的整体远景应归功于玛格蕾斯·恩里克斯（Margareth Henriquez，自 2008 年起任库克主席及执行总裁）。在她的指引下，该品牌似乎重新焕发了活力和雄心，如今变得越发强盛。在过去 20 年中，我品鉴过其大量低度葡萄酒和香槟，我相信即便与 2002 年的梦幻产品香槟相比，该品牌如今酿造的葡萄酒也已称得上青出于蓝。

伯努瓦·拉艾
BENOÎT LAHAYE
兰斯山

伯努瓦·拉艾为兰斯山最佳酒农之一，从 1993 年起便在布齐的酒庄酿酒。到 1996 年，他开始有机种植，在葡园中运用遮盖作物并尝试生物动力法，并分别于 2007 年、2010 年先后获得有机、活机认证。从 2010 年起，拉艾开始大部分用马匹耕种，他亦是香槟区少数实际拥有一匹马的人——一匹巨大、健壮名叫泰晤士的诺苏瓦马（Auxois）[15]。

拉艾的非年份**自然香槟**（$$）是该酒庄的上佳入门酒，显现了一种和谐均衡以及丰熟、鲜活的果味深度，拉艾将其归功于有机种植。同样引人注目并且甚至更加复杂的是年份**超天然香槟**（$$$），它源自布齐托谢尔山、阿尔让蒂埃山的葡园（均种植于 20 世纪 60 年代）。拉艾杰出的**维奥莱纳**（$$$）由不添加硫的霞多丽、黑比诺等比例酿成，是一种细腻鲜活的葡萄酒，风味纯正。他最卓越的葡萄酒**拉格罗斯皮埃尔花园**（Le Jardin de la Grosse Pierre，$$$）

则是一款老藤（大部分种植于 1923 年）田野混酿的单一园香槟。它不仅包含了香槟区的全部七种葡萄，还有一些不被官方认证的爷爷级品种，例如大普隆（Gros Plant）以及各式泰图里（Teinturier）葡萄（甚至拉艾本人也不清楚这里究竟种植了哪些品种以及它们的数量）。1989 年，他继承了这一地块，并在 2009 年首次单独灌装，打造出了一款紧致、能表现土壤复杂性的葡萄酒。

拉埃尔特弗雷尔
LAHERTE FRÈRES
埃佩尔奈丘

拉埃尔特家族至少从 1889 年现有公司创立起便在沙沃库尔库尔种植葡萄。奥雷利安·拉埃尔特从 2002 年开始与父亲蒂埃里、叔叔克里斯蒂安一起在酒庄工作，受奥雷利安影响，其葡萄酒变得越发精致且富有表现力，既体现了拉埃尔特多样的风土，又彰显了奥雷利安对生物动力法、可持续种植的投入。拉埃尔特酿造了多种多样的葡萄酒，均值得入手：其中精品包括**白中白自然**（$），一款大部分源自沙沃库尔库尔的霞多丽香槟，鲜活而富有土壤表现力；一款由 50—75 年葡萄藤酿造的名为**昔日葡园**（Les Vignes d'Autrefois，$$）的纯莫尼耶香槟；以及**印记**（Les Empreintes，$$），一款试图透过生物动力法来展现沙沃库尔库尔风土的黑比诺、霞多丽混酿。**莱博迪耶**（$$）是一款由种植于 20 世纪五六十年代莫尼耶葡萄酿成的单一园放血法桃红香槟，浓郁而多汁。独占鳌头的当属生机勃勃、复杂多面的单一园 **7 号**（Les 7，$$）香槟，由全部 7 种认证葡萄共同压榨、酿造而成。

让·拉勒芒父子酒庄
JEAN LALLEMENT ET FILS
兰斯山

韦尔兹奈最佳果农–酿酒商之一当属让·拉勒芒父子酒庄，它以位于韦尔兹奈、韦尔济将近10英亩（4公顷）的葡萄灌装了少量香槟。让·拉勒芒自"二战"后便开始生产酒庄装瓶的香槟，如今他的孙子让–吕克·拉勒芒（Jean-Luc Lallement）负责该产业。拉勒芒调配两座村庄地块酿造了四种香槟，其葡萄酒始终展现出强烈的个性，以深邃水果基调、柔滑口感、香辛矿物质风味敏锐揭示出兰斯山脉北部的特征。入门级干香槟（$）可能是山脉北部最出色的非年份香槟之一，而专门挑选自超过30年葡萄藤的陈酿（$$）甚至更加鲜活并具有矿物质风味。拉勒芒还打造了一款出色的罗塞陈酿（Réserve Rosée，$$），优雅，干爽，带有白垩风味；近来他们又引入了小批复杂、精致的年份干香槟（$$$）——在初始的2006年份仅生产720瓶。

拉米亚布勒
LAMIABLE
兰斯山

创立于1955年，奥费利耶·拉米亚布勒2006年从父亲让–皮埃尔手中接过了掌舵权。拉米亚布勒是少有的完全源自马恩河畔图尔的香槟之一，为这片特级园风土提供了一幅迷人的画卷。酒庄的天然香槟（$）和超天然香槟（$）和谐雅致，丰熟而又不失之于厚重。然而，酒窖内的明珠当属拉米亚布勒的两款单一园香槟（均来自种于20世纪50年代的葡萄藤）。莱梅莱纳佳酿（$）来自同名南向白

垩葡园的黑比诺，是如今所能获得的马恩河畔图尔香槟的最佳样本。它首次酿造于1996年，是一款鲜活、均衡的葡萄酒，其展现的丰熟类似布齐但宽度、酒体却令人想到大河谷。2006年，拉米亚布勒灌装了第二种来自相邻地块格塞葡园（La Vigne Goësse）的霞多丽老藤的单一园香槟，名为菲里佳酿（Cuvée Phéérie，$$）——展现了一种圆润、柔和的结构及宽度，并得到了柑橘酸味的强化。两座葡园又共同打造了芳香浓郁的海利亚德佳酿（Cuvée Héliades，$$，在橡木桶内酿制）。

朗瑟洛–皮耶纳
LANCELOT-PIENNE
白 丘

吉勒·朗瑟洛（Gilles Lancelot）是一位科班出身的酒类学家，自1995年便在克拉芒家族酒庄内工作，2005年成为负责人。其20英亩（8公顷）葡萄中的一半位于克拉芒、阿维兹和舒伊利，而另一半则在埃佩尔奈南坡与马恩河谷。朗瑟洛香槟鲜活、富有表现力和精巧性。他的圆桌白中白（Table Ronde Blanc de Blancs，$）是一款超值的非年份天然香槟，由白丘特级园霞多丽酿成（"克拉芒的矿物质风味，阿维兹的酸度，以及舒伊利的圆润和果味。"朗瑟洛说）。年份帕尔齐法尔佳酿（Cuvée Perceval，$$）则调配了克拉芒霞多丽与来自蒙泰隆、布尔索尔的黑比诺，打造出一款微妙、优雅，均衡了鲜明红色果味与克拉芒含盐矿物质风味的葡萄酒。酒窖顶级产品为年份玛丽朗瑟洛佳酿（$$），首度生产于1995年份，是一款纯克拉芒白中白香槟。通常以朗瑟洛位于村庄中心一系列地块（产生了一种更加丰

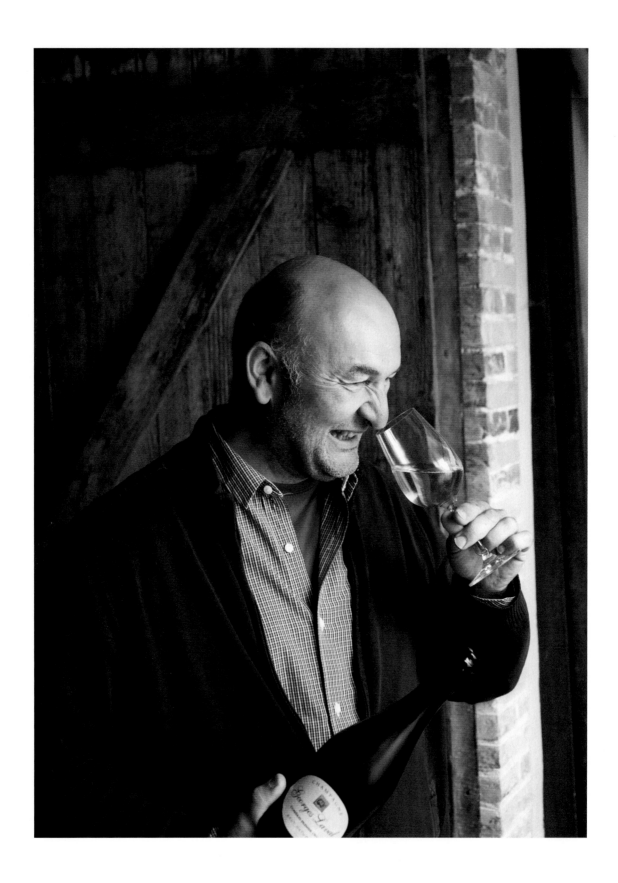

熟的葡萄酒）与邻近奎斯较凉爽的西侧地块（拥有更高酸度）混酿而成。兼具生动、成熟的果味与修长、优雅的白垩构造，是克拉芒的典范，饮用它亦是一桩乐事。

牧笛薄衣
LARMANDIER-BERNIER
白　丘

牧笛薄衣是白丘最佳酒庄之一，自 1988 年起由皮埃尔·拉芒迪耶（Pierre Larmandier）掌舵。如今，他与妻子索菲在韦尔蒂、奥热尔、阿维兹、克拉芒、舒伊利拥有 37 英亩（15 公顷）葡萄，从 2004 年开始，整个酒庄完全以生物动力法种植。牧笛薄衣以罕见的高成熟度收获葡萄并以本地酵母在不锈钢酒罐、酒桶或橡木大桶内酿酒。

牧笛薄衣的每款香槟均展现了一种独特风土。**放血法桃红香槟**（$$）以生长于韦尔蒂村南部富含黏土的黑比诺酿成。颜色深沉，风味浓郁，其酒体和酒劲更像红葡萄酒。两款非年份白中白香槟刻画出土壤的差异：**纬度**（$）大部分源自韦尔蒂南部黏土地块，形成了酒体浓厚的葡萄酒；而**经度**（Longitude，$）来自韦尔蒂、阿维兹、克拉芒、奥热尔以及舒伊利，展现出白垩土的香辛精巧。酒庄的年份香槟甚至更加专精。**韦尔蒂之土**（$$）来自韦尔蒂北部一批相邻的葡园，那里的白垩接近地面，表层土甚少。它是一款香辛、鲜活的葡萄酒，其矿物质风味甚至令人兴奋。阿维兹两个温暖、富含白垩的地块舍曼德普利沃和舍曼德弗拉维尼共同酿造了**莱舍曼德阿维兹**（$$$）。两片分别种植于

1955 年和 20 世纪 60 年代的葡园共同打造出一款令人激动的葡萄酒，它较之韦尔蒂之土更精细、多面，显露出其特级园血统，然而又比拉芒迪耶的另一种**年份黎凡特老藤香槟**（$$$）少一些浓郁，多了些赤裸裸的白垩风味。后者原名克拉芒老藤葡园[16]，来自沙朗巴特的两个地块：丰杜巴托的 80 年老藤地块和布隆杜黎凡特的 50 年老藤地块。它是一款极其复杂，具有强劲白垩风味的香槟，一直位居现今所能买到的最佳纯克拉芒香槟之列，储存 5 年至 10 年后将会更加迷人。

雅克·拉赛涅
JACQUES LASSAIGNE
蒙格厄

雅克·拉赛涅是首批于 20 世纪 60 年代在蒙格厄种植葡萄的酒农之一。1999 年其子埃马纽埃尔接手后，晋升为香槟区顶级酿酒商，酿造富有土壤表现力的香槟，对许多品酒人而言，它诠释了蒙格厄。拉赛涅在蒙格厄拥有（3.5 公顷）葡萄并专门从最佳老藤地块额外采购 6 英亩（2.5 公顷）葡萄。所有地块均以本地酵母单独酿造，收获的部分葡萄在木桶内发酵。蒙格厄主要是一片霞多丽风土，大多数拉赛涅香槟为白中白，例如华美、醇厚的非年份**蒙格厄葡园**（Les Vignes de Montgueux，$）便是了解该村风土的优良"入门砖"。拉赛涅的年份**白中白**（$$$）来自勒科泰、莱帕吕以及"大丘"（La Grande Côte）40 年至 50 年的葡萄藤，每一种均为混酿提供了蒙格厄的不同面向。最终得到的葡萄酒一直作为自然香槟发售，它香辛、清爽，需要数年时间陈化，其浓郁、生动的风味才能充分绽放。**拉**

科利纳因斯皮尔（$$）是一款木桶发酵的白中白老藤香槟，强化了该村典型的芒果、热带水果风味。最高雅的当属**勒科泰**（$$），由来自陡峭、富含白垩的同名葡园的霞多丽酿成。它种植于 1964 年，产出了一种香辛、鲜活的葡萄酒，在体现蒙格厄之丰熟的同时又比该村其他葡萄酒中庸一些。从 2010 年起，拉赛涅便以**圣索菲葡园**（$$$）酿造香槟，并采用了一系列少见的木桶，其中一些曾用于酿造勃艮第酒、汝拉萨瓦涅酒（Jura Savagnin）[17] 甚至科涅克（Cognac）白兰地酒。最终获得的葡萄酒令人瞠目，它展现了一种千丝万缕的复杂度以及多面的风味深度，是一份与青史留名的蒙格厄葡园相得益彰的馈赠。

乔治·拉瓦尔
GEORGES LAVAL
大河谷

樊尚·拉瓦尔以屈米埃不到 5 英亩（2 公顷）的葡萄酿造出了少量优雅的香槟，他强调有机种植、葡萄丰熟以及"无为而治"式酿酒。拉瓦尔酒庄自 1971 年被认证为有机种植，目前大部分由马耕种。拉瓦尔在木桶中以本地酵母酿酒，添加尽可能少的硫，并推迟装瓶（通常在收获 10 个月后）。事实上，其香槟均未补液，其成熟的深度以及体现风土的醇厚赋予了它们罕见的和谐度、复杂度与完成度。他的**屈米埃自然香槟**（Cumières Brut Nature，$$）通常半数为霞多丽，剩余的则分为黑比诺、莫尼耶，并且未必含有优质陈酿。在青年期，它是一款简朴的葡萄酒，将屈米埃的丰熟纳入了一个紧致、生动的框架内，但随着时间推移终能羽化成

蝶。他偶尔会酿造一款**屈米埃桃红香槟**（Cumières Rosé，$$$），亦是自然型，这在香槟区并不多见。它可能是放血法或调制桃红酒，这取决于他的感觉，不过它始终具备强烈的个性。1994 年，拉瓦尔首度灌装了一款来自**莱舍纳**[18]（$$$）的纯霞多丽香槟——这里表层土不多并富含白垩，从而创造出强烈、鲜活，融合了丰富复杂度与来自土壤的犀利精巧的香槟。2004 年，他又酿造了另一款来自**莱奥特谢弗勒**（$$$$）的单一园香槟，该葡园富含黏土表层土，那里的拉瓦尔黑比诺葡萄种植于 1931 年。莱奥特谢弗勒不如莱舍纳大气，但贵在精巧柔滑，给唇齿间带来充满细节的复杂感以及针尖对麦芒般的凝聚。不幸的是，拉瓦尔被迫拔掉了这批黑比诺葡萄藤，从 2012 年起，他将莱奥特谢弗勒作为一款纯莫尼耶（种植于 1930 年、1940 年）香槟灌装。然而，他也开始灌装一款来自**莱隆格维奥勒**葡园的单一园黑比诺香槟，在本书撰写时尚未发售。

大卫·勒克拉帕
DAVID LÉCLAPART
兰斯山

在兰斯山脉东部的特雷帕村，大卫·勒克拉帕炮制了源于生物动力法种植葡萄的纯正、独特的香槟。尽管这些葡萄酒品质超群，但有时并不容易一亲芳泽：随着时间的推移，葡萄酒会变得越发精致和具有表现力，但它们亦可能变得"离经叛道"。不过，在最佳状态下，它们展现出水晶般的剔透以及复杂、源于矿物质的浓烈。勒克拉帕 7.4 英亩（3 公顷）葡萄均位于特雷帕，分散在 22 个地块中，他为其入门白中白香槟**爱好者**（L'Amateur，$$$）选

取了 6 个地块，展现出特雷帕各处的面貌。葡萄酒完全在搪瓷钢罐内酿造，经历 3 年酒泥陈化后发售。另一款佳酿**艺术家**（L'Artiste，$$$$）由超过50 年的霞多丽酿成，不过具体地块每年都有变化。勒克拉帕将这款酒称为"风土的探索"———一种令他对村庄特性更加熟悉的方式。这种葡萄酒的一半在旧大桶内酿造，另一半则在搪瓷钢罐内。其酒窖之星**使徒**（L'Apôtre，$$$$），是来自于拉皮埃尔圣马丁（La Pierre Saint-Martin，不过在官方地图上这里被称作拉瓦德维莱 [La Voie de Villers]）的单一园白中白香槟。这些霞多丽葡萄由其祖父于 1946年种下，创造出一款鲜活紧致拥有强烈个性的葡萄酒。勒克拉帕以从勃艮第勒弗莱酒庄（Domaine Leflaive）[19] 得到的二手大桶酿造这种葡萄酒，并且比他的其他佳酿酒泥陈化稍长时间。他也拥有少量黑比诺葡萄藤，并曾用它来酿造桃红香槟，不过，从2010 年起，这些用来制造了一款名为**星辰**（L'Astre，$$$$）的黑中白香槟，在一座霞多丽占优势的村庄显得有些鹤立鸡群。星辰展现了鲜活的水果深度，并得到了特雷帕典型白垩风味及精巧的强化，尽管其风味明显为比诺，但尝起来依然是属于特雷帕而非别处，对风土的表现超越了葡萄的类别。

勒克莱尔-布里昂
LECLERC-BRIANT
埃佩尔奈

这一香槟精品品牌可上溯至 1872 年。如今，在帕斯卡尔·勒克莱尔（他对有机种植情有独钟）的领导下开始异军突起。早在 1989 年他便将自己的葡园转为生物动力法种植，并以来自屈米埃的地块莱克雷埃、山羊石、香槟葡园（Clos des Champions）的单一园香槟而闻名。不幸的是，勒克莱尔于 2010年突然去世，其家人出售了该品牌及葡园。2012 年，公司及其存酒被美国投资人买下，该品牌目前由弗雷德里克·蔡梅特管理，他带来了埃尔韦·热斯坦（酒类专家、杜洛儿前首席酿酒师）监管酿酒事宜。老葡萄园几乎全部被售出，除了商标（依旧昔日存酒），能够唤起酒庄过往之物已经所剩无几。然而，蔡梅特对品牌的未来有着清晰、积极的想法，当我和他在埃佩尔奈品酒时，感觉似乎这是另起炉灶而非再续前缘。蔡梅特正在重建酒庄的葡园，勒克莱尔－布里昂在屈米埃、比瑟伊、里伊拉蒙塔涅、维莱尔阿勒朗（Villers-Allerand）以生物动力法种植着 25 英亩（10 公顷）葡萄。额外的葡萄则购自香槟区的各种风土，并均以有机或者活机方式培育。

很难描述埃尔韦·热斯坦的才华，要解释他何以成为香槟区最佳酿酒师之一亦非易事。他的生物动力法理论远远超乎多数人对这个词汇的理解，踏入了神秘学的领域，坦白说，他的许多手法常人都难以领悟。不过，他的葡萄酒与香槟区其他任何一种都不同。不论你喜欢与否，它们都代表了本地有机、活机种植运动的重要发展。该品牌更换主人后最初的发售可谓前景光明：非年份**陈酿干香槟**（基于 2012 年，$）鲜活、大气，拥有丰富的水果深度；2013 年份**桃红香槟**（$）以霞多丽葡萄外加少量莱里塞红酒酿成，优雅、灵巧，芳香怡人。来自沙默里非同凡响的 2013 年份**莫尼耶白**（Blanc de Meuniers，$$$）是一款典型的热斯坦香槟，

展现了复杂的层次，尝起来生机盎然。对这个品牌而言、它尚处于幼年期，但其眼光与眼界却完全是 21 世纪的，假以时日，终将成为香槟区一股重要的力量。

玛丽-诺埃勒·勒德吕
MARIE- NOËLLE LEDRU
兰斯山

玛丽－诺埃勒·勒德吕作为昂博奈最佳果农－酿酒商之一，自 1984 年开始酿酒。勒德吕曾分别在昂博奈、布齐种植 12 英亩（5 公顷）、2.5 英亩（1 公顷）葡萄，共计达 30 个地块，但在 2010 年，由于家族纷争，她失去了超过一半土地，仅剩 5 英亩（2 公顷）。她依旧如往昔那样种植：葡园种下了遮盖作物并进行犁耕，禁用除草剂、杀虫剂，尽可能自然培育葡萄。

大部分勒德吕葡萄酒为 85% 黑比诺与 15% 霞多丽调制而成，例如她优良的非年份混酿**天然香槟**（$$）和**超天然香槟**（$$）。即便作为一款天然香槟，它依然鲜活、凝聚，得到白垩矿物质风味的深化；作为超天然香槟（虽名为超天然，却是"零补液"），它通常具备充分的丰熟与深度，令人感到和谐、完整。勒德吕的年份**干香槟**（$$$）在复杂度和矿物质表现力上进一步提升，其中一部分被推迟发售，成为一款鲜活、富有表现力的**自然香槟**（$$$）。她的顶级葡萄酒年份**古特佳酿**（Cuvée du Goulté，$$$）是一款选自其最佳地段的纯黑比诺香槟，融合了浓郁、复杂与精巧，揭示了昂博奈成为如此显赫的特级园的理由。

A. R. 勒诺布勒
A.R. LENOBLE
马恩河谷

这一小规模的家族香槟品牌由阿尔芒－拉斐尔·格拉泽尔（Armand-Raphaël Graser）成立于 1920 年，如今，由他的曾外孙安托万·马拉萨涅及其姐妹安妮掌控。该品牌拥有 45 英亩（18 公顷）葡萄园，其中 27 英亩（11 公顷）在特级园舒伊利，种植着霞多丽。剩下的是比瑟伊的黑比诺和达默里的莫尼耶，勒诺布勒就位于后者。葡园作业强调天然，一些地块为有机种植。勒诺布勒的非年份混酿以全部三个葡萄品种制成，发售了三个版本：**浓烈**（Cuvée Intense，$）是一款醇美的天然香槟；**零补液**（$）是同一种葡萄酒在酒泥额外陈化一年后的版本，由于零补液而展现出丰富的质感；**浓郁**（Cuvée Riche，$）则是一款均衡的半干香槟，更适于奶酪或咸味菜肴而非甜点。马拉萨涅以舒伊利同时酿造非年份**白中白**（$）与年份**白中白**（$$），展现出这座酒园典型的丰腴酒体和大量果味。年份**黑中白香槟**（$$）则完全来自比瑟伊的黑比诺，部分在木桶中酿造以平衡比瑟伊的鲜明矿物质风味和天然的高酸度。**风土桃红香槟**（Rosé Terroirs，$）兼有两座村庄，是一款细腻鲜活的葡萄酒。位于顶级的是两款风土特异的佳酿：年份**让蒂约姆**（Gentilhomme，$$$）是一种香辛、富有表现力的白中白香槟，全部源于舒伊利沙朗巴特山下最佳地块的老藤葡萄；而**艳遇**（Les Aventures，$$$）是一款来自舒伊利同名葡园的单一园白中白香槟，由多个年份混酿而成。艳遇是对舒伊利的绝佳表现，平衡了奶油般的浓郁和源自土壤的复杂性。

勒克莱尔酒庄
LILBERT-FILS
白　丘

勒克莱尔家族在香槟区种植葡萄的历史至少可以追溯至 1746 年，并于 20 世纪初开始酿造香槟。如今由贝特朗·勒克莱尔负责这座 8.6 英亩（3.5 公顷）的酒庄，葡园则位于克拉芒、舒伊利和瓦里。他将三个村庄的葡萄混酿以制造其优异的非年份**白中白**（$$），这是一款在白垩矿石风味驾驭下丰熟的香槟。**珍珠**（$$）是一款历史传统风格的白中白香槟，过去曾名为克拉芒气泡酒，瓶内为 4 个大气压而非通常的 6 个。它选自老藤葡萄，是一种乳脂般复杂的香槟，被注入了白垩烟熏、含盐的特色。从 1995 年起，勒克莱尔的年份**白中白香槟**（$$）便以纯克拉芒葡萄酿造——以莱布韦松的老藤葡萄为基础（部分种植于 1936 年），同时调入了 20%—25% 来自村庄靠近奎斯一侧更凉爽的葡园穆瓦扬的葡萄酒以平衡布韦松天然的浓烈厚重。这是一款富有表现力、值得陈化的香槟，是如今酿造的纯克拉芒酒中的最佳范本之一。

尼古拉·马亚尔
NICOLAS MAILLART
兰斯山

马亚尔家族自 1753 年便在兰斯山种植葡萄，他们灌装香槟已有五代之久。当前的酒庄由米歇尔·马亚尔于 1965 年在埃屈埃建立。2003 年起，他的儿子尼古拉接过了衣钵。马亚尔葡萄酒风味生动浓郁，取材自"小山"的村庄以及布齐的特级园。他采用可持续种植法，但并不认为有机种植必然能减

少污染（和许多酿酒商一样，他以对付霉菌而过度使用铜为例）。其葡萄的平均树龄为 30 年，其 2/3 地块采用马撒拉选种，确保了遗传多样性。马亚尔的非年份**白金天然香槟**（Platine Brut，$）大气蓬勃，优雅精致；其中一部分额外陈化两三年后作为**白金超天然香槟**（Platine Extra Brut，$）发售。其杰出的年份**天然香槟**（$）与其非年份**桃红香槟**（$$）一样，以黑比诺和霞多丽混酿而成。不过，顶级葡萄酒却是来自埃屈埃的两款风土特殊的香槟。**莱沙约吉利**（Les Chaillots Gillis，$$）源于两个拥有 40 年霞多丽葡萄的地块（沙约和吉利），马亚尔在木桶中酿制并避免了乳酸菌发酵，产生了一款质感优雅且矿物质风味显著的香槟。在一座名为莱库佩（Les Coupées）的沙土葡园，他拥有一小块种植于 1973 年未嫁接的黑比诺，并依然以木桶酿造，命名为**皮耶法郎**（Les Francs de Pied，$$$）。它风味浓郁又不失之厚重，尝起来优雅而不强烈，是对埃屈埃的绝佳展现。

魅力特级园
MAILLY GRAND CRU
兰斯山

尽管香槟区有许多合作社，但位于马伊（或曰马伊香槟）的魅力特级园可谓独占鳌头。1929 年，由 24 位果农创立，开始专门用马伊葡萄灌装自己的葡萄酒，如今其成员达 80 家，种植了 35 个地块共计 173 英亩（70 公顷）葡萄。塞巴斯蒂安·蒙库特自 2013 年以来担任首席酿酒师，监督酿酒事务，对果农的耕耘、收获提出建议，与他们紧密合作以保证品质。蒙库特将各地块单独酿酒以保持地域、果农、

葡萄品种的个性，广泛的基酒令他得以打造出变化惊人的一系列香槟，虽然它们皆源自马伊。其中佼佼者包括非年份**陈酿干香槟**（$）以及零补液**超天然香槟**（$），二者都是均衡的典范，香辛而不平淡。**黑中白香槟**（$）深得马伊黑比诺葡萄精髓，生机勃勃，有着流线形体。**莱香颂**（$$$）为一款始于20世纪60年代的年份名酿，由黑比诺、霞多丽调配而成。它的结构稳固，风味浓郁，表现出马伊风土的力量。与之相比，**安托波赫勒**（L'Intemporelle，$$$）则是其更加柔美的版本，它聚焦于这个被低估的特级园的优雅、微妙；在掺入少量红酒后，它也被用于打造精致的**安托波赫勒桃红香槟**（$$$）。

马尔盖纳
A. MARGAINE
兰斯山

维莱尔马尔默里的最佳酿酒商阿诺·马尔盖纳种植着16英亩（6.5公顷）葡萄，大部分在村庄内。他提升了这些葡园的品质，摈弃化学除草剂并增加遮盖作物的数量，酒庄葡萄的平均树龄很高，大约32年。马尔盖纳酿酒不拘一格，诸如禁止乳酸菌发酵或部分在橡木桶内发酵等手法，常常随着不同年份变换，这取决于他对最佳品质与均衡的体会。

对一个酒农酒庄而言，马尔盖纳储存了惊人的优质陈酿（通常为7年或8年），这令他在其非年份**天然香槟**（$）上有了很大灵活性。它通常拥有最高达50%的陈酿，具备了罕见的深度与细节，是了解该酒庄及其风土的绝佳入门。该酒庄的**超天然香槟**（$）是一款不同的混酿，由酒泥陈化6年的维

莱尔马尔默里霞多丽制成。马尔盖纳还打造了一款杰出的非年份**桃红香槟**（$），在霞多丽基酒中加入了少量红酒。他还制造了两种年份香槟：**白中白**（$$$）的酒糟陈化了至少10年，发展出浓郁的口感和香辛的复杂度；而**小农香槟**（$$）选自其最佳地块，是一款优雅、纤毫毕露的白中白香槟。

马尔盖
MARGUET
兰斯山

伯努瓦·马尔盖是兰斯山急速蹿红的新星之一，他专注于有机、活机种植，在昂博奈耕耘着20英亩（8公顷）葡萄，还有5英亩（2公顷）在布齐。他也会外购一点葡萄，但仅购自有机种植或认证转为有机种植的葡园。从2009年起，马尔盖用马耕犁葡园，如今拥有两匹马应对整个25英亩（10公顷）葡萄。马尔盖已逐步提升了葡园种植与酿酒的方法，依据自然规律和敏感性工作，其效果在葡萄酒中立竿见影。马尔盖香槟风味的质感和体量与众不同，鲜活的果味令它们尝起来不仅是有机的，俨然栩栩如生。他的非年份超天然香槟名为**萨满**（Shaman，$），由2/3黑比诺与1/3霞多丽构成——基础年份写在酒标上，因此2012基础年份的发售为萨满12，2013年份的为萨满13，以此类推。**萨满桃红香槟**（$）采用同样的体系并也作为超天然调配，不过主要由霞多丽构成。马尔盖将他的所有地块单独酿酒，并引入了一套勃艮第式的酒园上佳年份精品系列（单一村香槟）以及最佳年份制成的小地块（单一园香槟）。酒园精品系列包括生机勃勃、白垩风味浓郁的**奥热尔河畔勒梅尼勒**（$$）以

及有着鲜活果味的**昂博奈**（$$）；其他的还有来自舒伊利、艾伊、布齐的葡萄酒。小地块包括**莱克雷埃**（$$$），一款来自著名白垩地块由 70% 霞多丽和 30% 黑比诺构成的混酿；**莱贝蒙**（$$$），一种来自山坡底部宽阔、大气的葡萄酒，1952 年马尔盖在那里种植了霞多丽葡萄；**拉格朗德吕埃勒**（$$$），源于 1967 年种植于厚土上的黑比诺葡萄；霞多丽香槟**勒帕克**（$$$），来自白垩岩床上包含一层石灰华的罕见风土。此外，2006 年，马尔盖与葡萄酒顾问埃尔韦·热斯坦合作打造了一款集中体现热斯坦活机种植哲学的天然香槟。它名为**睿智**（Sapience，$$$$），用购自大卫·勒克拉帕、乔治·拉瓦尔、伯努瓦·拉艾的葡萄酿成，是一款纤毫毕露、复杂多面的葡萄酒，需要耐心和经验方可体会。

玛丽-库尔坦
MARIE-COURTIN
巴尔丘

多米妮克·莫罗自 2001 年起便在波利索村培育葡萄。她总共拥有大约 6 英亩（2.5 公顷）葡萄，均位于一片单一、南向的地块。除了一小部分霞多丽，均为黑比诺，截至 2010 年，葡园获得了有机认证。尽管巴尔丘许多葡萄酒得益于丰富的水果深度，但莫罗的香槟却将这份丰熟纳入了香辛、流线型的结构中，突出了一种强烈的矿物质风味。它们在青年时期可能有些冷峻，但在吐泥后，便能绽放出迷人的复杂精巧。**共鸣**（$$）是一款酒罐酿造的黑比诺香槟，而**花期**（Efflorescence，$$）则是木桶内陈化的年份黑比诺香槟。二者均为零补液发售，虽然在酒体和结构上不同，但其扑鼻

的红色果香以及活泼的基调却体现了本是同根生的相似性。2009 年，她首次酿造了一款名为**调和**（Concordance，$$$）的无硫黑比诺香槟，取材于其年纪最老的葡萄藤。它是一款复杂、浓郁的葡萄酒，类似于伯努瓦·拉艾的维奥莱纳，甚至在吐泥后数年依旧新鲜。更新的一种佳酿是**宽容**（Indulgence，$$），由经历罕见漫长浸渍的黑比诺制成的桃红香槟，深邃，芳香扑鼻。莫罗葡萄酒中最具表现力的恐怕是由一小片霞多丽酿成的**雄辩**（$$）。与通常圆润、大气的巴尔丘香槟相反，它刚烈、紧致，有一根由强悍矿物质风味构成的脊骨。虽然如此，它又是多面而完整的，最佳状况下，可谓如今奥布省最令人激动的香槟之一。

布鲁诺·米歇尔
BRUNO MICHEL
埃佩尔奈南坡

尽管布鲁诺·米歇尔的父亲若泽·米歇尔拥有一家自己的著名香槟酒庄，但布鲁诺却选择接手了家族另一支系名为 J. -B. 米歇尔的酒庄。他于 1995 年创立了"布鲁诺·米歇尔"商标，并迅速将酒庄转为有机种植，并于 2004 年获得了欧盟有机认证。如今，米歇尔拥有 35 英亩（14 公顷）有机葡园，大部分在穆西、皮耶尔里村附近，有一些在西边埃纳省境内。他的香槟展现出通常有机葡萄酒具备的丰熟果味，不过依旧保持着优雅结构与灵巧的均衡性。**叛逆**（Cuvée Rebelle，$$）是一款风味浓郁的超天然香槟，取材于超过 50 年的莫尼耶与霞多丽老藤。来自一处西南朝向的霞多丽白垩黏土地块——皮耶尔里莱布鲁斯（Les Brousses，$$）的

同名单一园香槟芳香怡人，具有多石风味。

若泽·米歇尔
JOSÉ MICHEL
埃佩尔奈南坡

米歇尔家族自 1847 年起便在穆西村种植葡萄。若泽·米歇尔从 1952 年开始在此酿酒，是家族经营该酒庄的第四代。其 25 英亩（10 公顷）葡萄中的大部分散布于埃佩尔奈南坡的 7 个村庄，大约一半是莫尼耶。米歇尔最初是个莫尼耶行家，不过在 20 世纪 70 年代停止酿造 100% 莫尼耶香槟，他相信通过加入霞多丽能够实现更高的精巧度与和谐度。然而从 2004 年起，他又开始酿造纯莫尼耶香槟，非年份版酒标仅仅为**莫尼耶比诺**（Pinot Meunier，$），是对该种葡萄的优秀入门款。米歇尔的年份**白中白**（$）大部分来自穆西、皮耶尔里，其博大的构造与冷峻矿物质风味是埃佩尔奈南坡更深的表层土的特色。该酒庄最出色的葡萄酒为**小农香槟**（$$），是一款优雅、复杂的莫尼耶、霞多丽混酿，取材于酒庄最古老的葡萄藤。

克里斯托弗·米尼翁
CHRISTOPHE MIGNON
马恩河谷

克里斯托弗·米尼翁种植了 15 英亩（6 公顷）葡萄，几乎平均分布在菲斯蒂尼（其酒庄所在地）与大约西南 10 英里外的勒布勒伊之间。米尼翁是一位专注负责的葡萄栽培者，不过，虽然其许多劳作都可被归于有机或活机种植，但他却拒绝追随任何认证所需的标准体系。他所依据的是一种论述详尽的哲学，按

照月亮历运作并使用生物动力配剂——打造顺势疗法和植物治疗酊剂等，平衡葡萄的健康与环境，令它们更好抵御疾病。这种对葡萄健康的关注似乎在米尼翁的酒中有所体现，显露出水果的成熟深度以及明显的矿物质特性。他的非年份**自然**（$）为纯莫尼耶香槟，即便没有补液，也依然展现出一种富有表现力和完整性的丰熟。同样的混酿也用作其香辛馥郁的**天然桃红香槟**（$$）的基酒，而他的年份**自然**（$$）来自他最老的葡萄藤，紧致与精巧兼备。

让·米兰
JEAN MILAN
白丘

不同于白丘香槟中耳熟能详的克拉芒、阿维兹或奥热尔河畔勒梅尼勒，由奥热尔霞多丽酿制的香槟相当稀少。历史上，最著名的当属让·米兰，如今掌门人为卡罗琳·米兰（Caroline Milan）和她的兄弟让-查理（Jean-Charles）。该品牌 15 英亩（6 公顷）的葡萄均位于奥热尔，额外购买的也来自该村庄内的其他果农。米兰的年份**雪果**（Symphorine，$$）始终来自相同的四个地块——阿维兹一侧的巴尔贝蒂（Barbettes）、博迪雷（Beaudure）、莱舍内（Les Chenets）以及靠近奥热尔河畔勒梅尼勒的莱扎利厄（Les Zalieux）。它是一款经典奥热尔香槟，大气，充盈着口腔。该品牌的顶级葡萄酒**圣诞之土**（$$）来自同名葡园，从 1985 年起便作为单一园香槟酿造。某种意义上说，圣诞之土并非典型奥热尔，因为此酒常常更富有结构性、更冷峻，并带有强烈的白垩风味。米兰的葡萄藤最老的有 70 年，这无疑对葡萄酒的深度和表现力贡献良多。

皮埃尔·蒙库特
PIERRE MONCUIT
白 丘

尼科尔·蒙库特从 1977 年便在这座知名的奥热尔河畔勒梅尼勒酒庄负责种植、酿酒，其生产的香槟纯正、精细、别具特色。酒庄在勒梅尼勒拥有 37 英亩（15 公顷）葡园，在塞扎讷丘还有 12 英亩（5 公顷），但两种风土从未混合：塞扎讷霞多丽生长于黏土、沙土，被用来打造一款名为**于格·德·库尔莫**（Cuvée Hugues de Coulmet，$）的佳酿，而另一款**皮埃尔·蒙库特－提洛**（Cuvée Pierre Moncuit-Delos，$）则是纯勒梅尼勒香槟。虽然并未在酒标上注明，但蒙库特始终按照单一年份酿造上述香槟，并不添加陈酿。她制造了一款最佳年份**白中白香槟**（$$），令勒梅尼勒典型的酸爽和强烈的矿物质风味一览无余。其顶级葡萄酒为年份单一园**尼科尔·蒙库特老藤香槟**（$$），源自勒梅尼勒最佳地段之一莱沙蒂永 90 年的葡萄藤。该葡萄酒拥有出类拔萃的精巧与深度，体现出老藤的凝聚以及这一杰出风土所带来的复杂性。

小穆塞酒庄
MOUSSÉ FILS
马恩河谷

穆塞家族自 1750 年便在马恩河谷这一地带种植葡萄，不过直至 1923 年，欧仁·穆塞（Eugène Moussé）方以自己的酒标灌装香槟。如今，其曾孙塞德里克·穆塞耕耘着 13.5 英亩（5.5 公顷）葡萄，大部位于马恩河右岸的屈斯勒。穆塞的多数葡萄酒里均为莫尼耶占统治地位，在他手中，除了该葡萄品种典型的红色水果风味，还带有丰熟、异域风情的柑橘、热带水果味。其非年份欧仁原初（L'Or d'Eugène，$）是一款由 80% 莫尼耶与 20% 黑比诺构成的醇和美味、口感丰富的混酿；其中一部分额外陈化两年后，以低补液**超级欧仁原初**（L'Extra Or d'Eugène，$）发售。他种植的少量霞多丽汇入了来自莱瓦罗塞（Les Varosses）地块的白中白香槟**逸闻**（Anecdote，$），与其莫尼耶香槟类似，此酒展现出华丽、成熟的风味以及丰腴的酒体。穆塞的年份**伊来之土**（Terre d'Illite，$$）以该地区发现的绿色黏土矿物命名，几乎完全用莫尼耶酿成，带来了大气、芳香浓郁的味觉体验。其中最佳的是穆塞于 2005 年开始酿造的**小农香槟**（$$）。这是该酒庄史上首款 100% 纯莫尼耶香槟，复杂而浓郁。穆塞还开始生产一款带有香辛、鲜活果味的**放血法桃红小农香槟**（$$），来自他位于屈斯勒最老的葡萄藤。

穆宗－勒鲁
MOUZON-LEROUX
兰斯山

在韦尔济村，塞巴斯蒂安·穆宗正改变着其家族酒庄并引入了一组活机种植香槟，着重于再现韦尔济风土。穆宗在村里种植了 20 英亩（8 公顷）葡园，自 2008 年起均采用生物动力法种植，并且混用木桶与搪瓷钢罐酿酒。其口感浓郁的入门天然香槟名为**拉塔维凯**（$$），是了解这座酒庄的入门款，而一款黑中白香槟**无言**（$$）甚至更加细腻和具备表现力——对那些想要了解韦尔济风味的人来说，二者均是上佳的起点。穆宗风格为具有鲜活深度，口

感华丽，来自村中维莱尔马尔默里一侧白垩地块的放血法桃红香槟炽烈（L'Incandescent，$$）即是如此。甚至一款名为天使（L'Angélique，$$）的白中白香槟也展现了兰斯山北部线状结构下的丰熟。穆宗最近也加入了香槟珍宝俱乐部（参见第215页），第一款穆宗－勒鲁小农香槟将会来自其2012收获季。

诺米内–勒纳尔
NOMINÉ-RENARD
莫兰坡

在莫兰坡维勒韦纳尔村，克劳德·诺米内（Claude Nominé）正慢慢将酒庄交予儿子西蒙打理，不过他尚未退居二线。他从1973年25岁起便在家族酒庄协助其父安德烈工作。不过，家族的酿酒历史悠久——诺米内的母系家族勒纳尔在此地已有数百年，他的外祖父早在20世纪20年代便生产了酒庄灌装香槟。因此，他对当地历史感到自豪，几乎有史以来它便以葡园著称——对其他作物而言，土壤白垩成分太重，他如此说道。酒庄近50英亩（20公顷）葡萄中半数为霞多丽。虽然这片土地距离白丘较近，但诺米内以霞多丽为基础的香槟明显更加温文尔雅，带有一种泥土矿物质风味。其顶级酒为混合了80%霞多丽与20%黑比诺的小农香槟（$$），鲜明爽快，强调精巧多过力道。

布鲁诺·帕亚尔
BRUNO PAILLARD
兰　斯

布鲁诺·帕亚尔1981年创办了其同名的香槟品牌，

当时他年仅27岁。从那以后，帕亚尔因其葡萄酒而获得了国际声誉，尽管他本人的香槟品牌规模依旧不大，但帕亚尔还是香槟区最大的企业集团之一岚颂集团（Lanson-BBC）的总裁兼首席执行官。虽然布鲁诺·帕亚尔是个收购葡萄的品牌，但它还拥有79英亩（32公顷）分布于15个不同村庄的葡萄藤，满足其35%—40%的需求。该品牌葡萄全部采用有机种植，一些地块采用活机种植。帕亚尔大约20%产品的酿造在木桶内进行，一旦装瓶，葡萄酒会进行漫长的酒泥陈化。他的非年份头等佳酿（Première Cuvée，$）通常酒泥陈化3年，是一款优雅的香槟，与精品菜肴颇为搭配。帕亚尔是将吐泥日期列入酒标的先驱，始于1983年——令顾客得以预见酒的演化。他还喜欢举办头等佳酿的对比品测，将数种吐泥时间不同的倒在一起以证明葡萄酒在吐泥之后的进化能力。在该品牌其他香槟中，白中白私酿（Réserve Privée Blanc de Blancs，$$）如凝脂般柔和，而头等桃红佳酿（Première Cuvée Rosé，$$）鲜活细腻，专注于精巧性。帕亚尔在最佳年份酿造年份香槟，可能是年份白中白香槟（$$）或以黑比诺、霞多丽混酿的年份集合香槟（Assemblage，$$）。和帕亚尔所有的香槟一样，它们强调精巧性多于浓烈，展现出优雅高洁之美。高端产品为帕亚尔的名酿N.P.U.或叫登峰造极（Nec Plus Vltra $$$$）。它仅于特殊年份酿造，选取酒窖中最佳特级园的基酒，完全在木桶内制作，并且会在酒泥中陈化相当长时间，最长可达12年。这是一款拥有绝妙复杂性和个性的香槟，表达了这家优秀酒庄所能达到的高度。

皮尔帕亚尔
PIERRE PAILLARD
兰斯山

安托万·帕亚尔与他的兄弟康坦（Quentin）是其家族第八代在布齐种植葡萄的代表，他们于皮尔帕亚尔（得名于其祖父）酒庄耕耘着 27 英亩（11 公顷）葡萄。他们的葡萄酒可谓布齐风土的典型，兼具丰熟与白垩的精巧，可跻身如今这座村庄最佳香槟之列。帕亚尔的非年份**天然香槟**（$）口感柔和，芳香四溢，而细腻优雅的年份**天然香槟**（$$）一半为霞多丽，这在布齐香槟中是非同寻常的。实际上，霞多丽俨然是酒庄身份的重要一部，占其葡园的至少 40%。少见的布齐年份白中白香槟**莱莫特莱特**（$$）来自种于 20 世纪 60 年代的同名葡园，将它展现得淋漓尽致。作为一款大气、酒体浓郁的香槟，以其品种特色而言，已尽可能地凸显了布齐的风土。其黑比诺对应版本来自**莱马耶雷特**（Les Maillerettes，$$）葡园，该地块位于布齐优良的中坡，种植于 1970 年。它产出的葡萄酒拥有成熟风味，酒体却并不凝滞，果味与矿物质味水乳交融。由于两座葡园均种植着古老马撒拉选种的葡萄，并为帕亚尔的新植株提供了遗传学上的素材，因此对酒庄颇为重要。

弗兰克·帕斯卡尔
FRANCK PASCAL
马恩河谷

弗兰克·帕斯卡尔原本要成为一名工程师，但由于 1994 年弟弟的离世，他决定转投葡萄栽培学校并接手了位于马恩河谷右岸巴斯利厄苏沙蒂永的家族酒庄。他在阿尔萨斯了解到生物动力法观念并于 1997 年开始有机、活机种植。从 2001 年，整个酒庄完全采用了生物动力法。帕斯卡尔的葡萄酒极具个性，拥有来自土壤的醇烈与优美细腻。**信赖**（Reliance，$$）是一款鲜活、口感浓郁的非年份天然香槟，作为零补液香槟具备绝佳的平衡性，它还构成了**宽容桃红香槟**（Tolérance Rosé，$$）的基础，其中还加入了少量由黑比诺、莫尼耶制成的红葡萄酒。**和谐**（Harmonie，$$）是一款年份黑中白香槟，亦由黑比诺和莫尼耶制成，而复杂、鲜活的**昆特－埃森**（Quinte-Essence，$$）则包含了全部三个主要葡萄品种。

沛芙希梦
PEHU-SIMONET
兰斯山

大卫·沛芙（David Pehu）是其家族生产酒庄灌装香槟的第四代，自 1988 年开始在沛芙希梦酒庄酿酒，后来于 1995 年接管了酒窖。如今，他拥有 18.5 英亩（7.5 公顷）葡萄，半数位于韦尔兹奈，其余的则散布于韦尔济、锡耶里、马伊、布齐以及维莱尔马尔默里。沛芙酿酒时兼用酒罐与酒桶，始终摈除乳酸菌发酵，从 2012 年份起，他的所有葡萄酒均获得了有机认证。**向北天然香槟**（Face Nord Brut，$）得名于其朝向北方的风土，是一款来自韦尔兹奈、韦尔济和锡耶里的非年份黑比诺、霞多丽混酿。该款混酿也用作鲜活馥郁的**向北桃红香槟**（Face Nord Rosé，$$）的基酒，再掺入 6% 源自韦尔兹奈的红酒。另一方面，年份**向北天然香槟**（$$）更加柔滑浓郁。与此同时，芬利厄（Fins

香槟山丘：非起泡酒

香槟区对非起泡酒也有着自己的称谓。这些葡萄酒名为香槟山丘（Coteaux Champenois），可以是白葡萄酒或红葡萄酒，不过后者通常更占优势。由于香槟区凉爽的气候，上述葡萄酒酒体轻盈，具有高酸度，并且酒精度较低。然而，随着气候变暖，越来越多的酿酒者产出了更丰腴的样本。非起泡霞多丽酒中值得入手的包括：牧笛薄衣一流的克拉芒自然（Cramant Nature），贝勒斯源于吕德、香辛优雅的莱蒙富尔努瓦，亨利·吉罗浓郁、柔滑的艾伊白（Aÿ Blanc），以及雅克·拉赛涅来自蒙格厄丰熟的香槟山丘。

在红葡萄酒中，酿酒商分成两大阵营。大部分保持了经典风格，在中档酿酒商中这或许意味着清瘦的葡萄酒，但在顶级酒庄间，这也是优雅、体现矿物质风味的范本，有能力陈化数十年之久。保罗巴拉的布齐胭脂（Bouzy Rouge）可能是其中典范，展现出

清新的果味与丝滑的精细。皮尔帕亚尔也制造了另一款精良的布齐胭脂，而一村之隔的玛丽 — 诺埃勒·勒德吕的昂博奈胭脂是香槟区最优雅、最能体现土壤的红葡萄酒之一。加蒂努瓦打造了一款杰出的艾伊胭脂（Aÿ Rouge），在某些市场甚至比酒庄的香槟更出名。弗朗索瓦·塞孔德酿造了一种芬芳细腻的锡耶里胭脂（Sillery Rouge，其锡耶里白同样值得入手），而乔治·拉瓦尔的屈米埃胭脂（Cumières Rouge）的白垩紧致更令人心动。贝勒斯以更现代的手法酿造出了来自奥尔梅的香槟区最佳红葡萄酒之一，而大卫·勒克拉帕美味的特雷帕胭脂（Trépail Rouge）质朴而挑剔。我也喜爱牧笛薄衣生动、带刺的韦尔蒂胭脂（Vertus Rouge）以及弗兰克·帕斯卡尔鲜活、丝滑的信赖（Confiance）。

第二阵营酿造的红葡萄酒醇烈、凝聚，在成熟度、深度方面不同于本地区的传统风格，更令人联想到勃艮第乃至新大陆。其原型是欧歌利屋来自昂博奈威严的格朗科特佳酿（Cuvée des Grands Côtés），具有香甜果味和丰富的橡木味。为了向欧歌利屋致敬，戈内 — 米德维尔推出了优雅的阿塞耐斯佳酿（Cuvée Athenaïs），其口感紧致而丝滑；而勒内·若弗鲁瓦的屈米埃胭脂虽不那么浓烈，但依然浓郁。堡林爵的童丘也拥有成熟的口感深度。我最喜欢伯努瓦·拉艾的布齐胭脂，它兼具成熟度与强度，具有细腻的矿物质感和优雅的单宁结构。

Lieux）是由逐步发售的 7 种年份单一风土香槟组成的系列。到本书撰写之时，仅有两款发布：**芬利厄 1 号韦尔兹奈**（$$）是一种紧致、优雅的黑比诺香槟，来自一片名为白垩地块莱佩尔图瓦。其霞多丽对应版本是一款来自奥热尔河畔勒梅尼勒生动、香辛的白中白香槟，截至 2010 年份，它被命名为**芬利厄 5 号**（$$）。

佩内-沙尔多内
PENET-CHARDONNET
兰斯山

亚历山大·佩内从芝加哥大学获得工商管理硕士学位（MBA）前原本学习的工程专业，后来他返回法国又获得了葡萄酿酒学学位。2008 年他接手了家族酒庄，与兰斯大学、香槟委员会共同研究其葡园（占地 15 英亩，分布于韦尔济、韦尔兹奈超过 27 处地块）特殊的地质与风土。如今，他发售两种商标的葡萄酒：佩内－沙尔多内采用本酒庄葡萄酿酒，亚历山大·佩内则是个酒商[20]品牌。

佩内－沙尔多内的**超天然陈酿香槟**（$$）由 2/3 黑比诺与 1/3 霞多丽调配而成，展现了韦尔济、韦尔兹奈典型的深邃、源于矿物质的风味。同款混酿也用于打造**超天然陈酿桃红香槟**（$$），并加入了来自韦尔济的红葡萄酒。它以零补液形式发售，这在香槟区的桃红酒中颇为罕见。它相当均衡，具有成熟红色水果的强烈风味。2009 年，为了保留各自特色，佩内开始将其各地块单独酿酒。虽然多数用于混酿，但也灌装了两种单一园香槟（完全在木桶内酿造）。鲜活、带有土壤变化的**莱费温**（$$$）来

自韦尔济佩内酒庄附近的一个白垩地块，它种植了黑比诺和霞多丽葡萄，佩内将它们共同压榨、发酵。与之形成对比的是清爽、紧致的**莱埃皮内特**（$$$），来自坡下一处全部种植黑比诺的西北向地块。

皮埃尔皮特
PIERRE PÉTERS
白　丘

这家位于奥热尔河畔勒梅尼勒的知名酒庄从 1919 年就开始生产酒庄灌装葡萄酒，如今，它始终是优良白中白香槟的来源。鲁道夫·皮特自 2008 年掌管该酒庄后，在白丘种植了 45 英亩（18 公顷）葡萄。调和了一级园奥热尔河畔勒梅尼勒、奥热尔、阿维兹、克拉芒的**陈酿**（$$）为市上最佳非年份香槟之一。名为**灵魂**（L'Esprit，$$）的年份佳酿亦由上述村庄的霞多丽构成，但源自因其复杂性和特质精选而出的地块——勒梅尼勒蒙马丁、奥热尔贝莱瓦（Oger Belles Voyes）、普朗特德奥热尔（Plantes d'Oger）、阿维兹拉福瑟、克拉芒舍曼德沙隆（Cramant Chemin de Châlons）。**忘却陈酿**（Réserve Oubliée，$$$）是一款特殊的香槟，源于陈酿组成的用于非年份白中白的永动名酿。其内含葡萄酒可上溯至 1988 年，晶莹剔透而又纤毫毕露。酒庄的顶级葡萄酒为年份**莱沙蒂永佳酿**（Cuvée Spéciale Les Chétillons，$$$），取材于奥热尔河畔勒梅尼勒的同名葡园。是香槟区最佳白中白香槟之一，拥有丰富、复杂的水果深度以及辛爽的酸度和鲜活白垩风味。从 2009 年起，皮特用忘却陈酿和莱沙蒂永调配了一款新酒，取名为**惊人的维克托先**

生 [21]（L'Etonnant Monsieur Victor，$$$$），兼具二者的元素却在复杂度与特性上自成一派。

菲丽宝娜
PHILIPPONNAT
大河谷

虽然菲丽宝娜家族自 16 世纪便在香槟区种植葡萄，但现在的品牌却是由皮埃尔·菲丽宝娜于 1910 年创立的。1999 年末以来，皮埃尔的侄孙夏尔·菲丽宝娜成为品牌带头人，在其领导下，品牌已跻身于香槟区最佳行列。如今，菲丽宝娜作为一个品牌，既有着特性鲜明、出类拔萃的技术水准，又具备清晰的目标，这一切都体现在它的葡萄酒中。

菲丽宝娜的**罗亚尔陈酿**（Royale Réserve，$）是一款和谐、细腻的非年份天然香槟；还发售了一款通常杰出的**罗亚尔陈酿零补液版**（Royale Réserve Non-Dosé，$）。一款混酿香槟拥有两种不同补液标准是很少见的，但这是成功的例外。年份**大白**（Grand Blanc，$$）是在白丘混酿中加入了少许艾河畔马勒伊霞多丽的白中白香槟。这对它的个性贡献良多，赋予其显著的宽度和质感。该品牌的年份天然曾被称为**米勒西梅陈酿**（Réserve Millésimée），但自 2008 年起，它被改造为丝滑、复杂的**黑中白香槟**（$$），为大白提供了一份令人激动的参照物。1996 年，该品牌创造了一款新的年份香槟，名为**佳酿 1522**（$$$），以纪念菲丽宝娜家族首度扎根香槟区的年代。它以历史上著名的勒莱昂（曾属于教皇利奥十世）地块为基础，个性张扬，构造雅致。**佳酿 1522 桃红**（$$$）在白香槟中掺入了少量马勒伊红葡萄酒，造就了一种甚至更加复杂多面的体验。2006 年，菲丽宝娜首次个别灌装了少量**勒莱昂**（$$$），为我们提供了一个单独体验这一著名风土的机会。

菲丽宝娜尤以歌雪葡萄园闻名，这是一片皮埃尔·菲丽宝娜 1935 年购入、面积 13.5 英亩（5.5 公顷）、南向的葡园。地势陡峭，拥有少见白垩土壤并且非同寻常地温暖——意识到这份独特品质后，他立即开始灌装单一园香槟**歌雪葡园**（$$$$），在那个年代可谓空前之举。引人注目的是，该品牌几乎每年都酿造歌雪葡园，1935 年以来仅缺席 12 个年份。最终得到了一种具备极致矿物质风味（香槟白垩的精髓）并辅以成熟、鲜活果味的葡萄酒。它被认为是香槟区的最佳葡园，在夏尔·菲丽宝娜手中，甚至还能更进一步。

普洛伊–雅克玛尔
PLOYEZ-JACQUEMART
兰斯山

这一小型家族香槟品牌 1930 年由马塞尔·普洛伊（Marcel Ployez）和他的妻子伊冯娜·雅克玛尔（Yvonne Jacquemart）创立。如今，由其孙女洛朗丝·普洛伊（Laurence Ployez）管理，生产优雅、精致的香槟。在该品牌的葡萄酒中，我尤其喜欢**超天然桃红香槟**（$），它的构造优雅但又芳香馥郁，每升仅添加 5 克补液。该品牌的顶级葡萄酒是主要由霞多丽构成的年份**利斯德阿邦维尔**（Cuvée Liesse d'Harbonville，$$$）。它在大桶内酿造，是一款以优雅剔透著称鲜活、芬芳、极其长寿的香槟。

R. 普永父子酒庄
R. POUILLON ET FILS
大河谷

法布里斯·普永是其家族位于艾河畔马勒伊酒庄（得名于祖父罗歇·普永）的第三代酿酒师。和许多思想前卫的香槟新生代酿酒师一样，法布里斯·普永十分关注葡园，采用有机堆肥及虫害处理，犁耕泥土，并使用活机药剂和其他药草来确保葡萄的健康。他的非年份**白中白香槟**（$）来自艾河畔马勒伊、托谢尔和艾伊，其中一小部分在橡木桶中酿制，是一款活泼、几乎带有异域丰熟的葡萄酒，展现出马恩河北部霞多丽的酒体与宽度。罕见的**索雷拉天然香槟**（Solera Brut，$$）由来自马勒伊黑比诺、霞多丽的永动名酿制成。它香辛、复杂，漫步于新鲜果味与成熟风味之间，既鲜活又纯粹。从 2007 年起，普永将他的年份香槟转为了来自艾伊（以黑比诺驰名的村庄）**莱瓦尔诺**（$$）的同名单一园白中白。它的个性独一无二，既柔滑又质朴，体现了其特级园风土的白垩精致。这还有一款马勒伊对应版本**莱布兰希安**（$$），是来自同名地块的单一园香槟，由等比例霞多丽与黑比诺酿成。像**莱瓦尔诺**一样，它极具地域表现力，其丰腴腰身和浓郁多汁反映出这片山坡的黏土，这两款酒一并成为普永心中酒庄最佳风土的写照。

热罗姆·普雷沃
JÉRÔME PRÉVOST
兰斯山

热罗姆·普雷沃是香槟区最佳果农–酿酒商之一，生产少量全球炙手可热的香槟。从 1987 年起，他便在其位于格厄村的拉克罗塞利酒庄种植葡萄，1998 年，受友人安塞尔姆·瑟洛斯的鼓励，他开始酿造香槟。普雷沃的 5 英亩（2 公顷）莫尼耶葡萄位于格厄的单个葡园莱贝甘，这里的土壤混合着石灰石与富含化石的沙土，而白垩则深潜于地表之下。他依据自然节奏栽培葡萄，其葡萄酒在 450 升至 600 升的木桶内酿造，并始终采用本地酵母。

普雷沃基本上酿造两款香槟。首先是**莱贝甘**（$$$），虽然它并非年份酒，却一直来自单一年份（找到前标底部的记号"LC xx"，xx 代表着年份）。这是一款精良的葡萄酒，始终带有清晰的丰熟，但在水果风味之外亦彰显着土壤特质。尽管普雷沃曾经将它作为自然香槟发售，但从 2006 年起，他将其改为了超天然香槟，这带来了更佳的和谐度与表现力。在青年期，它通常显得质朴，吐泥后需两三年时间以显露其复杂性与深度，不过与此同时，它可能更适合在 10 年内饮用。在最佳状态下，它是香槟区莫尼耶葡萄最动人的范本。从 2007 年起，普雷沃还酿造了一款名为**摹本**（Fac-Simile，$$$）的绝佳桃红香槟，由莱贝甘加入少许浓郁红葡萄酒而成。额外的红葡萄酒戏剧性地改变了它的特性，尤其是质感，不过在某些年份桃红香槟也会展现出格外复杂的风味，这带来了一种迷人的对比。

埃里克·罗德兹
ERIC RODEZ
兰斯山

埃里克·罗德兹是其家族在香槟区种植葡萄的第

八代，从 1984 年开始便在昂博奈的家族酒庄内酿酒。他对传统葡萄培育及其工业化审美颇有微词，称之为"一种舒适逻辑"，按照他的观点，唯一让土壤可持续发展的方法便是生物动力法。在酒窖内，罗德兹收集了单独来自各地块的五彩缤纷的基酒，以卓越技巧进行混酿，然而，作为一家酒农酒庄，他还拥有罕见的大量陈酿储备。其大部分基酒在木桶内发酵，他也将乳酸菌发酵、非乳酸菌发酵葡萄酒混酿以实现一种和谐均衡。

罗德兹的 15 英亩（6 公顷）葡萄均位于昂博奈，与其他人一样，他认为昂博奈风土婉约胜于豪放。其优秀的非年份**克耶阿佳酿**（Cuvée des Crayères，$）证实了这一点，丝滑、带有白垩风味的**黑中白香槟**（$$）亦是如此。尤其引人注目的是浓郁、柔滑的**白中白香槟**（$$），因为很少能见到来自昂博奈的纯霞多丽香槟。[22] 罗德兹混酿的巅峰是**丰年佳酿**（Cuvée des Grands Vintages，$$），它将不同年份品质的葡萄酒融为一体，其中部分能回溯至 10 年前甚至更久。罗德兹以**风土印记**（Empreinte de Terroir，$$$）为名打造了一系列年份香槟，它们均来自其最佳地块并仅在最佳年份酿造，既可能是黑比诺也可能是霞多丽。始于 2010 年的最新计划为两种单一园香槟，二者皆是黑比诺并免除乳酸菌发酵在木桶内酿成。**莱伯里**（Les Beurys，$$$）来自于一个拥有 33 年葡萄藤的地块，尝起来优雅柔和，强调精巧性。**莱热内特**（Les Genettes，$$$）酒体更丰腴，风味更凝聚，体现出其更深厚的土壤。

路易王妃
LOUIS ROEDERER
兰　斯

1776 年，这一传奇品牌以迪布瓦·皮雷父子酒庄之名创立，1833 年路易·侯德接手后更为现名。[23] 如今它可谓香槟区最伟大的品牌，并且是 21 世纪香槟制造商的典范。实际上，它并非一个品牌而是一座大型酒庄（domaine）[24]：将路易王妃视为葡萄酒商几乎是个错误，因为只有非年份一级天然香槟（Brut Premier）包含外购的葡萄。该品牌的全部年份香槟（包括水晶香槟）均来自路易王妃自家葡萄园，这令它得以最大程度上掌控栽培品质与实践。

葡萄栽培是路易王妃居于本地领军位置的根本。该品牌拥有 593 英亩（240 公顷）[25] 葡萄，均位于特级园、一级园村，其中 185 英亩（75 公顷）为生物动力法种植，这让路易王妃成为香槟区最大的活机葡萄果农。品牌的目标是到 2020 年扩大 247 英亩（100 公顷）采用活机种植，并且剩余大部分葡萄园为有机种植，培育遮盖作物，定期犁耕。将近 74 英亩（30 公顷）葡园完全用马而非拖拉机耕作。路易王妃还留出地块用于培植自己的马撒拉选种，从整个酒庄选取最佳基因素材；品牌依旧保持着自家葡萄苗圃，这在香槟区是闻所未闻的。

路易王妃所有 410 个地块均独立压榨、酿造，依特定葡萄酒而选择采用不锈钢酒罐或大型的 6000 升橡木桶。除部分用于**一级天然香槟**（$）的葡萄酒，该品牌的基酒杜绝了乳酸菌发酵，因为首席酿酒师让－巴蒂斯特·莱卡永相信这能带来更纯净的芬芳与风味。陈酿储藏于橡木大桶内，是打造太妃糖般丝滑、复杂的"一级天然香槟"的关键。

路易王妃的年份香槟与风土联系紧密，可分为黏土地块和白垩地块。实际上，为每种佳酿指派了特定地块并有针对性地种植，意味着本质上存在 7 类地块对应酒庄的 7 种香槟。路易王妃葡园的大本营在韦尔兹奈和韦尔济，其中包括路易·侯德本人于 1850 年购买的 37 英亩（15 公顷），他明显有意用它们酿造年份香槟。莱卡永选择这一区域的黏土地块来构建酒庄**年份天然香槟**（$$）的基础，并加入少量白丘霞多丽以提高精巧性；然而，从 2007 年起，他缓慢地提高了黑比诺的比例，进一步突出了韦尔兹奈的特质。在屈米埃，莱卡永选取沙尔蒙（Chalmonts）、勒布瓦德若（Le Bois des Jots）、布拉丘（La Côte Bras）罕见的低产量黑比诺打造**年份桃红香槟**（$$），采用放血法，并同年份葡萄酒一样加入一定比例的白丘霞多丽来调节精巧度。**年份自然香槟**（$$）也来自屈米埃，是与法国设计师菲利普·斯塔克（Philippe Starck）[26]的合作款。这源于 25 英亩（10 公顷）包含了三大主要葡萄品种的地块，它们被共同压榨、发酵以酿造出一款极其柔顺、完整的零补液香槟。

白垩土壤方面，路易王妃在阿维兹（尤其在皮埃尔·沃东［Pierre Vaudon］地块）和奥热尔河畔勒梅尼勒拥有绝佳的霞多丽地块，历史上曾为**年份白中白**（$$）提供基础。然而从 2010 年起，路易王妃完全以阿维兹霞多丽酿造它，赋予其甚至更精细的风土标记。浓郁度更高的是**水晶香槟**

（$$$$），可能是香槟区最遭误解的葡萄酒。这是一种与众不同的佳酿，源自酒庄的阿维兹、克拉芒、奥热尔河畔勒梅尼勒、韦尔兹奈、韦尔济、韦勒河畔博蒙、艾伊以及艾河畔马勒伊的白垩地块。它发售时经历了充足的酒泥陈化，但尚相对"年轻"，而它需要至少额外 10 年至 20 年时间的陈化方能展现全部的复杂性与精巧性。它以长寿闻名，20 世纪四五十年代的此酒如今尝起来风采依旧。除了放血法所用的黑比诺来自艾伊的博诺特皮埃尔罗贝尔与加若特，**水晶桃红香槟**（$$$$）的酿造方法与路易王妃年份桃红香槟类似，这带来了一款具有贵族高雅气质的葡萄酒。这是香槟区最佳桃红酒，和水晶白香槟一样，需要至少 20 年的时间方能达到巅峰。

保罗杰
POL ROGER
埃佩尔奈

保罗杰于 1849 年创立香槟品牌时年仅 18 岁。他很快在英国市场占据了一席之地，1877 年获得了维多利亚女王颁发的"皇家委任认证"[27]，这段与大不列颠的紧密关系延续至今。该品牌目前由洛朗·德阿尔古（Laurent d'Harcourt）领导，而于贝尔·德·比伊（Hubert de Billy，保罗杰的玄外孙）为商务总监。多米尼克·珀蒂（Dominique Petit）自 1999 年起担任首席酿酒师。

保罗杰的香槟口感充盈，均衡了来自比诺葡萄的深度与优雅精巧。品牌的**陈酿干香槟**（$）是香槟区最有特色的非年份天然之一，兼具圆润酒体与鲜

活酸度。**纯超天然香槟**（$$）实际上为 2007 年引入的零补液香槟，它选自更丰熟、更具花香的基酒，以平衡补液的缺失。保罗杰优良的年份**白中白**（$$$）是一款极具特色的葡萄酒，尽管它完全由来自白丘特级园的霞多丽酿成，却还拥有与比诺葡萄带来的保罗杰式风格相呼应的丰腴酒体和丝滑浓郁。该品牌的年份**天然香槟**（$$$）的个性与长寿堪称传奇，它还构成了浓郁的年份**桃红香槟**（$$$）的基础，后者掺入了来自昂博奈、布齐以及屈米埃的红葡萄酒。

保罗杰之名与温斯顿·丘吉尔紧密联系在一起，他在 1908 年成为该品牌客户。1944 年，丘吉尔结识了奥黛特·保罗杰（Odette Pol-Roger），开启了一段持续至他 1965 年逝世的友谊。他离世 10 年后，酒庄打造了一款纪念他的特酿——**丘吉尔纪念香槟**（$$$$）发售于 1984 年，很快成为香槟区最著名的名酿之一。它主要由黑比诺构成，是一款浓郁、生机勃勃的香槟，这正是丘吉尔欣赏的风格。它还专门取材于丘吉尔去世前便已对酒庄颇为重要的特级园村。

珍妮玫瑰
ROSES DE JEANNE
巴尔丘

在位于朗德勒维尔的珍妮玫瑰酒庄，塞德里克·布沙尔酿造了极少量鹤立鸡群的精致香槟。自 2000 年获得第一座葡园，他只酿造单一园、单一年份绵密而凝聚的香槟，有时甚至在传统香槟消费者中也引发了争议。全部香槟的酿造均采用同样手法：异乎寻常的低产量，葡萄酒在不锈钢酒罐里发酵并以 4.5 个大气压（而非通常的 6 个大气压）灌装。由于这两点特殊之处，它们在发售前都会酒泥陈化 3 年。

布沙尔如今生产 7 种香槟，每种都源于其自有地块（通常面积十分狭小）。他的葡萄酒均在不锈钢酒罐内酿制，在酒泥中陈化最短时间，并且零补液发售。**瓦尔维莱纳丘**（Côte de Val Vilaine，$$）是一座位于波利西村的黑比诺葡园，其同名香槟较其他产品更早发售，以突出它香甜、鲜活的果味。**贝沙兰丘**（Côte de Bechalin，$$$）更成熟，更具异国情调，拥有醇和的深度及生动的结构。新葡萄酒**普雷勒**（Presles，$$$）源自布沙尔 2007 年种植的一片葡园（植入了 10 种不同根茎以便令基因最大程度多样化），是一款紧致凝聚却又具备丰富果味的香槟。而以布沙尔最初葡园命名的**佑素乐**（$$$）可能是上述 4 种黑中白香槟中最复杂、最完整的。

2004 年，布沙尔首度灌装了**拉奥特勒布莱**（La Haute-Lemblé，$$$），它来自面积不到 1/3 英亩（11.8 公亩）的一个南向霞多丽地块。当地的温暖气候打造出一款丰熟浓烈而又结构紧凑的白中白香槟，它在发售后通常需要数年时间沉淀以变得更为和谐。来自种植于 20 世纪 60 年代白比诺葡萄的**拉博罗雷**（$$$）是香槟区最原生态的葡萄酒之一，带有细腻的茶叶、高山草本植物以及欧甘草的芳香。然而，布沙尔最杰出的葡萄酒非**克勒德昂费**（$$$$）莫属，这是一款具备少见优雅、精细的桃红香槟。它仅由三列黑比诺葡萄酿成，用脚踩碎榨取并浸泡葡萄皮以得到一款既微妙含蓄又如万花筒般复杂的桃红香槟，需要细品而非牛饮。

沙龙
SALON
白 丘

沙龙在香槟品牌中是独一无二的，因为它仅生产一款葡萄酒（专门来自奥热尔河畔勒梅尼勒，并只在最佳年份酿造）。其创始人欧仁艾梅·沙龙最初只酿造葡萄酒自用，在家中宴请时用来款待宾客——据我们所知他的第一个收获季是 1905 年。沙龙供销售的第一个年份则是 1921 年，该品牌很快便赢得了拥趸。欧仁艾梅·沙龙于 1943 年去世，此后数十年中，其葡萄酒风格依旧，却几经转手。如今它属于罗兰百悦集团，后者还拥有勒梅尼勒隔壁的德乐梦。二者为姐妹品牌，共享办公室与设备，但其酒窖彼此独立运作。

如今，**沙龙香槟**（$$$$）取材于奥热尔河畔勒梅尼勒核心的 20 个地块（包括欧仁艾梅·沙龙时代的一些地块）。沙龙香槟风味浓郁，洋溢着白垩气息，温文尔雅地展现出勒梅尼勒风土。它以长寿著称，需要时间以臻化境，不过最近的年份和过去相比平易近人了许多。由于稀有昂贵，对许多人而言沙龙难以一亲芳泽，不过，品尝成熟的沙龙香槟依然是在香槟区最棒的体验之一。

萨瓦尔
SAVART
兰斯山

弗雷德里克·萨瓦尔 2005 年接手了家族酒庄，他种植了 10 英亩（4 公顷）葡萄，7.4 英亩（3 公顷）位于埃屈埃，其余在相邻的维莱尔奥诺厄德

村。除了 1 英亩（0.5 公顷）霞多丽，大部分地块种植的是黑比诺。尽管它们均采用有机种植，但方式上考虑了各自的独特需求：一些完全犁耕，一些只耕犁葡萄藤下，在一些葡萄密集种植的古老地块保留了永久遮盖作物。他的大部分葡萄酒在不锈钢酒罐内酿造，不过他逐步增加了木桶发酵的比例。萨瓦尔香槟丰腴、口感浓郁：非年份**绽放**（L'Ouverture，$）由来自埃屈埃的纯黑比诺酿成，是一种鲜活、充盈口腔的葡萄酒；**告成**（L'Accomplie，$）是一款珍贵的黑比诺、霞多丽混酿，更具结构性和细节。他的年份天然名为**拉内**（L'Année，$$），是一款避免乳酸菌发酵并完全在木桶内酿制的黑比诺、霞多丽混酿。与之对比的是，年份**表现**（Expression，$$$）是一种由埃屈埃超过 60 年老藤黑比诺酿造的凝聚、结构性强的自然香槟；加入少量红酒后便成了**表现桃红香槟**（$$$）。**基督山**（Mont des Chrétiens，$$$）旧名红心夫人（Dame de Coeur），是一款纯霞多丽香槟，源自埃屈埃的同名葡园。它在 600 升橡木桶内酿成，咸辛、多石的矿物质风味令框架紧致、灵动，却又酒体丰腴。

弗朗索瓦·塞孔德
FRANÇOIS SECONDÉ
兰斯山

锡耶里或许已不再是当年那个贵气的村庄（参见第 29 页），但由于弗朗索瓦·塞孔德（如今唯一纯锡耶里香槟的来源），它依旧保持着生机。这些葡园与韦尔兹奈的葡园毗邻，它们在个性上有着千丝万缕的联系。然而，塞孔德常常较晚采摘葡萄，因

为天然的高成熟度，赋予了它们在兰斯山以北罕见的鲜活、丰富的果味。其最佳葡萄酒为拉洛热（$）是由他在锡耶里的几处顶级地块的黑比诺老藤（大部分超过 50 年）酿制的黑中白香槟。它丰熟、口感浓郁，其香辛、黑色水果风味收纳于柔滑、线性的框架内，反映了北部山区风貌（虽然相较于韦尔兹奈、韦尔济葡萄酒它的酒体更为轻盈）。他还打造了一款年份单一园白中白香槟（$），来自名为莱布朗热尔曼的温暖地块（种植于 1962 年）。它始终甚晚采摘，其果味带有异乎寻常的热带风情以及豪华的腔调。

让－马克·塞利克
J.-M. SÉLÈQUE
埃佩尔奈南坡

埃佩尔奈南坡最新升起的明星是让－马克·塞利克，他已与堂兄分割了家族葡园并在皮耶尔里建立了自己的酒庄。如今他种植了 18.5 英亩（7.5 公顷）葡萄，位于埃佩尔奈南坡、迪济、埃佩尔奈、马尔德伊、布尔索尔甚至白丘南部的韦尔蒂的 7 个不同村庄。它们彼此的距离令他以自己偏爱的方式种植其全部地块变得困难，所以目前，皮耶尔里、穆西、埃佩尔奈、马尔德伊附近的葡园采用了活机种植，而较远的葡园则采取有机种植。除了最陡峭的地块，所有葡园都采用犁耕，并尽可能单独酿造自己的地块。

非年份索勒桑斯（Solessence，$）是塞利克风格的上佳样本，口感浓郁而又不失活泼。五重奏（Le Quintette，$）是由来自皮耶尔里、迪济、埃佩尔奈、马尔德伊、韦尔蒂五个地块的霞多丽调制而成的白中白香槟，兼具白丘源自矿物质的紧致与邻近马恩河村庄的丰熟酒体。在皮耶尔里的莱古德多葡园，塞利克拥有种植于 1951 年、1953 年的莫尼耶葡萄，他用它们酿造了名为独唱者（$$）的单一园香槟——在其丰富的果味之下充分体现了皮耶尔里含燧石、多石的土壤。目前他的最佳葡萄酒是名为帕尔蒂雄（$$）的年份香槟，它来自其 5 座村庄的 7 个最佳地块，其中 5 处为霞多丽，另外 2 处分别是黑比诺和莫尼耶。这款混酿可谓琴瑟相和，集众地块之长并将其融为一体，这亦是风土在顶级香槟混酿中所扮演角色的一种体现。

雅克·瑟洛斯
JACQUES SELOSSE
白　丘

在香槟区，没有哪家酿酒商如同安塞尔姆·瑟洛斯一样遭受了"甲之蜜糖，乙之砒霜"式的评价。他的葡萄酒对一些人而言无与伦比，但另一些人却觉得它们不可理喻。毫无疑问，其葡萄酒中蕴含着明显的个性。不过，这些葡萄酒亦诉说着自己的生命，并且它们位居世界最佳之列。

瑟洛斯的父亲雅克 1947 年在阿维兹购买了葡萄藤并于 1964 年开始灌装香槟。安塞尔姆在 1974 年接管酒庄之前于勃艮第学习，在此后 40 年间它成了香槟区最具影响力的果农－酿酒商之一。虽然瑟洛斯受到有机、活机果农的推崇，但他拒绝盲从于上述任何一个体系。其葡萄种植哲学根植于对自然深深的尊重以及对保持生态平衡的整体信念，但他拒绝任何他认为是教条主义的体系。"我与日月一同工作。"他说。那才是他渴望的体系。其全部葡萄酒均在木桶内以本地酵母发酵，不过，酒窖内几乎没有什么是一成不变的，因为他会为每款葡萄酒量身订造。结果便产生了具备空前复杂度与个性的香槟，其特色为惊艳的多层次深度以及对属地敏锐、老练的表现力。

原初（Initial，$$$）以及**原版**（Version Originale，缩写为 V.O.，$$$$）代表着系列中最年轻的葡萄酒：均为由阿维兹、克拉芒和奥热尔葡萄混酿的白中白香槟，但**原初**来自山坡较低位置，那里的土壤更厚，而**原版**来自更陡峭的地块，更加紧致凝聚。鲜活优雅的**桃红香槟**（$$$$）采用了霞多丽的**原版**并加入了 7% 或 8% 的红葡萄酒（购于昂博奈的欧歌利屋）。瑟洛斯最别致的香槟当属**物质**（$$$$），它以雪利酒式的索雷拉法酿造（参见第 50 页），源于阿维兹葡园莱尚特雷内斯、莱马维尔拉纳，包含了自 1986 年以来的每个年份，打造出一款宏大、多层面的葡萄酒。瑟洛斯的年份**白中白香槟**（$$$$）也被用于表现阿维兹，它来自白垩的莱尚特雷内斯以及富含黏土的莱马拉德里斯杜米迪，始终大气并具有浓烈风味。

瑟洛斯对风土探索的最新表现当属其非同寻常的 6 个地块。该项目始于一款名为孔特拉斯特的黑比诺香槟，它来自艾伊的葡园拉科特法龙，从 1994 年起按照索雷拉法酿制。2003 年后，该葡萄酒被更名为**艾伊拉科特法龙**（$$$$），由于其漫长的索雷拉法酿造史，成为一款多层次、表现力丰富的葡萄酒。此酒被加入了另外 5 种单一园香槟，每种亦采用索雷拉

法。绵密、白垩风味浓厚的**奥热尔河畔勒梅尼勒莱卡雷勒**（$$$$）始于 2003 年，而优雅端庄的**昂博奈勒布迪克洛**（$$$$）于 2004 年接踵而至。同年创制的还有两款稀有的白中白香槟：**克拉芒舍曼德沙隆**（$$$$）既香辛又浓郁，**阿维兹莱尚特雷内斯**（$$$$）晶莹剔透、精细绝伦，尝起来几乎像是白垩精华的蒸馏。补足这个系列的是 2005 年的**艾河畔马勒伊苏勒蒙**（$$$$），是一款鲜活、富有矿物质风味的黑比诺香槟，来自菲丽宝娜著名歌雪葡园背后的一座山丘。这一香槟系列位居全世界最具风土表现力、最耐人寻味的葡萄酒之列，由于安塞尔姆·瑟洛斯计划退休并将酒庄传给儿子纪尧姆，上述葡萄酒代表了他的技术巅峰、非凡职业生涯的顶点，并且是其毕生探索的结晶。

苏尼
SUENEN
白　丘

奥雷利安·苏尼是白丘最著名的新星之一，他于 2009 年接管了在克拉芒的家族酒庄。他在舒伊利、克拉芒、瓦里种植了 7.4 英亩（3 公顷）霞多丽葡萄，在兰斯北部的圣蒂耶尔里丘陵还有 5 英亩（2 公顷）黑比诺和莫尼耶。他受朋友帕斯卡尔·阿格帕特的激励，投身于风土研究，并通过在葡园、酒窖兢兢业业的工作去表现它们的独有特质。葡园作业大部分为有机并辅以部分活机试验，但和阿格帕特一样，他更倾向于自成一派。自 2013 年以来，他专注于自己的白丘葡园，卖掉了其他地方的大部分黑比诺、莫尼耶葡萄，因为他觉得那些地块有些鞭长莫及（唯一保留的是位于蒙蒂涅 [Montigny] 村种植着

65 年未嫁接莫尼耶老藤的"大葡园"［La Grande Vigne］）。他 1/4 的产品在各种尺寸的橡木桶内酿制，其余的在搪瓷钢罐（他更喜欢不锈钢）或蛋形水泥罐内制造。其发酵中本地酵母所占比例在逐步提升，葡萄酒根据其个性来决定是否乳酸菌发酵。

尽管苏尼最初发售了一系列经典的非年份天然、非年份或年份白中白以及天然桃红香槟，但他最终重新构建了自己的佳酿以更好地体现其聚焦风土的哲学。从基于 2013 收获季的葡萄酒开始，他打造了两款非年份白中白香槟：C+C（$$）由克拉芒和舒伊利葡萄混酿而成[28]，另一款则完全来自瓦里（$$）。后者尤其有趣，因为这是我第一次见到纯瓦里香槟。此外，截至 2012 年、2013 年收获季，苏尼酿造了 4 款年份单一园香槟，不过，到本书撰写时尚未发售：**克拉芒莱罗巴茨、瓦里拉科吕埃特、舒伊利蒙泰居以及蒙蒂涅大葡园**。

泰廷爵
TAITTINGER
兰 斯

这个著名品牌 1734 年以福雷 – 富尔诺之名创立，20 世纪 30 年代被皮埃尔·泰廷爵收购。从 1942 年起，它便一直位于当前兰斯尼凯斯山的地址，正好在 13 世纪圣尼凯斯修道院遗址上方，它在此拥有一系列壮观的"克耶阿"（高卢 – 罗马时代白垩矿洞）。泰廷爵以其非年份天然香槟闻名，在美国——被称作**拉法兰西斯**（La Française，$），而在世界其他地方则名为陈酿。更精致的则是**序曲**

（Prélude，$$），是一款来自白丘、兰斯山特级园村（例如阿维兹、奥热尔河畔勒梅尼勒、马伊香槟、昂博奈）霞多丽与黑比诺的混酿。从 2002 年起，酒庄还以马尔凯特埃城堡（位于皮耶尔里，参见第 167 页）附近的自家葡萄灌装了一款单一园香槟，名为**情迷马尔凯特埃**（Les Folies de la Marquetterie，$$），是一种由生长在陡峭、西南向山坡的霞多丽、黑比诺构成的混酿，鲜活优雅，其中约 20% 在大型的 4000 升橡木桶内发酵。泰廷爵的名酿**香槟伯爵**（Comtes de Champagne，$$$）是一款完全源自白丘特级园村的白中白香槟。它是一种美丽、高雅的香槟，需要长期酒窖陈化方能尽显特质和复杂度，我发现根据收获年份，它的陈化期在 15 年至 25 年间为最佳。其比诺对应版本为**桃红香槟伯爵**（$$$$），大部分由来自昂博奈、布齐、韦尔兹奈的黑比诺构成，还有一些来自白丘的霞多丽以及少量布齐红葡萄酒。它是一款性感魅人的香槟，展现出一幅黑比诺既高雅又诱人的画卷，它还是一种能够充分陈化的桃红香槟，其潜力甚至超过了白中白版本。

塔兰
TARLANT
马恩河谷

塔兰家族至少从 1687 年便在马恩河谷种植葡萄。如今，伯努瓦·塔兰与妹妹梅拉妮共同管理家族酒庄，在 4 个村庄的超过 40 个地块培育了 32 英亩（13 公顷）葡萄。塔兰的半数葡园种植着黑比诺，30% 为霞多丽，19% 为莫尼耶，这在马恩河谷是少见的。另外，塔兰还种植了少量白比诺、阿尔巴

纳、小梅莉，用于酿造美味而具有异域水果风情的BAM！（$$$）。酒庄的栽培工作秉承生物多样性及可持续发展理念，并根据各地块需求量身定做——在适当的地方种植了遮盖作物，肥料与除虫方式均为有机。塔兰将各地块分别压榨、酿造以保持其个性，大约一半产品在木桶内发酵、陈化并排除乳酸菌发酵。非年份零号天然（Brut Zéro，$）是一款优秀的零补液香槟，由黑比诺、莫尼耶、霞多丽等比例混酿，以避免一种葡萄独占鳌头。他还酿造了一款香辛、柑橘味的零号桃红香槟（$$），这是香槟区少有的几款零补液桃红酒之一。他酿造的年份葡萄酒中有几款单一园香槟：安唐葡园（$$$$）是一支来自少有的未嫁接霞多丽地块的芬芳、具有土壤特色的白中白香槟，而德多葡园（$$$）则是一款浓郁、柔滑的香槟，由1947年种植的莫尼耶葡萄酿成。塔兰生产了一款名为罗亚尔葡园（$$$）的黑中白香槟，兼具葡萄的紧致与鲜活，取材于马恩河谷西部的塞勒莱孔代村。顶级产品为路易佳酿（$$$），它混合了奥厄伊利莱克雷恩（Les Crayons）葡园中的黑比诺与霞多丽，是一款大气、馥郁的葡萄酒，其构造雄伟，体现了毗邻河流的血缘。

瓦尔尼耶–法尼耶
VARNIER-FANNIÈRE
白　丘

德尼·瓦尔尼耶自1989年起执掌其家族位于阿维兹的酒庄，在特级园村阿维兹、克拉芒、瓦里和奥热尔种植了10英亩（4公顷）葡萄。他笃信老藤，其酒庄的葡萄藤平均树龄在30年至50年之

间。瓦尔尼耶的香槟浓郁中带有明显白垩风味。其非年份白中白香槟（$）来自阿维兹、克拉芒、奥热尔，混酿中超过半数为陈酿。此酒的一部分以零补液形式发售，名为零号天然（$），这恐怕更适合该混酿：白中白香槟华丽柔顺，而零号天然香槟尝起来酒体既坚固又光滑。瓦尔尼耶的最佳葡萄酒为圣但尼佳酿（Cuvée Saint-Denis，$$），是一款取材于超过70年葡萄藤酿成的鲜活、复杂的白中白香槟。历史上这是一种来自白垩地块格朗佩尔葡园的单一园香槟，不过到了2012年版，它包含了一些来自皮埃尔·沃东70年老藤的霞多丽葡萄。瓦尔尼耶的年份丰年香槟（Grand Vintage，$$$）来自其阿维兹、克拉芒最古老的葡萄藤。它始终是一款结构严密的葡萄酒，具备优异的和谐性与水果深度。

维扎–科卡尔
VAZART-COQUART
白　丘

维扎–科卡尔是舒伊利最卓越的酒农酒庄，在该村超过30个的地块中拥有27英亩（11公顷）葡萄。目前它由让–皮埃尔·维扎（Jean-Pierre Vazart）管理，其香槟富有舒伊利风土特色，显现出圆润、芬芳的丰熟。该品牌的顶级产品为小农香槟，有趣的是，维扎以两种不同版本发售这款白中白香槟。大布凯（Grand Bouquet，$$）二次发酵时以标准皇冠盖装瓶，在4年酒泥陈化后发售，是一种富有表现力、口感浓郁的香槟。然而，小农香槟（$$）是以软木塞而非皇冠盖封装的同款混酿并酒泥陈化5年，它始终是更加精致、更加复杂的葡萄酒。

J.-L. 韦尔尼翁
J.-L. VERGNON
白　丘

克里斯托弗·康斯坦自 2002 年起担任这家酒农酒庄的酿酒师，并令它成为村里的明星制造商之一。韦尔尼翁的 12 英亩（5 公顷）葡萄散布于奥热尔河畔勒梅尼勒、奥热尔、阿维兹、韦尔蒂、维勒讷沃（Villeneuve）等白丘村庄。大部分采用有机种植并收获特别成熟的果实，这让康斯坦得以排除乳酸菌发酵并只使用最少补液。酒庄的一级园被用于酿造白中白香槟**呢喃**（Murmure，$），而它来自勒梅尼勒、奥热尔、阿维兹的特级园则混酿为非年份白中白香槟**交谈**（Conversation，$）及超天然香槟**雄辩**（Eloquence，$）。二者都很优秀：交谈将丰熟、柔滑的果味带入前调，而雄辩则更侧重于清爽、含盐的白垩风味。**罗斯摩匈**（Rosémotion，$$）是一款鲜活、优雅的超天然桃红香槟，在特级园霞多丽基酒中掺入了来自艾伊马恩河流域的红葡萄酒。韦尔尼翁的年份酒名为**表现**（Expression，$$），也是一款选自勒梅尼勒、奥热尔、阿维兹超过 40 年老藤的混酿。酒庄最佳葡萄酒为年份**秘密**（Confidence，$$），完全以奥热尔河畔勒梅尼勒老藤葡萄在 300 升至 400 升橡木桶内酿成。秘密作为自然香槟发售，浓烈、复杂，有着勒梅尼勒醒目的紧致矿物质风味。

让·韦塞勒
JEAN VESSELLE
兰斯山

虽然布齐有许多家韦塞勒，但这家自 1993 年由德尔菲娜·韦塞勒（Delphine Vesselle）管理的酒庄因其成熟浓郁的香槟而鹤立鸡群。韦塞勒葡园 90% 种植的是黑比诺，酒庄 32 英亩（13 公顷）葡萄中，约 17 英亩（7 公顷）位于布齐，其余则在白丘的洛什（Loches）。韦塞勒的葡萄酒中，表现力丰富的**超天然香槟**（$）可谓杰出，依据年份，可以零补液或轻微补液。它并未对低补液香槟潮流亦步亦趋，因为该酒庄在 1975 年便将此酒作为零补液香槟打造。**天然名酿**（Prestige Brut，$$）完全源自布齐，而**帕特里奇之眼**（$$）是一款罕见的向 19 世纪致敬的葡萄酒，那个年代的香槟常常有一抹浅色。[29] 其丝滑紧致显然源自其颜色，但韦塞勒坚称它是一款黑中白香槟而非桃红香槟。**小葡园**（$$$）是酒厂前方一处种植了 30 年的黑比诺葡萄的袖珍地块，1995 年首度作为单一园香槟被酿造。它摈除了乳酸菌发酵并在大桶内酿造，是一款柔滑、馥郁的香槟。

凯歌香槟
VEUVE CLICQUOT
兰　斯

芭布－妮可·彭莎登在丈夫 1805 年英年早逝后，作为凯歌的遗孀不畏艰难地接管了酒庄，并在随后的 40 年中令其成为香槟区最重要的酒庄之一。如今，凯歌香槟是全球最受认可的香槟商标之一，在首席酿酒师多米尼克·德马尔维尔的领导下，该品牌在葡萄种植和酿酒方面均持续精进。凯歌香槟最著名的是其黄标非年份**天然香槟**（$），不过，真正重要的是年份**天然香槟**（$$），由大约 20 座不同的特级园、一级园葡萄调制而成。这是一款浓郁醇和的香槟，尽显黑比诺的魅力。作为对比，凯歌的名酿**贵妇人**（$$$）则聚焦于精致细腻，德马尔维尔的目标是用此款佳酿尽可能地表现黑比诺的优雅曼妙。由于黑比诺是该品牌的经典葡萄品种，其桃红香槟为凯歌强项之一便不足为奇。尽管非年份**桃红香槟**（$$）已然不错，但能体现真正价值的当属**年份桃红香槟**（$$），它加入了来自布齐的红葡萄酒，风味突出，并具备强烈、香辛的复杂度。**贵妇人桃红香槟**（$$$$）的红葡萄酒源自酒庄位于布齐的科林葡园（Clos Colin），它出产极为优雅细腻的黑比诺葡萄。这弥补了葡萄酒的精细，创造出一款鲜活、轮廓清晰的桃红香槟。

弗夫富尔尼父子酒庄
VEUVE FOURNY ET FILS
白　丘

埃马纽埃尔·富尔尼与夏尔－亨利·富尔尼两兄弟是韦尔蒂的第五代葡萄酿酒果农，他们试图打造出表现该村复杂风土的香槟。他们的葡园大部分采用有机种植，在酒窖内，收获葡萄的大约 1/3 在二手大桶内发酵。富尔尼的多数葡萄位于韦尔蒂北部，那里土壤更富含白垩：杰出的非年份**白中白香槟**（$）源于这一地段（大部分来自莱蒙费雷），而非年份**白中白自然香槟**（$）亦出自这里，选取了能提供零补液香槟所需深度及酒体的老藤葡萄。富尔尼的年份**天然香槟**（$$）源自附近莱巴里耶的葡园，是一种丰熟、复杂的葡萄酒，以带烟熏、燧石气息的白垩风味著称。

富尔尼还有几款印证韦尔蒂风土多面性的葡萄酒。在村庄中央的是**郊区圣母院葡园**（$$$），这是一片狭小的白垩地块，其葡萄藤种植于 1951 年。此地围墙环绕，产出成熟、坚毅的葡萄酒，其凝聚因低产量、木桶发酵和长期酒泥陈化而得到加强。在村庄南侧，富尔尼利

洛朗·尚
威尔马特

用土壤更深、更含黏土的地块酿造了大气、芬芳的**大陈酿**（Grand Réserve，$），由80%霞多丽与20%黑比诺混酿而成（韦尔蒂是白丘少见的以黑比诺闻名的村庄之一）。富尔尼还以来自莱鲁热蒙（一个陡峭、东向的红色黏土地块）的黑比诺葡萄酿造了一款**放血法桃红香槟**（$$）。它色泽浓郁，香气扑鼻，几乎可当作一款浅红葡萄酒饮用。

威尔马特
VILMART ET CIE.
兰斯山

威尔马特的历史可追溯至1890年，当时由德西雷·威尔马特（Désiré Vilmart）创立。其玄外孙洛朗·尚（Laurent Champs）从1989年起接管酒庄，令它成为兰斯山最佳的果农–酿造商之一。威尔马特27英亩（11公顷）葡萄的大部分位于里伊拉蒙塔涅。威尔马特是阿佩洛（Ampelos）[30] 组织的一员，该组织致力于促进活机、可持续种植，而尚自接手酒庄起就未用过除草剂和化肥。所有葡萄酒均在不同尺寸的橡木桶内发酵、陈化，并从不进行乳酸菌发酵。**大酒窖**（$$）来自富含白垩的地块布朗什瓦，它兼用勃艮第桶与600升大橡木桶（demi-muids）酿造，后者尺寸更大，可提高葡萄酒与木头作用的比率。威尔马特的顶级葡萄酒是**核心库维**（$$$），专门取材于布朗什瓦超过50年的葡萄老藤。它是一款值得长期陈化的香槟，发售后需要长达10年时间方能充分绽放。威尔马特还打造了一款杰出的桃红酒，名为**红宝石佳酿**（Cuvée Rubis，$$$），口感柔顺，果味优雅，而年份桃红香槟**红宝石大酒窖**（Grand Cellier Rubis，$$$）仅在最佳年份生产。

威特&索比
VOUETTE & SORBÉE
巴尔丘

1986年，贝特朗·戈特罗在阿尔克河畔比克西埃开始种植葡萄，他是香槟区最直言不讳的活机种植拥趸之一，于1998年得到生物动力法认证。虽然他曾将葡萄卖给当地合作社，但朋友安塞尔姆·瑟洛斯说服他酿造自己的葡萄酒。2001年他以威特＆索比为酒标（得名于其主要的两座葡园）开始起步。

戈特罗的香槟是纯粹原生态的，并且自成一派，尝起来与葡萄栽培方式和地域息息相关。他的所有葡萄酒均在橡木桶内以本地酵母酿造，加入最少剂量的硫，以零补液发售。他主要的葡萄酒**菲代勒**（$$）由种植于白丘启莫里阶土壤上的黑比诺酿成。它在青年期通常显得自闭无华，但在吐泥数年后将会展现出浓郁的芬芳深度。他以索比葡园（位于波特兰土壤上）打造了一款香辛、自信的桃红酒，名为**放血法红宝石**（$$$）。它的风味厚重强烈，尝起来几乎像一款红葡萄酒。从2010年起，他酿造它时完全不加入硫，以突出其香辛的特质。第三款酒是**泥土之白**（$$$），是一款绵密、口感浓郁的白中白香槟。戈特罗为了此酒进行了大量的剪枝，低产量在保证香甜果味的同时又突出了带有盐味、燧石气息的矿物质风味。他的最新款葡萄酒为**质感**（Textures，$$$），完全以白比诺葡萄连皮在陶质容器内酿造，是一款精细、醇和的葡萄酒。

RÉCAPITULATIO

Terroirs	Cadastre		Lieux-dits	Natures	Superficies	Origi de Proprié
	S^ons	Numéros				
Dizy	B	1160 - 1161 - 1166	Le Léon	Terre	15 69	
_d°_	_d°_	957 à 960 - 1003ᵇ	Milnon	Vigne	28 36	
_d°_	_d°_	877,878 - 889 à 897	_d°_	_d°_	19 00	
_d°_	_d°_	951 à 954	Crohau	_d°_	12 40	
_d°_	_d°_	885	_d°_	Friche	3 46	
Ay	_d°_	1503ᵃ - 1505ᵃ	Vauzelle - Crohau	Vigne	35 15	
_d°_	_d°_	743	Haut - Crohau	Dépot	0 73	
_d°_	_d°_	1516	Vauzelle - Crohau	Terre	3 08	
_d°_	_d°_	1514	_d°_		18 08	
_d°_	_d°_	1582ᵃ	_d°_		14 86	
	_d°_	1607	_d°_	Friche	4 38	
	_d°_	1599ᵇ	_d°_	Vigne	25 61	
	_d°_	1648	Vauzelle	Friche	4 40	
	_d°_	1652	_d°_	Terre	7 25	
	_d°_	1364	Les Villers	Vigne	1 19 03	
	_d°_	1704ᵃ	Pierre Robert	_d°_	23 28	
	_d°_	1750	_d°_	_d°_	21 11	
	_d°_	1796 1799	Bonotte-Pierre-Robert	_d°_	72 06	
	_d°_	1801	_d°_	_d°_	31 18	
	_d°_	1846	_d°_	Terre	6 87	
	_d°_	1807	_d°_	Vigne	22 53	
		1312ᵇ	Vauregnier - Villers	Dépot	0 27	

注　释

序言

1. 沙龙香槟酒庄由欧仁·艾梅·沙龙在 20 世纪初期创建于法国香槟区，1921 年开始公开推出香槟酒。其香槟产量较低，品质极高，享有盛誉。——译注

2. 法国行政区划分为大区、省和市镇。本书中所列村庄一级区域皆为市镇。——译注

3. 巴罗罗是一种产于意大利北部皮埃蒙特地区，以内比奥罗（Nebbiolo）葡萄为主要原料的红葡萄酒，是高端意大利葡萄酒的代表之一。——译注

Chapter I　首选之地

1. 路易王妃（又名路易侯德）是法国五大著名香槟品牌之一，创立于 1776 年，如今年产量超过 350 万瓶，远销世界上百个国家。——译注

2. 这里的"产地"并非大片的地区，应该是具体到葡萄园的小块土地。——译注

3. 法国的顶级酿酒用葡萄多生长于东北部勃艮第等地区。——译注

4. 罗曼尼康帝酒庄位于法国勃艮第夜丘产区（Côtes de Nuits），是法国历史最悠久的酒庄之一，1936 年被法国政府评为特级园。它出产的葡萄酒品质极高，数量稀少，在拍卖会上单瓶均价常常突破 1 万美元，是高档法国葡萄酒的代表之一。后文中提到的踏雪、李奇堡均为葡萄果园名。——译注

Chapter II　一段历史

1. Saint-Évremond, *Works* 2:5.

2. 里格（League）是一种古老的长度单位，在英国相当于 3 英里，在法国相当于 4.678 公里。——译注

3. Vizetelly, *History*, 31.

4. 法语词，尤指种葡萄的山坡或丘陵。——译注

5. 译者在此沿用了中国葡萄酒资讯网的译法，按照字面直译应为"香槟之坡会"。香槟襟彰会官网为：https://www.ordredescoteaux.com/ ——译注

6. 有人以在香槟区出土的罗马饮器、储物器作为一种葡萄酒文化的证据，但仅仅消费并不足以证明葡萄酒的确在此酿造。古代世界的贸易是相当广泛而高效的，葡萄酒很可能是一种舶来品。

7. 老普林尼为著名古罗马学者。他少时戎马，曾任军事职位（包括西班牙代理总督），后来开始半隐退的生活，主要进行研究和写作。其名著《博物志》(77)，是一部百科全书式作品（虽然以现代眼光看不甚准确），在中世纪之前一直是欧洲有关科学问题的权威之作。79 年，他在观察维苏威火山大喷发时死于烟雾窒息。——译注

8. 圣雷米（约 437—533）在 496 年为法兰克国王克洛维一世施洗，宣告整个法兰克王国皈依天主教（原本法兰克人信奉阿里乌教派），这是法国历史上的重大事件。——译注

9. 圣雷米的遗嘱记载于 9 世纪的《圣雷米传》(*Vita sancti Remigii*) 和 10 世纪弗洛多阿尔 (Flodoard, 893—966) 的《兰斯教会史》(*Historia Remensis ecclesiae*)。

10. Henderson, *History*, 151

11. Vizetelly, *History*, 7. 维泽特利或许将地点弄错了：当然，埃佩尔奈和埃邦山（Mont Ebbon，可能是今天的贝农山）是正确的，但他将梅尔菲拼写成了梅尔西（Mersy）。然而，根据法国学者让－克劳德·马尔西（Jean-Claude Malsy）的考证，信中的拉丁名 Calmiciaco 应为 Culmiciaco，即兰斯北部的科尔米西村（Cormicy），而非绍默里（Chaumery）。不幸的

是，信件原稿已经遗失，我们所拥有最早的抄本出自雅克·西尔蒙（Jacques Sirmond）1645 年的《安克马尔》（Hincmar opera, opuscula et epistolae）。西尔蒙版本的拉丁文如下："Vinum quoque non validissimum, neque debile, sed mediocre sumendum est: hoc est non de summitate montis, neque de profunditate vallium, sed quod in lateribus montium nascitur, sicut in Sparnaco in monte Ebonis, et in Calmiciaco ad Rubridum, et in Remis de Milsiaco atque Calmiciaco."

12. 拉乌尔（890—936），原为勃艮第公爵，由于西法兰克国王罗贝尔一世死后无男嗣，被贵族推举为国王。——译注

13. 即马扎尔人（Magyars），895 年，由 7 个部族组成的马扎尔邦联由东欧大草原迁入了喀尔巴阡山盆地，此后他们开始不断向西、向南发动袭扰战争，多次入侵法兰克王国，最远一次甚至到达了普罗旺斯。直至 955 年，神圣罗马帝国皇帝奥托一世在第二次莱希菲尔德会战中决定性地击败了马扎尔人，他们的侵扰才宣告终结。——译注

14. 儒勒·米什莱（1798—1874），法国著名历史学家，被誉为法国历史之父，著有《人民》《法国大革命史》《法国史》等。——译注

15. Bonal, Le livre d'or du champagne, 19.

16. 勃艮第公爵菲利普二世生于 1342 年，卒于 1404 年，因此，从年代上看，书中此处的勃艮第公爵应为菲利普三世（绰号"好人"，1396—1467）。——译注

17. 即腓力二世（1165—1223），卡佩王朝的一代明君，以精明干练，富有谋略著称。——译注

18. 现名为香槟沙隆（Châlons-en-Champagne），人口约 4.5 万，马恩省省会。——译注

19. 最终夺冠的酒来自塞浦路斯，一般认为就是鼎鼎大名的卡曼达蕾雅酒（Commandaria）。它曾经是 12 世纪第三次十字军东征时期，英国国王理查一世在塞浦路斯利马索尔举行婚宴所用的葡萄酒，被理查一世誉为葡萄酒之王。卡曼达蕾雅是至今仍在生产的葡萄酒中历史最悠久的。——译注

20. Bonal, Dom Pérignon, 45.

21. Vizetelly, History, 221.

22. Bonal, Le livre d'or du champagne, 23.

23. 一般认为上等白葡萄酒比较容易带有桃子味，故作者有此疑问。——译注

24. Vizetelly, History, 32.

25. 这段著名的引述很可能首度出现于 19 世纪 80 年代的一则香槟广告中。

26. Bonal, Dom Pérignon, 30. 传统上认为他出生于 1638 年 12 月，但博纳尔认为这只是为了让他的出生年与路易十四一致（路易十四去世于 1715 年，和唐·培里侬同年）。博纳尔引用当地教会记录，后者指出培里侬受洗日为 1639 年 1 月 5 日，并且他注解说在 17 世纪，人们一般于出生当天或第二天受洗。

27. Bonal, Dom Pérignon, 33.

28. Forbes, Champagne, 106–107.

29. Forbes, Champagne, 111.

30. Bonal, Dom Pérignon, 87.

31. Simon, History of Champagne, 57.

32. Vizetelly, History, 39.

33. Manière, 31.

34. 顺便提一句，这并非同时代唯一的起泡葡萄酒文献。1712 年 2 月，葡萄酒商贝尔坦·杜罗什赫（Bertin du Rocheret）写给他的客户马雷夏尔·德·孟德斯鸠（Maréchal de Montesquiou）的信中说："我这还有阁下订购的葡萄酒，3 普松（poinçons）皮耶尔里葡萄酒 400 里弗尔一大桶；还有 1 普松 250 里弗尔一大桶。它们必须在新年开始之时装瓶以制造您想要的起泡酒。"（Bourgeois, Champagne, 45-46）

35. 葡萄酒行家对它颇有微词。圣－厄弗若蒙对这种新时

尚嗤之以鼻。1701 年，他在写给高尔韦领主的信中说："那些追随起泡葡萄酒风潮的人令人感到十分遗憾。"他称这"始于 40 年前"（这将令起泡葡萄酒的缘起甚至早于戈迪诺的见解，不过倘若以此为真，我们便只能仰仗圣 – 厄弗若蒙的记忆）。

36. Simon, *History of Champagne*, 50.

37. Forbes, *Champagne*, 129.

38. 正如汤姆·史蒂文森（Tom Stevenson）和埃西·阿韦兰（Essi Avellan）在《克里斯蒂世界香槟及起泡葡萄酒百科全书》（*Christie's World Encyclopedia of Champagne & Sparkling Wine*）第 10 页写的那样，邱特是煮沸至体积仅剩一半的葡萄酒，而葡萄干提供了酵母与糖分的来源。施图姆的加入以及搭配软木塞的坚固酒瓶能提供发酵并封住二氧化碳。

39. 1615 年，海军上将罗伯特·曼塞尔爵士（Sir Robert Mansell）请求詹姆士一世国王禁止在玻璃熔炉使用木头生火，因为他想要储备造船用的木材。玻璃工匠被迫用煤炭代替。由于它更高的温度，导致生产出了更坚固的玻璃。

40. Vizetelly, *History*, 59.

41. 爱德华·贝里爵士（Sir Edward Berry，1768—1831），英国海军少将，曾担任英国海军传奇将领第一代纳尔逊子爵霍雷肖·纳尔逊舰队旗舰先锋号舰长，并参加了 1803 年英国击败拿破仑海军的特拉法加战役。——译注

42. Simon, *History of Champagne*, 69.

43. 在路易—皮埃尔（Louis-Perrier）1886 年的《香槟酒回忆录》（*Mémoire sur le vin de Champagne*）一书中，他证实了德高望重的葡萄酒商贝尔坦·杜罗什赫与其主顾马雷夏尔·德·孟德斯鸠之间的通信。在一封 1712 年 12 月 27 日的信件里，马雷夏尔不顾贝尔坦强烈反对向他订购一批起泡酒。无论如何，贝尔坦还是在来年为他灌装了，不过 1713 年 10 月 18 日的回信中，他指责马雷夏尔说，倘若没有酿造起泡酒，"你本可以发现它更好，然而，它并未从起泡中获益，在我看来，起泡是劣质葡萄酒的优点，只适宜啤酒、巧克力、淡奶油"。他接着说道："优质香槟应当清澈细腻，在杯中熠熠生辉，并取悦我们优良的品味，当它起泡后，由于尝起来有一股强烈的发酵和来自葡萄的气息，这一切荡然无存；它产生泡沫仅仅因为依旧处于酿造过程之中。"10 月 25 日，马雷夏尔有些羞怯地回复说："我明白要求你让葡萄酒起泡有多么糟糕；这是一种盛行各地的时尚，尤其在年轻人当中。"

44. 奥尔良公爵腓力二世为路易十四的侄子，1715—1723 年担任路易十五之摄政王，他以生活放荡无度、纵情声色犬马著称。——译注

45. Mastromarino, *Papers of George Washington*, 38–40.

46. Bonal, *Le livre d'or du champagne*, 59.

47. Bonal, *Le livre d'or du champagne*, 39.

48. 在法语中的基本含义是噼啪响的、冒泡的。——译注

49. Bonal, *Le livre d'or du champagne*, 40.

50. Forbes, *Champagne*, 143.

51. 拿破仑三世于 1851 年通过政变登基称帝，当时法国的铁路总长仅有 3500 公里（同期英国为 10000 公里），至 1870 年拿破仑三世因普法战争失败退位，法国的铁路长度已扩充至 20000 公里。参见：Pierre Milza, *Napoléon III*, Perrin, 2006, pp. 471–474。——译注

52. 香槟—阿登大区下的一个省份，因奥布河而得名。——译注

53. 根据人口普查数字，1872 年法国人口数为 3600 万，1909 年约 3900 万。——译注

54. Forbes, *Champagne*, 151.

55. 托马斯·杰斐逊（1743—1826），美国开国元勋之

一，《独立宣言》主要起草人，曾任第一任美国国务卿（1789 — 1793 年）、第二任美国副总统（1797 — 1801 年）、第三任美国总统（1801 — 1809 年）。此外，杰斐逊还是多才多艺的科学家，精通农学和园艺学。——译注

56. Hailman, *Thomas Jefferson on Wine*, 179.

57. Hailman, *Thomas Jefferson on Wine*, 180.

58. 布律拉尔家族代表人物还包括尼古拉之子、路易十三统治时期的法国外交大臣皮埃尔·布律拉尔（Pierre Brûlart，1583 — 1640）。——译注

59. 法国大革命见证了布律拉尔家族的城堡遭劫，其土地被充公，最后一代锡耶里侯爵查理－亚历克西斯·布律拉尔·德·让利斯（Charles-Alexis Brûlart de Genlis）于 1793 年被送上了断头台。不过，锡耶里葡萄酒的声誉此后依旧延续了很长时间：布律拉尔的葡园最终被其他品牌获得，最著名的为酩悦香槟和慧纳，在整个 19 世纪，锡耶里之名常常被用作一类商标。我见过酩悦香槟 19 世纪的酒标上写着"锡耶里起泡葡萄酒"（Sillery Crémant），1835 年凯歌香槟酒标上则是"锡耶里气泡酒"（Sillery Mousseux）；在堡林爵，你能见到"勒诺丹－堡林爵公司"的酒标。上面标注着"锡耶里大气泡酒"（Sillery Grand Mousseux），还有不少其他公司使用过锡耶里的名号，包括雅克森、路易王妃以及哈雷。

60. Vizetelly, *History*, 141.

61. 香槟区第二次主要的葡园分级尝试出现在 1873 年 10 月，著名报纸《葡园》（*La Vigne*）刊登了一份香槟区村庄排名表，试图以此为确立葡萄价格提供指引。和朱利安的作品不同，它仅包含最佳葡园，关于它最为人所知的事情恐怕是兰斯山和白丘在最佳风土上的此消彼长——或许反映了当时起泡酒的兴起。与朱利安相同，《葡园》将艾伊、韦尔兹奈奉为至尊，称其为顶级葡园，不过其中也包括克拉芒。布

齐、迪济、欧维莱尔和皮耶尔里被列为一级园，与之并列的还有阿维兹、奥热尔；勒梅尼勒与昂博奈、马伊和韦尔济一道被列为二级园。

更广泛的分级（尚不算官方）出现在 20 年后，由报纸《香槟酒农》（*Le Vigneron Champenois*）在 1895 年出版。这一份感觉和现代更加接近，将 137 座不同村庄分为了 3 个等级：13 个特级园（昂博奈、阿维兹、艾伊、布齐、克拉芒、马伊、艾河畔马勒伊、奥热尔河畔勒梅尼勒、蒙费雷、奥热尔、锡耶里、韦尔兹奈、韦尔济）；38 个一级园和 86 个二级园。（在 1896 年，他们将三座村庄升入了特级园——韦勒河畔博蒙、比瑟伊、卢瓦。）不同于此前《葡园》，这份分级不打算确立价格，而被报纸用来讨论该地区的葡萄收获。

62. 卢瓦尔、朗格多克分别位于法国奥弗涅－罗纳－阿尔卑斯大区和朗格多克－鲁西永大区。——译注

63. 法兰西第三共和国（1870 — 1940）实行两院制，上院为参议院，下院为众议院。——译注

64. 过去名为国家原产地命名协会（*Institut National des Appellations d'Origine*），2007 年更名，不过依旧有些奇怪地保留了缩写 INAO。

65. *La filière Champagne*, 3.

66. 沙龙香槟通常要发酵 10 年以上才会推向市场出售，其年份酒一般会间隔数年推出，最新的年份为 2006 年。——译注

Chapter Ⅲ　香槟是如何酿成的

1. 此处可能是指随着全球气候变暖，反而有利于香槟区的葡萄生长。——译注

2. 通常而言，香槟的酒精度略低于普通葡萄酒。——译注

3. 法语中字面意思为"葡萄渣"。——译注

4. "核心库维"概念并非独一无二，例如，酿造威士

忌时，便会去除头尾部分以得到更纯粹清澈的蒸馏精华。

5. 然而，有些酿酒者认为不锈钢过于中性，实际上抑制了葡萄酒并导致它过于缺氧。某些人更偏爱搪瓷钢，认为它更加透气，但由于停产，这种材料迅速地从该地区消失了。

6. 意为"黄油风味"。——译注

7. N.P.U. 是 Nec Plus Ultra 的缩写，意为"登峰造极"。——译注

8. 老式香槟酒标使用术语"起泡葡萄酒"（最著名的例子当属玛姆的克拉芒起泡葡萄酒，如今名为克拉芒玛姆）。为了保护香槟之名，香槟人在 1985 年说服欧盟在香槟区以外禁用"香槟起泡酒"一词。作为交换，他们放弃使用"起泡葡萄酒"，现在该名称用于指代其他地区的法国起泡葡萄酒（阿尔萨斯起泡葡萄酒、勃艮第起泡葡萄酒，等等）。

9. récemment dégorgé 的含义是最近去除酒泥，1961 年，当时堡林爵的掌门人莉莉·堡林爵在发售其 1952 年份香槟的同时首个推出了 R.D. 香槟的概念。——译注

10. Stevenson and Avellan, *Christie's World Encyclopedia*, 14.

11. 真正的矿物质风味是大气、带咸味的，本身就具备复杂性，而补液不足的香槟过分的干度钳制了风味，并妨碍了葡萄酒的长度与芬芳。

12. TCA 能产生一种强烈的霉烂报纸般的气味，其成因是木塞中的霉菌将来自杀虫剂等的氯酚转化成氯苯甲醚的结果。即使香槟中 TCA 的含量只有每升1.5 纳克（1 纳克等于 0.001 微克），人类依然能够察觉到。目前香槟中出现软木塞污染的概率大约为5%。——译注

Chapter Ⅳ　旧土，新农事

1. 巴黎盆地是一个占据法国国土面积 1/4 的沉积盆地，南北长 300 千米，东西跨度达 450 千米，包括诺曼底大区、巴黎大区、香槟 – 阿登大区和洛林大区。——译注

2. Chappaz, *Le vignoble*, 45. 在撰写于 1951 年极其详尽的《香槟葡萄藤》（*Le vignoble et le vin de Champagne*）一书中，他写道："显然，箭石白垩是为葡萄种植而生的，小蛸枕白垩则专门适用于农业……老一辈酒农尽管完全缺乏地理知识，却总是在两种白垩构造交界处停止种植葡萄。"

3. Wilson, *Terroir*, 67–68. 注意"第三纪"这个术语已不再使用，詹姆斯·威尔逊所指的时期应该是古近纪。

4. Wilson, *Terroir*, 68.

5. Chappaz, *Le vignoble*, 69. 说句题外话，那段时期奥布省广泛种植着佳美葡萄，1927 年的法律规定果农有 18 年时间去将其佳美葡园转换为认证品种之一。然而，直到 1952 年佳美才完全从香槟名录上消失。

6. Merlet, *L'abrégé*, 142. 梅莱不仅提到了莫尼耶的名字，还确认了它的词源："莫瑞兰塔孔内或莫尼耶得名于其白色粉状的叶片……"

7. 成立于 1899 年的小型精品香槟酒庄，国内亦有"金兰香槟"的译法。——译注

8. Robinson, Harding, and Vouillamoz, *Wine Grapes*, 821.

9. 波尔多液是一种由硫酸铜和熟石灰按一定比例调制而成的蓝色胶状杀菌悬浊液，因 19 世纪末波尔多地区首先使用而得名。——译注

Chapter Ⅴ　香槟区风景

1. 启莫里阶和波特兰阶均开始于侏罗纪晚期：启莫里阶从 1.57 亿年前至 1.52 亿年前，而波特兰阶（在国际地质分期上更常用提通阶［Tithonian］之名）略微年轻——1.52 亿年前至 1.45 亿年前。在白丘威特 & 索比的索比葡园附近，一堵岩壁的剖面揭示了两段岩层，下方是灰色、直线的启莫里阶，上方是粉色、纷

杂的波特兰阶。

2. 了解香槟区白垩岩床的最佳地点之一是从艾河畔马勒伊沿着马恩河通向马恩河畔图尔的公路。这里有一片古老的废弃白垩矿场裸露出一块巨大的、高达 100 英尺（30 米）的白垩岩墙。在角落及岩缝上可见鸟巢，偶尔还有树木从豁口拔地而起，但令人过目不忘的还是无边无际的白垩。

Chapter VI　白色葡萄，白色土壤：白丘

1. 虽然如此，北部的奥热尔与南部的舒伊利之间可相提并论：二者体现出一种圆润与果味，不过舒伊利或许更加丰腴，而奥热尔更具鲜活白垩风味。

2. 在这座试验葡园的其他功能中，它提供了对于本地未来葡萄栽培有价值的数据（尤其是面对气候迅速变化的情况下）。

3. 亨利·维泽特利（1820—1894），英国作家、出版人，曾长期为《伦敦新闻画报》撰稿，1887 年在伦敦成立了自己的出版社。此外，他也是著名葡萄酒专家，曾担任 1873 年奥地利维也纳和 1878 年法国巴黎两届万国博览会葡萄酒评审员，出版过多部葡萄酒专著，例如本书所引用的《香槟史》（1882）。

4. Vizetelly, *History*, 127.

5. 著名葡萄酒网站葡萄酒搜索（https://www.wine-searcher.com/）在 2018 年初选出了世界十大最佳香槟，阿格帕特的阿维佐伊斯香槟与维纳斯香槟双双上榜，评价均为 93 分，前者参考价格为 108 美元，后者为 179 美元。——译注

Chapter VII　探寻黑比诺的故乡：兰斯山

1. "小山"是个口语中的名称。正式称谓中，这里被分别划入了韦勒河谷（Vallée de la Vesle）与阿德尔河谷（Vallée de l'Ardre）——以流经此地的两条河流命名，包含了更大面积。

2. 马恩河畔图尔早在 1911 年便赢得了特级园地位（酒庄分级阶梯制中的 100%）。但这只适用于黑比诺葡萄。马恩河畔图尔的霞多丽在 1911 年仅被列为 75%，酒庄分级阶梯制于 2010 年废止前的最后一版中，它被列为 90%——是仅有的两座拥有一种葡萄特级园而另一种葡萄仅为一级园的村庄之一（另一座村庄是舒伊利）。

3. 此处指的是马恩河畔图尔所产香槟酒风格介于山葡萄酒、河葡萄酒之间，不算鲜明。——译注

4. 福德韦尔济中的 Faux 在古法语中意指山毛榉（单数形式为 fau），因此如果意译，则为"韦尔济的山毛榉林"。这片特殊的森林生长了超过 1000 棵矮种山毛榉（树高不超过 4～5 米）、几十棵矮橡树以及若干矮栗树。为什么会出现这种畸形依然是个谜。——译注

5. Vizetelly, *History*, 133. "这种名为锡耶里干（Sillery sec）的琥珀色葡萄酒浓郁、干爽、风味怡人，略有些醇烈。如今它产量极低，大部分来自毗邻的韦尔兹奈和马伊葡园，并且主要被留作酒农的自身消费。其中一人坦承，这种葡萄酒昔日的声誉已荡然无存，而只需更少的金钱便能买到更好的波尔多、勃艮第白葡萄酒。"

6. "魅力"自 13 世纪便开始种植葡萄，因品质卓越，长期受到当地教会和贵族阶层的青睐。1920 年被评为特级园，1929 年由于世界经济危机，为了渡过难关，当地果农成立了合作社。合作社的座右铭为"众志成城"（à la tête par la main）。——译注

7. 单宁是葡萄酒（尤其是红葡萄酒）中的酚类化合物，通常由葡萄籽、皮及梗浸泡发酵而来。适量的单宁能为葡萄酒建立"骨架"，使酒体结构稳定、坚实丰满。品酒时，单宁会与唾液中的蛋白质发生化学反应，使口腔表层产生一种收敛般的触感，人们通常形容为涩。本书中所说"封闭你的味觉"指的正是这种现象。——译注

8. 实际上，沙图托涅的父亲始终以厄尔特比兹作为其白中白香槟原料，沙图托涅不过是延续了传统。从 2008 年起，该葡萄酒的酒标上注明了葡园名。

Chapter VIII   山与河：大河谷

1. 均为勃艮第顶级、知名的一级园，其产出的葡萄酒价位可与特级园相媲美。——译注

2. 白云岩的成分主要为钙镁碳酸盐。——译注

3. 沃恩 – 罗曼尼是勃艮第特级村，闻名世界的罗曼尼康帝酒庄就位于此。——译注

4. 法语中的含义为"反差"。——译注

5. 葡萄藤通常的寿命只有 15 年左右，因此老藤需要额外的培育、护理，十分难得。——译注

Chapter IX   左岸，右岸：马恩河谷

1. 贵族霉学名灰葡萄孢菌，它能感染葡萄皮，令其萎缩并失去大量水分，同时提高了糖度，最终酿成甘甜的"贵腐酒"（Trockenbeerenauslese）。由于产量稀少，贵腐酒相当名贵。主要产区包括法国苏玳、德国莱茵高、匈牙利托卡伊。——译注

2. 术语"斯巴纳恰""屈伊西"在如今的国际地质学中多半已经废弃，不过这些名字依旧广泛应用于香槟区。它们与伊普雷斯阶相关，后者为始新世最低的地层。这些在 5600 万年前至 4700 万年前之间，因此，它们是更年轻的地层，位居香槟区坎帕期（白垩纪）白垩岩床上方，后者年龄超过 7200 万年。斯巴纳恰与埃佩尔奈镇相关（埃佩尔奈居民也被称作斯巴纳恰人），而屈伊西并非得名于香槟村庄奎斯，而是奎瑟（Cuise，兰斯西北瓦兹省的一座村庄）。

3. 科尔通是法国勃艮第博讷区一座著名的特级园。——译注

4. 鉴于在屈米埃、埃佩尔奈，山坡葡园位于斯巴纳恰、屈伊西土壤之上，下方为坎帕期白垩，当你抵达马恩河畔沙蒂永时，白垩下沉，以至于斯巴纳恰、屈伊西

土壤位居坡底，上方是富含化石、多沙的石灰石以及来自更年轻卢台特期的多石的泥灰。再上方是石灰质泥灰和来自巴尔顿期的海洋化石，以及同时期（4000 万年前）该地存在的淡水湖、咸水湖生物化石。

5. 从多尔芒向西，卢台特期、巴尔顿期土壤占据优势，不过，在山丘顶部上述土层之上开始出现红色、绿色黏土、石灰石，以及来自更年轻的渐新世鲁培尔期（3400 万年前至 2800 万年前）的多石泥土。

Chapter X   两个巨人之间：埃佩尔奈南坡

1. 雅克·卡佐特（1719—1792），以创作童话及传说闻名，并曾将阿拉伯传说翻译为法文，本人是基督教神秘主义马丁教派信徒。——译注

2. 白丘和马恩河谷均为香槟著名产区，因此彼得·林将本章命名为"巨人之间"。——译注

3. 此酒原名"莱克洛"，但拉埃尔特不得不中止使用该名。其土地实际上横跨莱克洛与代里埃勒雅丹（Derrière le Jardin），因此当局不允许他在酒标上使用"莱克洛"之名。

4. 因为印刷时的纰漏，香槟虽然原本希望以葡园命名，但实际上与葡园名称相差一个字母，因此译者在处理时，分别采用了不同的汉字。——译注

Chapter XI   新式种植：莫兰坡、塞扎讷丘、维特里和蒙格厄

1. 此处分别指第一次世界大战、1929—1933 年世界经济危机以及第二次世界大战。——译注

2. 该修道院在 1142 年由著名的明谷修道院院长圣伯尔纳铎（St. Bernard de Clairvaux，1090—1153）创立，属于天主教西多会。——译注

3. 皮埃尔·让 – 巴蒂斯特·勒格朗·德奥西（1737—1800）为法国著名历史学家、古物研究者。——译注

4. Legrand d'Aussy, *Histoire*, 4.

5. Bonal, *Le livre d'or du champagne*, 19.

6. 土仑期以法国城市图尔（Tour）得名，是晚白垩纪的第二个时期，时间约为9390万年前至8980万年前，较坎帕期更为古老。——译注

7. "露头"指的是突出地面的岩床或古代表面沉积物。——译注

8. 原文用到了一个特殊的术语vinosity。字面意思为"葡萄酒酒质"或"葡萄酒特质"，但在专业鉴酒场合，指的是美味、复杂、温暖的独特口感。——译注

Chapter XII　新贵：巴尔丘新生代

1. 核果是果实的一种类型，为由一个心皮发育而成的肉质果，常见的包括樱桃、桃、杏、枣等。——译注

2. 特奥巴尔德二世（1090—1152），1125年起获得香槟伯爵爵位，他还是布卢瓦、沙特尔伯爵。英国国王斯蒂芬（1135—1154年在位）是他的弟弟。——译注

Chapter XIII　香槟酿造商

1. 所谓"田野混酿"指的是葡萄酒由同一座葡萄园内生长的两种或两种以上葡萄调配发酵而成。——译注

2. 浸渍是葡萄酒酿造工艺之一，为发酵前将葡萄果皮浸泡在葡萄汁中的过程。这能提升葡萄酒的特质，使其变得更加复杂，同时能够从葡萄果皮中提取更多的酚类物质。——译注

3. 无梗花栎又名威尔士橡树、康沃尔橡树，是一种分布在欧洲、安纳托利亚和伊朗的大型落叶乔木，其树皮曾长期作为消炎药和止血剂，同时也是欧洲人常用的优秀木材。——译注

4. 肖恩·科里·卡特（Shawn Corey Carter，1969—　），艺名杰斯，美国著名饶舌歌手，在美国本土售出了超过2600万张唱片，妻子为世界级歌星碧昂丝。2014年，杰斯从卡蒂埃手中买下了阿尔芒·德·布里尼亚克香槟（绰号黑桃A，因为金属酒瓶上有着黑桃A的标记）的所有权，但继续委托卡蒂埃酿造。——译注

5. 德尔菲娜·卡扎尔斯为克洛德·卡扎尔斯之女。——译注

6. 意思是葡园教堂不适合在发售后继续长期陈化，应尽快饮用。——译注

7. 此处文中所指的酒名同时也是葡园名。——译注

8. 这三座村庄均以字母A开头。——译注

9. 路威酩轩集团，全称为酩悦·轩尼诗-路易·威登集团（Louis Vuitton Moet Hennessy）。它是目前全球最大的跨国奢侈品综合企业，总部位于巴黎，1987年由时装品牌路易威登与酩悦轩尼诗合并而成立。——译注

10. 普里尼—蒙哈榭法国勃艮第子产区伯恩丘（Cote de Beaune）的一个著名产酒村庄，共拥有4个特级园和17个一级园。——译注

11. 高档香槟中，甜型极为罕见。——译注

12. 名字源于拉丁语，意思是"四"。——译注

13. 《博莱罗》是法国印象乐派作曲家莫里斯·拉威尔（Joseph-Maurice Ravel）1928年创作的著名舞曲。——译注

14. Château又称法式城堡，一般是法国贵族、领主的宅邸，未必拥有防御设施或军事用途，和传统城堡存在一定区别。——译注

15. 诺苏瓦是产于法国东部的一种大型马，最大体重可达910公斤，多用于肉食或农业耕种。——译注

16. 克拉芒老藤葡园香槟中克拉芒（Cramant）一词与法语词crémant（意为香槟区以外的法国起泡葡萄酒）过于接近，为了避免混淆，牧笛薄衣将它更名为黎凡特老藤香槟。——译注

17. 萨瓦涅（Savagnin）是一种历史悠久的法国白葡萄品种，多用于酿造干白葡萄酒，而汝拉是法国最主要的萨瓦涅葡萄产区。这种葡萄在奥地利、澳大利亚等国亦有少量种植。——译注

18. 意为"橡树"。——译注

19. 该酒庄位于法国勃艮第伯恩丘（Cote de Beaune）产区，以出产顶级的霞多丽白葡萄酒闻名。——译注

20. 即葡萄完全外购，本品牌只负责酿造。——译注

21. 这是鲁道夫·彼得为爱子维克托（一位青年画家）推出的限量版香槟。——译注

22. 传统上，昂博奈以黑比诺葡萄闻名。——译注

23. 路易·侯德（1809—1870）从舅舅手中继承了酒庄。——译注

24. 原文用到了 domaine 一词，法语的本意是"地产"，这里指拥有自身葡园的酒庄。——译注

25. 路易王妃拥有的葡园面积，略大于摩纳哥公国。——译注

26. 菲利普·斯塔克（1949— ），法国著名设计师，作品领域涵盖了建筑、家具、生活用品、交通产品和室内装潢等。他早年因为法国前总统密特朗设计私人公寓而成名，2016 年曾为我国小米科技公司设计小米 MIX 手机。——译注

27. 简称皇家认证，是英国皇室内有较高地位成员授予向其提供商品及服务的公司和商人的称号。——译注

28. 两地法语中首字母均为 C。——译注

29. 与普通香槟相比，帕特里奇之眼带有一点红晕，但色泽又比标准桃红香槟清淡。——译注

30. 阿佩洛为古希腊语 ἄμπελος 的音译，意为葡萄藤。——译注

术语表

和任何葡萄酒一样，香槟拥有一些特殊的词汇，常常是高度专业化的术语。一些术语在葡萄酒世界的其他各处意义相同，但另一些则为香槟特有。这是一份个人汇编的常见术语表。

集合（assemblage）：调制，既指调和不同葡萄品种也指为特定香槟调和不同基酒（通常来自不同年份）。

自我分解（autolysis）：在酶的作用下，酵母菌细胞壁破裂的化学反应，这发生于葡萄酒长期与酒泥接触后。自我分解是酿造香槟的基本程序之一，因为它带来了特定类型的复杂性和精细口感（无法用其他方式实现），这也是香槟二次发酵后要在瓶中长期陈化的主要原因之一。参见"酒泥陈化"。

巴尔塔扎尔（Balthazar）：一种 12 升的酒瓶，可容纳 16 瓶标准香槟。

大桶（barrique 或 pièce）：最常用尺寸的木质酒桶，几乎始终由法国橡木打造。历史上在香槟区，大桶容积为 205 升（54 加仑），不过，如今许多制造商使用购自勃艮第的 228 升（60 加仑）旧木桶或来自波尔多的 225 升（59.4 加仑）木桶。500 至 600 升（132 至 158.5 加仑）更大型的木桶通常指的是大橡木桶（demi-muid），而超大型桶称为富达（foudres）。

基酒（base wine）：一种无泡葡萄酒（或称低度葡萄酒），通常发酵至大约 11 度，用作调制香槟的零部件。香槟通常由许多不同基酒调配而成，有时甚至达数百种。参见"低度葡萄酒"。

搅桶（bâtonnage）：搅动酒泥，通常针对木桶内陈化的葡萄酒，不过也可在酒罐内操作。搅动酒泥令它们悬浮，以便令葡萄酒更加浓郁。此操作在勃艮第司空见惯，但在香槟区存在争议——一些酿酒商喜爱它带来的更佳深度与酒劲，而其他人则觉得它并不适合香槟的优雅天性，过于浓郁而影响了葡萄酒的均衡。

生物动力法（biodynamics）：一种葡萄栽培哲学——它不仅运用有机方式，避免化学或人工手段，而且追求利用顺势疗法和草药去改善生态系统的品质、和谐性、多样性，并且以月亮历和宇宙历来安排葡园、酒窖的工作。生物动力法存在争议，其拥趸相信它独一无二的操作能令葡园生态系统接近自然和谐，并带来更健康的生物多样性和更天然、优质的葡萄；而批评者将其神秘莫测的手法斥之为迷信、玄学和反科学。无论如何，世上许多杰出的葡萄酒是以生物动力法种植的葡萄酿成，其中包括一些赫赫有名的酿酒商，例如勃艮第的罗曼尼康帝酒庄、勒桦酒庄（Leroy）、勒弗莱酒庄，卢瓦尔的予厄酒庄（Domaine Huet）、爱古酒庄（Domaine de l'Ecu）；阿尔萨斯的苔丝美人酒庄（Marcel Deiss）、鸿布列什酒庄（Zind-Humbrecht）。生物动力法在香槟区声望日隆，许多酿酒商（无论大小）都开始尝试这种方法。路易王妃在香槟区拥有最大的生物动力法葡园，其他完全采用此法的知名香槟酒庄还包括牧笛薄衣、大卫·勒克拉帕、弗勒里、威特 & 索比以及弗朗索瓦丝·贝德尔。并非所有热衷于活机种植的酒庄都通过了官方认证，不过对它们而言，活机认证的主要机构是得墨忒耳。

白中白香槟（blanc de blancs）： 完全以白葡萄酿成的香槟，几乎意味着 100% 霞多丽。然而，以其他白葡萄（诸如白比诺、阿尔巴纳、小梅莉）酿成的香槟也被冠以此名，但它们数量十分稀少。

黑中白香槟（blanc de noirs）： 完全以红葡萄酿成的香槟。它可能是 100% 黑比诺，100% 莫尼耶或二者混酿。注意"黑中白"一词在新世界有时候也用于桃红起泡葡萄酒，但在香槟区，黑中白就是起泡白葡萄酒

贵族霉（botrytis）： 葡萄的腐败，就葡萄酒而言既可能有益也可能有害，不过在香槟区是避之唯恐不及的。灰葡萄孢菌（Botrytis cinerea，通常被称作"贵族霉"）在世界许多地区酿造甜酒时颇受欢迎。在香槟区，任何贵族霉通常对葡萄酒的个性与精细有害，并被尽可能地予以避免。

城市垃圾（boues de ville，或被称作"烂泥"[gadoues]）： 这是来自巴黎或兰斯经过消毒的垃圾，被用于在葡园中松土以及抑制侵蚀。尽管它原本是有机的，但后来变得包含了塑料、玻璃、金属等对环境有害的物质，最终被中止使用（参见第 71 页）。

天然（brut）： 香槟最常见的类型，每升包含补液在 0—12 克之间。注意，每升 0—6 克的香槟也被称为"超天然"。完全没有补液的香槟一般称作自然（brut nature）或零补液香槟而非仅仅是天然。

自然（brut nature）： 完全不含补液的香槟，亦称作零补液（non-dosé, brut zéro, zéro dosage, brut intégral）。

非年份干香槟（brut sans année，缩写为 BSA）： BSA 这个术语通常用于某香槟品牌的入门级非年份干香槟（而非特酿或多个年份调配而成的名酿）。

加糖（chaptalization）： 为了提高葡萄的潜在酒精度而加入糖分的行为。以拿破仑时代提倡这一做法的化学家让－安东尼·沙普塔尔（Jean-Antoine Chaptal）而得名。

首席酿酒师（chef de cave）： 酒商品牌中酿酒团队的领袖。在新世界，此人或许会被称作酿酒师，但在许多香槟品牌中，酿酒团队是庞大的，包含了多名酿酒师，首席酿酒师则负责带领团队并提供全面指导。

围墙葡园（clos）： 该术语历史上通常指围墙环绕的葡园，不过这些围墙今天未必依旧存在。一座围墙葡园意味着特殊、有名的地方，其中香槟区的佼佼者包括：歌雪葡园、梅尼勒葡园、穆兰葡园。

核心库维（coeur de cuvée）： 字面意思为第一次榨取的核心。库维指的是榨取 4000 升中的第一批 2050 升（542 加仑），而核心库维是果汁里来自榨取中段最高品质的部分（摈除了榨取的第一部分和最后部分）。实践中，它通常在 1500—1800 升（396 至 475.5 加仑）之间。

冷却稳定（cold-stabilization）： 在装瓶前故意冷却基酒，令酒石酸盐晶体沉淀使之不会此后在瓶中形成。和世界其他地区一样，这在香槟区应用广泛，不过一些酿酒商为了尽可能少地人为干预葡萄酒而没有采用它。

合作社（cooperative）： 在香槟区，合作社扮演了重要角色——酿造其成员葡园内的葡萄。得到的香槟可能以合作社的酒标销售，标记为 CM（酿酒合作社）。它们也可能分配给合作社成员以自家酒标出售，这种情况下标记为 RC（通过钻空子，其中一些得也标注为 RM[酿酒果农]，但这是一种误导）。然而，香槟合作社生产的大部分葡萄酒被卖给了酒商，可能是葡萄汁、非起泡葡萄酒抑或完成的香槟酒。在以自身酒标酿造、出售葡萄酒的合作社中，品质最佳的当属"魅力特级园"。

罗亚式（cordon de Royat）：采用固定的水平挂臂（cordon）的葡萄修枝系统，水平挂臂上生长出一些产果的枝条。在香槟区，这是更受喜爱的黑比诺修枝系统，不过，一些酿酒商为了控制产量也将它用于霞多丽和莫尼耶。

软木塞（cork）：最常见的封瓶材质，在香槟区被法定用于酿成的葡萄酒。香槟软木塞的制造和非起泡葡萄酒软木塞不同，它们由独立的部分构成：主体称作"塞颈"（manche）由聚合软木制成，而"镜面"（miroir）由两或三片天然软木组成并固定在接触葡萄酒的底部。香槟软木塞比标准软木塞大——高达 1.8 英寸（48 毫米），直径 1.2 英寸（31 毫米），当塞入酒瓶时受到高压，直径缩减为仅有 0.7 英寸（17 毫米）。这提供了密封性，使它们得以保存瓶中的二氧化碳。

软木塞污染（cork taint）：软木塞中 TCA（2，4，6- 三氯苯甲醚）引发的一种司空见惯的葡萄酒瑕疵，它带来了一种发霉、难闻的气味。发生污染的葡萄酒被称作"有木塞味"（corked 或 corky）。木塞味的程度不一，有的刺鼻到无法饮用，有的几乎不可察觉。

落花病（coulure）：英语中通常称作"shatter"，即葡萄开花后发育停滞，降低产量甚至令其绝产（若花朵未能授粉，葡萄未能结果）。和"果实僵化"类似，这可能因寒冷多雨的花期而导致。

克耶阿（crayères）：兰斯的高卢 – 罗马时代采矿形成的白垩矿坑，深度可达地下 98 英尺（30 米）。19 世纪以来，它们被用于储藏葡萄酒，时至今日，还有一些香槟酒庄在使用（包括哈雷、汉诺、波默里、慧纳、泰廷爵以及凯歌香槟）。

起泡葡萄酒（crémant）：以略低于传统香槟大气压数值酿造的起泡葡萄酒（3.5 个至 4 个大气压而非标准的 6 个大气压）。该术语目前用于香槟区以外（不过还是有几家酒庄以不同的名字酿造这种类型葡萄酒）的法国起泡葡萄酒。

皇冠盖（crown cap 或 capsule）：一种金属瓶盖（类似于啤酒瓶盖），如今通常用在二次发酵及此后酒泥陈化期间的香槟酒瓶。吐泥后它会被软木塞取代。出售皇冠盖香槟是非法的，然而新世界的起泡葡萄酒酿造商成功地将它用作了避免软木塞污染的尝试。

酒园（cru）：一座葡萄园或一组葡萄园。在香槟区，通常指的是隶属于特定村庄的一组葡园。和勃艮第按葡萄园分类而波尔多按酒庄分类不同，香槟区的分类历史上以村庄来确定：因此，"特级园""一级园"划分的是整个村庄而非其中的个别葡园。

佳酿（cuvée）：葡萄酒世界中"佳酿"一词通常指的是混酿的葡萄酒。在香槟区，它还具有另一个非常特殊的含义：在葡萄压榨期间，库维是 8800 磅（4000 公斤）葡萄汁中的头 2050 升，这代表着压榨中的精华部分。

沉降（débourbage）：压榨后，在发酵前澄清果汁中的固形物（例如果皮、葡萄籽）。

大橡木桶（demi-muids）：通常以橡木制成的大型木桶，相对于勃艮第桶，其容积一般为 500—600 升（132—158.5 加仑）。有些香槟酿酒商由于其更高的葡萄酒—木质比率而偏爱这一尺寸的木桶。

半干（Demi-sec）：一种相对较甜的香槟，每升补液 32—50 克糖。

吐泥（disgorgement 或 dégorgement）：在发酵以及瓶中陈化后去除酵母沉淀物的过程。沉淀物通过人工或使用转瓶机而集中于瓶颈。通常，瓶颈会冷冻以便让酒泥成为固态，随后打开皇冠盖弹出（称作冷冻法吐泥）。然而，有些果农依旧拒绝采用冷冻技术吐泥。吐泥通常是机械化的，但一瓶香槟也能手工吐泥（称作 *dégorgement à la volée*）。

酒庄（domaine）： 在法国，*domaine* 指的是专门使用自家葡萄酿酒的制造商，而"迈松"（Maison）指的是在自己培育葡萄以外，还经常外购的酒庄。

补液（dosage）： 吐泥后往香槟加入糖分，或蔗糖、甜菜糖溶液制成的调味液，或浓缩精馏葡萄汁（MCR）。补液通常是香槟一个关键组成部分，因为它平衡了葡萄酒天然的高酸度并在陈化进程中扮演了重要角色。补液水平决定了香槟类型（即超天然、天然、超干、半干，等等），如今多数香槟按照天然补液（每升 0—12 克糖，香槟区的平均补液水平估计约在 8—10 克糖之间）。

甜型（doux）： 香槟官方分类中最甜的一型，补液超过每升 50 克。尽管在十八九世纪这是最常见的香槟类型，但现在已几乎销声匿迹，不过当代尚有一个著名的范例——杜瓦亚尔杰出的浪子香槟。

酒庄分级阶梯制（échelle des crus）： 香槟过去的村庄分级系统，每个村庄被注明一个百分比，表示其葡萄能获得标准价格的百分之几。评为 100% 的村庄即特级园，90%—99% 的为一级园。虽然酒庄分级阶梯制已被废止，特级园、一级园这样的术语依旧用于那些村庄（参见第 305 页）。

恩富莱（en foule）： 字面意思为成群的。根瘤蚜入侵前，香槟区采用自然压条法的原始葡萄种植术，葡萄通过埋入邻近植株的枝条来进行繁殖。这造就了高密度、相当杂乱的排列，与如今井然有序的排列迥异。在现代，堡林爵继续在艾伊的两个小地块实践此法，并酿造了一种法兰西老藤香槟。

酒庄灌装香槟（estate-bottled champagne）： 由种植葡萄的同一家公司酿造、灌装的香槟。这通常等同于小农香槟，但并非一定如此。例如，路易王妃的年份葡萄酒均来自其自家葡园，也可被视为酒庄灌装香槟。

超天然（extra brut）： 一款超天然香槟每升含糖量不得超过 6 克。有时它完全不含糖，在此情况下，一些酿造商喜欢将其葡萄酒标注为"自然"或"零补液"。另外，每升含糖量 0—6 克的香槟也可称作天然，但多数酿造商会把它们标注为"超天然"而非"天然"。

极干（extra dry 或 extra sec）： 每升含糖量在 12 克至 20 克间的香槟。

发酵（fermentation）： 葡萄酒中，糖分在酵母作用下转化为酒精。香槟经历了两次发酵：第一次在酒罐或酒桶内进行，酿成了一种浅色非起泡葡萄酒；第二次发生于葡萄酒和少量酵母、糖分共同装瓶后，以产生气泡。发酵过程的副产品是二氧化碳，它在二次发酵期间为香槟带来了泡泡。

过滤（filtration）： 去除葡萄酒中悬浮颗粒的过程。多数葡萄酒在装瓶前过滤（不光香槟区，全世界皆然）。不过，某些酿酒商选择不进行过滤，因为他们相信这抹杀了葡萄酒的特性。

澄清（fining）： 通过加入某种物理因子（例如膨润土或蛋清）去除固态物质而令葡萄酒得到净化。

大桶（foudre）： 一种大型木桶（通常为橡木），容积从几百升至几千升。较小的容积 200—300 升的牧童一般称为勃艮第桶，而中等容积（500 升或 600 升）的称作"大橡木桶"。

特级园（grand cru）： 在香槟区，该术语指的是在旧酒庄分级阶梯制（现已不复存在）中位居 100% 的村庄。香槟共有 17 个特级园村——昂博奈、阿维兹、艾伊、韦勒河畔博蒙、布齐、舒伊利、克拉芒、卢瓦、马伊香槟、奥热尔河畔勒梅尼勒、奥热尔、瓦里、皮伊谢于尔、锡耶里、马恩河畔图尔、韦尔兹奈、韦尔济——尽管酒庄分级阶梯制已被废弃，但术语特级园、一级园仍在正式使用，上述村庄依然享有盛誉。注意在香槟区，术语"特级园"指的是按照村庄而非葡园（例如勃艮第）分类。要将一款葡萄酒标注为特级园，它必须完全来自特级园村的葡园。

大牌（grande marque）：在香槟区，该术语用于优质香槟品牌协会（Syndicat des Grandes Marques de Champagne，一个由香槟区最著名厂商组成的权威组织）的成员。协会已于 1997 年解散，但"大牌"这个术语依旧用来指代上述品牌（尤其在联合王国）。

小农香槟（grower champagne）：单一酒庄以自家葡萄酿造的香槟。小农香槟并非本质上优于或逊于酒商香槟，但如今，最佳的小农香槟越来越不同于传统香槟，提供了一种截然不同的体验。

转瓶机（gyropalette）：用来取代手工转瓶的机械设备，它收集瓶颈的酵母残渣以准备吐泥。转瓶机能令该过程大幅加快，并且质量也不逊色。如今，几乎所有香槟生产商（无论大小）都使用转瓶机，不过尚有一些依旧手工转瓶，它们或是为了保留传统，或是为了迁就不规则造型的酒瓶（无法整齐地放入转瓶机的"笼子"中）。

大瓶（Jeroboam）：香槟区一种 3 升的酒瓶，相当于标准香槟酒瓶的 4 倍。通常而言，这是香槟发酵的最大酒瓶（换瓶法［transversage］用到了更大的酒瓶）。注意，在波尔多，3 升酒瓶指的是"双马格努"（double magnum），而大瓶则为 4.5 升容量。

启莫里阶（Kimmeridgian）：处于侏罗纪晚期、距今约 1.52 亿年至 1.57 亿年的地质分期。它也用来指代启莫里阶土壤（一种掺杂着不同程度石灰石的灰色白垩泥灰土）。启莫里阶土壤通常会与沙布利联系在一起，但在卢瓦尔河谷桑塞尔（Sancerre）、普依芙美（Pouilly-Fumé）的葡园亦能见到。在香槟区，则是奥布省巴尔丘主要的土壤类型。

酒泥陈化（lees aging）：酒泥是发酵后酵母菌细胞破裂后的残余物。酒泥具有营养，可为葡萄酒带来某种特性并能起到天然抗氧化剂作用。装瓶前，香槟基酒有时会在澄清后的酒泥（第一次发酵后的残渣）中陈化。不过，香槟区的酒泥陈化通常指的是瓶中葡萄酒的陈化，第二次发酵酵母菌细胞会在吐泥前滞留瓶中。酒泥陈化时期对塑造香槟特质十分重要，法律规定了最低陈化时间——非年份香槟 12 个月，年份香槟则为 3 年。然而，优质品牌、酒庄实践中的陈化时间通常要长许久。

利耶迪（lieu-dit）：一处被命名的葡园地块，例如昂博奈的克耶阿或奥热尔的圣诞之土。据估计香槟区有超过 8.4 万个利耶迪。

调味液（liqueur d'expédition）：加入香槟中用于吐泥后补液的糖与葡萄酒混合液。蔗糖、甜菜汤均可，但前者更优，而葡萄酒可以是新近的也可是陈年的，取决于酿酒者的嗜好。

再发酵液（liqueur de tirage）：加入瓶中促成二次发酵的溶液，由葡萄酒、酵母和糖组成。按照惯例，葡萄酒中每升 4 克糖产生一个大气压；香槟的标准剂量为 24 克糖，这大约产生 6 个大气压，不过在吐泥时会损失少许。

理性的努力（lutte raisonnée）：可翻译为"理性或合理的努力"，意味着对传统依赖化学手段的葡萄种植法与严格有机种植法的折中。在湿冷的香槟区北部，严格执行有机种植对许多果农而言意味着太多风险，尤其面临霉菌的威胁。理论上，"理性的努力"意味着试图减少使用人工除草剂、杀虫剂，甚至将其完全禁用，但保留十万火急之时对葡萄使用人工制品的权利。在实践中，它所包含的信条相当广泛：从完全的有机种植到完全的传统种植，而是否"十万火急"仰仗于如何诠释。尽管大多数果农并未受到清规戒律的束缚，但存在一个名为阿佩洛的组织，它拥有数个香槟生产商并认证其成员的葡萄种植。其中的一员、威尔马特的洛朗·尚描述为"完整、合理、受控制的葡萄种植法"（或 *lutte integrée raisonnée contrôlée*），严格指导哪些手段可用，哪些不可用。它很大程度上遵循有机种植，但允许在对抗葡萄病害（如霉菌、粉孢）时可以破例。

马格努（magnum）：容积为 1.5 升的酒瓶，它被许多酒商、鉴酒家认为是陈化香槟的理想标准。

乳酸菌发酵（malolactic fermentation）：严格来说，这并非发酵，而是刺激的苹果酸转化为更柔和、更平滑的乳酸。它在香槟区得到广泛运用以平衡高酸度，不过一些酿酒商选择禁止它以保留苹果酸鲜活、稳定的结构。乳酸菌发酵常常在英语、法语中被简称为"马洛"（Malo，尤其是口语）。

浓缩精馏葡萄汁（MCR 或 moût concentré et rectifié）：逐渐获得许多小型果农青睐的补液用浓缩精馏葡萄汁，取代了传统调味液。受喜爱是因为其更中性、更鲜活、更便利，并且它由葡萄而非甜菜或甘蔗制成。反对的声音认为它源自朗格多克甚至更远地区的葡萄，是对风土理念的嘲弄，也有人质疑其中性，声称它实际上给葡萄酒带来了特殊的口感和风味。

玛土撒拉（Methuselah）：一种容积为 6 升的酒瓶（是标准香槟酒瓶容积的 8 倍）。

果实僵化（millerandage）：一种因葡萄开花时的寒冷天气造成的情况，导致了葡萄结果异常。受影响的葡萄串果实的尺寸和成熟度都不均匀。这通常被视作问题，因为它降低了产量，但由于果实保持了风味的高度浓缩，果农也能借此化弊为利。

年份（millésime）：收获年份或年份葡萄酒。为了能在酒标上出现该词，香槟必须宣称自己是年份酒。值得注意的是，年份一词仅仅意味着葡萄酒来自单一年份，严格来说，这与其品质无关。

慕斯（mousse）：香槟的气泡。

线篮或线篮牌（muselet 或 plaque de muselet）："线篮"是封住香槟软木塞的金属丝"笼子"，而"线篮牌"是加在软木塞顶部的金属片，酒商或名酿往往拥有自身独特设计。

迈缇迪亚（Mytik Diam）：Oeneo 公司制造的一种软木塞，经超临界二氧化碳处理后的软木粉由特殊胶水黏合组成的聚合塞（类似于脱咖啡因的手法）以消除 TCA（2，4，6- 三氯苯甲醚）。迈缇迪亚软木塞包含至少 70% 软木并能防止软木塞污染。它对香槟的长期陈化有何种影响尚待观察，但许多香槟制造商（包括有酒商和酒农）已经投向了迈缇迪亚软木塞怀抱，并报告说它对抵御 TCA 污染取得了巨大成功。

尼布甲尼撒（Nebuchadnezzar）：一种容积为 15 升的酒瓶（是标准香槟酒瓶容积的 20 倍）．

酒商（négociant）：从其他酒农手中购买葡萄用于酿造、销售香槟的酿酒商。这体现出香槟区业已存在数百年的传统架构——果农拥有葡园、种植葡萄，并将它们卖给酒商用于酿酒。一个酒商也可能拥有自己的葡园，实际上，某些酒商拥有数百英亩葡园，但它们并不专门以自家葡萄酿酒。如今，越来越多的果农开始灌装自己的葡萄酒，但大部分香槟依然由酒商酿造。酒商制造的葡萄酒标注为 NM（或 négociant manipulant）。

零补液（non-dosé）： 没有添加任何补液而发售的香槟，也被称作零号天然或自然。

非年份香槟（nonvintage champagne）： 用来代表由多个年份混酿的葡萄酒。非年份香槟的品质多种多样：非年份天然通常是酿酒商的基础入门款香槟，但许多酿酒商（尤其是酒农酒庄）拥有更高级的非年份香槟，后者精挑细选酿成，一般质量高于基础款非年份香槟（一个范例是威尔马特，其特级陈酿为入门非年份香槟，但它也酿造大酒窖——同样由多个年份混酿的高级香槟）。此外，一些酿酒商甚至出产多年份混酿的名酿，例如罗兰百悦的"大世纪"或阿尔弗雷德·格拉蒂安的"天堂酒"，这些不应与其入门款非年份香槟混淆。

有机种植（organic viticulture）： 不使用任何人造物质（杀虫剂、除草剂或对抗病虫害的措施）种植葡萄。在香槟区，有机种植常常遭到怀疑，因为该地区的高纬度以及潮湿天气明显带来了挑战，与霉菌斗争时尤其如此。对于严格的有机种植中使用铜，本地区存在普遍批评之声：如果规避人工合成原料，铜是规定的对抗霉菌的手段，然而批评者说，铜的毒性远高于合成物质，带来了更为严重的生态破坏。尽管如此，有机种植依然在本地赢得了越来越多的拥趸，尤其是在新生代酒农当中。更重要的是，大部分高素质酒农已经相当程度上运用了有机种植法（即便尚未始终采用），意味着它们通常几乎不用人工合成物。有机果农可能获得诸如欧盟有机认证一类组织发布的认证，一般会在酒瓶上标注（例如乔治·拉瓦尔和弗朗索瓦丝·贝德尔的葡萄酒）。然而，和世界其他地方一样，并非所有的香槟有机果农都得到了认证。这未必是因为他们在欺瞒——一些酿酒者

不想被归为有机种植，更愿意以酒的品质闻名而非仅仅是有机种植。其余的人则认为认证并不重要，评论说那仅仅代表着"最大公约数"，未必与他们自己工作的方法吻合。"认证的问题在于它是一种否定的思维，"牧笛薄衣的皮埃尔·拉芒迪耶（他在有机种植以外还采用活机种植法）说道，"它聚焦于你不能做什么，而不关注你做了什么。"

永动名酿（perpetual cuvée 或 perpetual blend）： 将多个年份陈酿调和为一种名酿并不断更新加入新年份葡萄酒的手法，最终打造出始终包含一小部分各年葡萄酒的复杂混酿。这种理念类似于索雷拉混酿法，不过索雷拉包含多个层次，而永动名酿只用到了一层。

根瘤蚜（phylloxera）： 根瘤蚜是一种源于北美东部的葡萄寄生虫，但从 19 世纪中叶以来已经扩散至全世界。它攻击葡萄藤的根部，令葡萄丧失获得养料、水分的能力。受侵染的植株最终会枯萎而死，必须被连根拔除。根瘤蚜在 1890 年到达香槟区，破坏了葡园，如今，唯一的办法是将葡萄嫁接在能够抵御根瘤蚜的美国根茎上。一些香槟区酿酒商拥有少量未嫁接的葡萄藤，但数量极为稀少。

吐泥后陈化（post-disgorgement aging）： 香槟较之世界多数葡萄酒在酒窖内陈化了更长时间，但它在吐泥后不久便被发售，通常便被消费掉了。顶级酒商会在吐泥后、发售前保存香槟至少六个月，因为葡萄酒需要时间从此举带来的震动里恢复，不过香槟几乎总会得益于额外的陈化。甚至基础的非年份天然也能从额外一年的陈化中受益，而年份香槟有时能持续进化数十年。还需注意的是，吐泥前陈化和吐泥后陈化带来不同的效果，因为葡萄酒处于不同环境：吐泥之前，葡萄酒大体在厌氧环境，因为酒泥是天然抗氧化剂。正如让－埃尔韦·希凯所说："酒泥陈化以厌氧的方式带来了超过吐泥后陈化的成熟和复杂度。"吐泥的动作为葡萄酒引入了氧气并去除了酒

泥，为葡萄酒的进化开启了新的篇章，这令它得以朝着老香槟那种独特的珠圆玉润演变。

一级园（premier cru）：香槟区的分级以村庄而非葡园为单位，这指的是在旧酒庄分级阶梯制中被评为 90% 至 99% 的村庄。意即它能获得该收获季固定葡萄价格的 90%—99%。香槟区共有 42 个一级园村，均位于马恩省。

名酿（prestige cuvées）：名酿有时也被称作特级佳酿（*tête de cuvée*），代表着一个品牌中最精挑细选、最昂贵、大概也是最高品质的香槟。著名名酿包括路易王妃水晶香槟、保罗杰丘吉尔纪念香槟、泰廷爵香槟伯爵，而第一款名酿则是酩悦香槟 1936 年发售的唐培里侬。

自然压条法（provignage）：根瘤蚜入侵前的葡萄种植体系，参见"恩富莱"。

A 型带孔支架（pupitre）：用于转瓶的传统 A 型支架。

R.D.（Récemment Dégorgé，意为"最近去除酒泥"）：堡林爵的招牌香槟，1967 年以其丰年香槟的推迟发售版本而成。它是为了用于展现长期酒泥陈化的效果，通过此举该品牌能够发售处于绝佳状态的老年份酒。其他品牌也打造了自家的推迟发售版本，例如雅克森的 D.T. 和唐培里侬的 P2、P3。

瑞贝歇（rebêche）：最后榨出的葡萄汁，在库维（头 2050 升）和达伊（接下来的 500 升）之后。按照法律，瑞贝歇不能用于酿造香槟，它通常被送去蒸馏酒精。

合作果农（Récoltant-Coopérateur，RC）：果农将葡萄售予当地合作社，后者酿造香槟并将一部分装瓶返还果农。果农随即以自家酒标出售香槟，标注为 RC。

酿酒果农（récoltant manipulant，RM）：自己种植葡萄并完全用自家葡萄生产香槟的酿造商，不过法律允许 RM 可外购占其收成最多 5% 的葡萄用于扩大生产。参见"小农香槟"。

罗波安（Rehoboam）：香槟区一种 4.5 升的酒瓶，容积为标准香槟酒瓶的 6 倍。

陈酿（reserve wine）：与最近年份酒混酿为非年份香槟中的陈年葡萄酒。较小的果农通常只保留此前一或两个年份的陈酿，而一些酒商拥有可回溯数十年的庞大陈酿储备。路易王妃、堡林爵和库克便是以保存惊人陈酿而闻名的品牌。

残留糖分（residual sugar）：发酵后残留在葡萄酒中的糖分。即便干型葡萄酒也没有于发酵时消耗掉所有糖分，大部分零补液香槟含有 1—3 克残糖。

翻整（retrousse）：在传统香槟榨汁中发生于每个塞尔之间的动作：在能够再度压榨前，葡萄皮、茎、种子构成的饼必须被分开、重置。

转瓶（riddling）：法语中称为 *remuage*，在直立架子上转动、倾斜酒瓶让沉淀物集中于瓶颈以便准备吐泥，这是个复杂的过程。1816 年转瓶架的发明被归功于 19 世纪初凯歌香槟的酒窖总管安托万·德·米勒（Antoine de Müller）。如今，仍有手工转瓶存在，但正逐步被转瓶机取代，该机械装置能大幅缩短工作时间。

桃红香槟（rosé champagne）：粉红版的香槟，通常由普通白葡萄酒加入少量红葡萄酒酿成。桃红香槟亦可经放血法制造，此法令果汁浸泡在葡萄皮中以获得颜色。

放血法（saignée）：字面意思为"出血"。在香槟区，是通过浸泡在葡萄皮中获取颜色酿造桃红香槟的过程（而非掺入红酒）。放血法有助于酿造出颜色更深的桃红香槟并且在其青春期香味更浓烈。放血法的拥趸因其突出的果味以及浑然天成的特质而对它青睐有加，他们有时觉得这比混酿红葡萄酒、白葡萄酒更为可靠。放血法桃红香槟的批评者说，它会欠缺精细度，并且其酿造是无规律的，无法年复一年稳定重现。

萨尔玛那萨尔（Salmanazar）：一种9升的酒瓶，12倍标准香槟酒瓶容积。

无硫（sans soufre）：完全不添加硫黄的葡萄酒。尽管硫黄被用作防腐剂，但一些酿酒者正尝试打造无硫佳酿，他们相信这提供了更纯粹、更清晰的风味表现。其中一些无硫香槟的佼佼者展现了令人惊叹的风味复杂度和体量，不过一些葡萄酒很容易迅速氧化。如今香槟区的最佳范本是德拉皮耶的无硫天然香槟、伯努瓦·拉哈耶的维奥莱纳、玛丽–库尔坦的调和、威特&索比的放血法红宝石以及皮埃尔·热尔巴伊的果敢。

干（Sec）：法语中字面的意思是"干"，但在香槟区它指的是补液标准在每升含17—32克糖之间的香槟。

马撒拉选种（sélection massale）：通过选择来自杰出葡园不同高品质葡萄藤上的剪枝来进行繁育的方法，而非采用商业化提供的"克隆"（参见第79页，"抵抗克隆"）。

性干扰（sexual confusion）：抵御本地葡园害虫葡萄蛾的方法。在葡萄藤间放置小包的人工外激素以迷惑雄蛾，令它们无法交配。它成为法国葡园中最成功的替代疗法之一，并且比在葡萄藤中喷洒杀虫剂更环保，因此，正在整个法国的葡萄种植区（包括香槟区）得到更加广泛的运用。

单一园香槟（single-vineyard champagne）：完全由单一葡园地块酿造的香槟，与多数由来自许多不同葡园葡萄混酿的香槟相反。

索雷拉（solera）：严格来说，索雷拉法是一套在赫雷斯（Jerez）10用于生产雪利酒的分批混酿系统。它包含复杂的不同层次（盛有不同年份葡萄酒）混酿体系，而装瓶的葡萄酒来自最后一层（即索雷拉本身，混酿中最古老的一层）。在香槟区，雅克·瑟洛斯的安塞尔姆·瑟洛斯为他的物质香槟采用了真正的索雷拉法，不过，索雷拉一词在香槟区有时亦被错误地用于指代复杂度稍逊的永动名酿法——采用一个酒罐储存、混酿各年份葡萄酒，不断用新收获季进行替换。参见"永动名酿"。

起泡葡萄酒（sparkling wine）：称呼香槟区以外法国起泡葡萄酒的准确术语。这并无轻蔑之意，而仅仅是更确切的命名：香槟意味着地理上的界限，正如波尔多指的是来自法国西南地区的葡萄酒而纳帕谷（Napa Valley）指的是美国加利福尼亚州北部一片地区。

瑟拉特（sur latte）：酒瓶平放堆叠法，这是酒窖中储存香槟最有效率的方式。香槟插入转瓶架准备吐泥前的二次发酵及陈化便以此法储藏。

瑟普安特（sur pointe）：酒瓶垂直堆叠法（瓶颈向下）。转瓶后酒瓶维持这一姿势以等待吐泥，并通常会被放入板条箱内以保持位置。此法也可以用于长期储存仍含有沉淀物的未吐泥酒瓶，以便将沉淀物集于瓶颈，从而令酒泥对葡萄酒的持续影响最小化。有人说葡萄酒保持未吐泥并以这种方式储藏时，会保存得更好——更鲜活，更持久。另一些人更偏爱在长期储存前正常吐泥。为了喝到一瓶瑟普安特法保存的香槟，必须首先人工吐泥。

达伊（taille）：在葡园里，达伊指的是为葡萄藤剪枝。然而，在香槟酒窖中，达伊也用来指代对葡萄的第二轮压榨得到的 500 升（132 加仑）果汁，在第一轮 2050 升（541.5 加仑）库维之后。一般认为达伊逊于库维，不过，因其果味和低酸度，一些酿酒商也会使用少量达伊。

酒石酸盐（tartrate crystals）：低温情况下出现的酒石酸沉淀。酒石酸盐看上去类似糖晶体并且完全无害，无论对于葡萄酒还是饮酒者皆无不良影响。大部分香槟都经历了一段冷却稳定过程，以令晶体在装瓶前沉淀。

TCA：2，4，6- 三氯苯甲醚的常用缩写，这种化合物是造成软木塞污染的罪魁祸首。参见"软木塞污染"。

风土（terroir）：法语中风土的概念只可意会不可言传，指的是一处特定地点的个性、特质，要考虑到各种因素的影响，从土壤、坡度、气候到一切可能影响该地植物的东西。它可谓家喻户晓，路人皆知，同一果农耕耘的两块毗邻葡园可能酿造出截然不同的葡萄酒，原因会被归于二者不同的风土。风土常常从土壤的角度谈论，但土壤仅仅是整个风土拼图中的一片。同样的，风土常常被讨论得十分狭隘，诸如一个特定葡园的风土，甚或葡园内特定地块的风土。然而，风土的概念既可微观亦可宏观考量。尽管两个葡园具有不同风土的想法的确不假，但我们依旧可以探讨整个香槟区的共有风土，例如，由于在其葡萄酒中体现的独特个性，令它们与其他地区的起泡葡萄酒截然不同。

未嫁接葡萄藤（ungrafted vines）：保持原有根茎的葡萄藤，由于根瘤蚜的泛滥，使其在香槟区极为罕见（大部分欧洲葡萄都嫁接了美洲根茎）。法语中称之为 *franc de pied*。

酒农（vigneron）：字面意思为葡园工人，但在口语中也常常用来称呼果农—酿酒商（*récoltant manipulant*）。

低度葡萄酒（vin clair）：装瓶及转化为香槟前，来自第一次酒罐或酒桶发酵的非起泡葡萄酒。参见"基酒"。

年份香槟（vintage champagne）：由单一年份收获的葡萄酿造的香槟，而非多数香槟那样由数个年份葡萄酒混酿而成。通常年份香槟被认为具有较之非年份香槟更高的品质，但理论上，这未必正确。不过，在实践中，年份香槟倾向于选取更高质量葡萄精雕细琢，因此被有意打造为相较同一酿酒商入门非年份天然香槟更高品质的葡萄酒。然而，一些酿酒商会以多年份混酿去打造顶级香槟，例如，罗兰百悦的大世纪、库克的特酿或德索萨的科达利佳酿。不能仅因为它们缺少年份日期而将其视作下品。

欧洲酿酒葡萄（Vitis vinifera）：事实上全球最佳葡萄酒所用的欧洲葡萄品种（包括香槟区）。与世界其他葡萄酒产区一样，欧洲酿酒葡萄几乎始终嫁接在美洲或混种根茎之上以便抵御根瘤蚜。

酒庄分级阶梯制

香槟区的官方葡园分级制度名为"酒庄分级阶梯制"，最初建立于 1911 年。为了控制葡萄价格，它将香槟区村庄按百分比分级，决定了该村葡萄所能达到固定价格的比例。最佳村庄得分 100%，列为特级园，位居 90%—99% 的则为一级园。

在最初的分级中，有的村庄得分低至 22.5%，不过最低水准很快便提升了。即便如此，拉玛 20 世纪 40 年代的《马恩河谷地图》（已包含在本书中）里的葡园得分最低在 60%—68% 之间。最终，最低分提高到了 80% 并一直保持到"酒庄分级阶梯制"被废止的 2010 年。

下方的是香槟委员会提供的最后一版"酒庄分级阶梯制"，按照省份分别列出。注意，一些村庄红葡萄、白葡萄分级不同，其中包括两座特级园（就白葡萄而言，舒伊利是特级园，而红葡萄却并非如此；马恩河畔图尔与之相反）。如今，"阶梯制"仅仅和判定村庄是否为特级园、一级园相关——这些术语可能依然会出现在香槟酒标上。不过，这份资料依然引人入胜。尽管为整座村庄分级（而非独立地块）存在弊端，但"阶梯制"建立在数百年的经验之上，为我们提供了香槟人对其风土的见解。

马恩省

Allemant
    85% (red grapes)
    87% (white grapes)
Ambonnay 100%
Arcis-le-Ponsart 82%
Aubilly 82%
Avenay-Val-d'Or 93%
Avize 100%
Aÿ 100%
Barbonne-Fayel
    85% (red grapes)
    87% (white grapes)
Baslieux-sous-Châtillon 84%
Bassu 85%
Bassuet 85%
Baye 85%
Beaumont-sur-Vesle 100%
Beaunay 85%

Belval-sous-Châtillon 84%
Bergères-les-Vertus 95%
Bergères-sous-Montmirail 82%
Berru 84%
Bethon
    85% (red grapes)
    87% (white grapes)
Bezannes 90%
Billy-le-Grand 95%
Binson-Orquigny 86%
Bisseuil 95%
Bligny 83%
Bouilly 86%
Bouleuse 82%
Boursault 84%
Bouzy 100%
Branscourt 86%
Breuil (Le) 83%
Brimont 83%

Brouillet 86%
Broussy-le-Grand 84%
Broyes
    85% (red grapes)
    87% (white grapes)
Brugny Vaudancourt 86%
Cauroy-les-Hermonville 83%
Celle-sous-Chantemerle (La)
    85% (red grapes)
    87% (white grapes)
Cernay-les-Reims 85%
Cerseuil 84%
Châlons-sur-Vesle 84%
Chambrecy 83%
Chamery 90%
Champillon 93%
Champlat-Boujacourt 83%
Champvoisy 84%
Changy 84%

Chantemerle
85% (red grapes)
87% (white grapes)
Châtillon-sur-Marne 86%
Chaumuzy 83%
Chavot-Courcourt 88%
Chenay 84%
Chigny-les-Roses 94%
Chouilly
95% (red grapes)
100% (white grapes)
Coizard-Joches 85%
Coligny (part of Val-des-Marais)
87% (red grapes)
90% (white grapes)
Congy 85%
Cormicy 83%
Cormontreuil 94%
Cormoyeux 85%
Coulommes-la-Montagne 90%
Courcelles-Sapicourt 83%
Courjeonnet 85%
Courmas 87%
Courtagnon 82%
Courthiézy 83%
Courville 82%
Couvrot 84%
Cramant 100%
Crugny 86%
Cuchery 84%
Cuis
90% (red grapes)
95% (white grapes)
Cuisles 86%
Cumières 93%
Damery 89%
Dizy 95%
Dormans (including Try, Vassy,
Vassieux, and Chavenay)
83%
Ecueil 90%
Épernay 88%

Etoges 85%
Etrechy
87% (red grapes)
90% (white grapes)
Faverolles-et-Coëmy 86%
Ferebrianges 85%
Festigny 84%
Fleury-la-Rivière 85%
Fontaine-Denis Nuizy
85% (red grapes)
87% (white grapes)
Fontaine-sur-Aÿ 80%
Germaine 80%
Germigny 85%
Givry-les-Loisy 85%
Glannes 84%
Grauves
90% (red grapes)
95% (white grapes)
Gueux 85%
Hautvillers 93%
Hermonville 84%
Hourges 86%
Igny-Comblizy 83%
Janvry 85%
Jonchery-sur-Vesle 84%
Jonquery 84%
Jouy-les-Reims 90%
Lagery 86%
Leuvrigny 84%
Lhéry 86%
Lisse-en-Champagne 84%
Loisy-en-Brie 85%
Loisy-sur-Marne 84%
Louvois 100%
Ludes 94%
Mailly-Champagne 100%
Mancy 88%
Mardeuil 84%
Mareuil-le-Port 84%
Mareuil-sur-Aÿ 99%

Marfaux 84%
Merfy 84%
Merlaut 84%
Méry-Prémecy 82%
Les Mesneux 90%
Le Mesnil-le-Hutier 84%
Le Mesnil-sur-Oger 100%
Mondement 84%
Montbré 94%
Montgenost
85% (red grapes)
87% (white grapes)
Monthelon 88%
Montigny-sous-Châtillon 86%
Montigny-sur-Vesle 84%
Morangis 84%
Moslins 84%
Moussy 88%
Mutigny 93%
Nanteuil-la-Forêt 82%
Nesle-le-Repons 84%
Neuville-aux-Larris (La) 84%
Nogent l'Abbesse 87%
Oeuilly 84%
Oger 100%
Oiry 100%
Olizy-Violaine 84%
Orbais l'Abbaye 82%
Ormes 85%
Oyes 85%
Pargny-les-Reims 90%
Passy-Grigny 84%
Pévy 84%
Pierry 90%
Poilly 83%
Pontfaverger 84%
Port-à-Binson 84%
Pouillon 84%
Pourcy 84%
Prouilly 84%

Puisieulx 100%

Reims 88%

Reuil 86%

Rilly-la-Montagne 94%

Romery 85%

Romigny 82%

Rosnay 83%

Sacy 90%

Sant-Amand-sur-Fion 84%

Saint-Euphraise-et-Clairizet 86%

Saint-Gilles 82%

Saint-Lumier-en-Champagne 85%

Saint-Martin-d'Ablois 86%

Saint-Thierry 87%

Sainte-Gemme 84%

Sarcy 83%

Saudoy
    85% (red grapes)
    87% (white grapes)

Savigny-sur-Ardres 86%

Selles 84%

Sermiers 90%

Serzy-et-Prin 86%

Sézannes
    85% (red grapes)
    87% (white grapes)

Sillery 100%

Soilly 83%

Soulières 85%

Taissy 94%

Talus-Saint-Prix 85%

Tauxières 99%

Thil 84%

Tours-sur-Marne
    100% (red grapes)
    90% (white grapes)

Tramery 86%

Trépail 95%

Treslon 86%

Trigny 84%

Trois-Puits 94%

Troissy 84%

Unchair 86%

Val-de-Vière 84%

Vanault-le-Chatel 84%

Vandeuil 86%

Vandières 86%

Vauciennes 84%

Vaudemanges 95%

Vavray-le-Grand 84%

Vavray-le-Petit 84%

Venteuil 89%

Verneuil 86%

Vert-Toulon 85%

Vertus 95%

Verzenay 100%

Verzy 100%

Villedommange 90%

Ville-en-Tardenois 82%

Villeneuve-Renneville 95%

Villers-Allerand 90%

Villers-aux-Noeuds 90%

Villers-Franqueux 84%

Villers-Marmery 95%

Villers-sous-Châtillon 86%

Villevenard 85%

Vinay 86%

Vincelles 86%

Vindey
    85% (red grapes)
    87% (white grapes)

Vitry-en-Perthois 85%

Voipreux 95%

Vrigny 90%

埃纳省

Barzy-sur-Marne 85%

Passy-sur-Marne 85%

Trélou-sur-Marne 85%

Other villages in the region
    of Condé-en-Brie 83%

Other villages
    of the Aisne 80%

奥布省

Villenauxe-la-Grande
    85% (red grapes)
    87% (white grapes)

Other villages
    of the Aube 80%

上马恩省

All villages
    of the Haute-Marne 80%

塞纳-马恩省

All villages
    of the Seine-et-Marne 80%

参考文献

Adnet, Aimé. *Le Mesnil-sur-Oger: Village de Champagne*. Lausanne: Grand-Pont, 1985.

Arlott, John. *Krug: House of Champagne*. London: Davis-Poynter, 1976.

Bara, Paul. *Histoire de Bouzy par un vigneron champenois*. N.p., 1997.

Berry, Charles Walter. *Viniana*. London: Constable and Co., 1934.

Boidron, Bruno, and Éric Glatre. *La Champagne et ses vins*. Bordeaux: Féret, 2006.

Bonal, François. *Aÿ, Cité champenoise: La letter et l'image*. Reims: Paysage, 1998.

Bonal, François. *Dom Pérignon: Vérité et legend*. Langres: D. Guéniot, 1995.

Bonal, François. *Le livre d'or du champagne*. Lausanne: Grand-Pont, 1984.

Boucheron, Philippe. *Destination Champagne: The Independent Traveller's Guide to Champagne, the Region and Its Wine*. Droitwich: Wine Destination Publications, 2005.

Boucheron, Philippe. *Growers' Champagne*. London: The International Wine & Food Society, 2000.

Bourgeois, Armand. *Le vin de Champagne sous Louis XIV et sous Louis XV, d'après des lettres et documents inédits*. Paris: Bibliothèque d'Art de la Critique, 1897.

Broadbent, Michael. *The New Great Vintage Wine Book*. New York: Alfred A. Knopf, 1991.

Broadbent, Michael. *Wine Vintages*. Rev. ed. London: Mitchell Beazley, 2003.

Chantriot, Émile. *La Champagne: Étude de géographie régionale*. Nancy: Berger-Levrault, 1905.

Chappaz, Georges. *Le vignoble and le vin de Champagne*. Paris: Louis Larmat, 1951.

Colleté, Claude, and Claude Fricot. *L'Aube: Régions naturelles, sous-sol, roches, histoire géologique*. Troyes: Association Géologique Auboise, 1997.

Devroey, Jean-Pierre. *L'éclair d'un bonheur: Une histoire de la vigne en Champagne*. Paris: La Manufacture, 1989.

Edwards, Michael. *The Champagne Companion: The Authoritative Connoisseur's Guide*. Toronto: Firefly, 1999.

Edwards, Michael. *The Finest Wines of Champagne: A Guide to the Best Cuvées, Houses, and Growers*. Berkeley: University of California Press, 2009.

Edwards, Michael. *Mitchell Beazley Pocket Guides: Champagne and Sparkling Wine*. London: Mitchell Beazley, 1998.

Fanet, Jacques. *Great Wine Terroirs*. Translated by Florence Brutton. Berkeley: University of California Press, 2004.

Forbes, Patrick. *Champagne: The Wine, the Land and the People*. London: Reynal, 1967.

Fradet, Dominique, ed. *Un siècle de vendanges en Champagne: De 1900 à nos jours*. Reims: D. Fradet, 1998.

France, Benoît. *Grand atlas des vignobles de France*. Paris: Solar, 2008.

Glatre, Éric. *Champagne: Son terroir, sa degustation*. Paris: Flammarion, 2001.

Glatre, Éric. *Champagne Guide*. New York: Abbeville, 1999.

Glatre, Éric. *Chronique des vins de Champagne*. Chassigny: Castor & Pollux, 2001.

Grandes Marques and Maisons de Champagne website. Union des Maisons de Champagne. http://maisons-champagne.com/fr/appellation/aire-geographique/. Accessed August 8, 2016.

Guy, Kolleen M. *When Champagne Became French: Wine and the Making of a National Identity*. Baltimore: Johns Hopkins University Press, 2003.

Hailman, John R. *Thomas Jefferson on Wine*. Jackson: University Press of Mississippi, 2006.

Henderson, Alexander. *The History of Ancient and Modern Wines*. London: Baldwin, Cradock, and Joy, 1824.

Jefford, Andrew. *The Magic of Champagne*. New York: St. Martin's, 1993.

Jefford, Andrew. *The New France*. London: Mitchell Beazley, 2002.

Jefferson, Thomas. *The Papers of Thomas Jefferson*. Vol. 13. Edited by Julian P. Boyd. Princeton, NJ: Princeton University Press, 1956.

Joanne, Adolphe. *Géographie du département de la Marne*. 3rd ed. Paris: Librairie Hachette, 1883.

Johnson, Hugh. *Vintage: The Story of Wine*. New York: Simon and Schuster, 1989.

Johnson, Hugh, and Jancis Robinson. *The World Atlas of Wine*. 7th rev. ed. London: Mitchell Beazley, 2013.

Juhlin, Richard. *2000 Champagnes*. Solna: Methusalem, 1997.

Juhlin, Richard. *4000 Champagnes*. Paris: Flammarion, 2004.

Jullien, André. *Topographie de tous les vignobles connus*. 1st ed. Paris: A. Jullien; Madame Huzard; L. Colas, 1816.

Jullien, André. *Topographie de tous les vignobles connus*. 3rd rev. ed. Paris: A. Jullien; Madame Huzard; L. Colas, 1832.

Kladstrup, Don, and Petie Kladstrup. *Champagne: How the World's Most Glamorous Wine Triumphed over War and Hard Times*. New York: William Morrow, 2005.

Krug, Henri, and Remi Krug. *L'Art du champagne*. Paris: Robert Laffont, 1979.

La filière Champagne: Un acteur économique majeur. Épernay: CIVC, 2015.

Larmat, Louis. *Atlas de la France vinicole. IV, Les vins de Champagne*. Paris: L. Larmat, 1944.

Legrand d'Aussy, Pierre Jean-Baptiste. *Histoire de la vie privée des Français, depuis l'origine de la Nation jusqu'à nos jours*. Vol. I, Book 3. Paris: Philippe-Denis Pierres, 1782.

Louis-Perrier, Jean Pierre Armand. *Mémoire sur le vin de Champagne*. Épernay: Bonnedame Fils, 1886.

Manière de cultiver la vigne et de faire le vin en champagne. Reims: Barthelemy Multeau, 1718.

Marchal, Richard, ed. *Champagne, le vin secret*. Reims: Épure et Universitaires de Reims, 2011.

Mastromarino, Mark A., ed. *The Papers of George Washington*, Presidential Series, vol. 6, July 1, 1790–November 30, 1790. Charlottesville: University Press of Virginia, 1996. 〈Accessed February 3, 2017 on *Founders Online*, National Archives, "To George Washington from Fenwick, Mason, & Company, 9 July 1790," last modified December 28, 2016, http://founders.archives.gov/documents/Washington/05-06-02-0021〉.

McNie, Maggie. *Champagne*. London: Faber, 1999.

Merlet, Jean. *L'abrégé des bons fruits*. 3rd ed. Paris: Charles de Sercy, 1690.

Musset, Benoît. *Vignobles de Champagne et vins mousseux (1650-1830): Histoire d'un mariage de raison*. Paris: Fayard, 2008.

Pierre, Frère. *Traité de la culture des vignes de Champagne, situées à Hautvillers, Cumières, Ay, Epernay, Pierry et Vinay*. Edited by Paul Chandon-Moët. Épernay: Maison Moët et Chandon, 1931.

Pluche, Noël Antoine. Translated by Mr. Humphreys. *Spectacle de la Nature: Or, Nature Display'd*. 2nd ed. Vol. II. London: J. Pemberton, R. Francklin, and C. Davis, 1737.

Ray, Jean-Claude. *Vignerons rebelles*. Paris: Ellébore, 2006.

Redding, Cyrus. *The History and Description of Modern Wines*. London: Whittaker, Treacher, and Arnot, 1833.

Rigaux, Jacky, ed. *Terroir and the Winegrower*. Translated by Catherine du Toit and Naòmi Morgan. Clémencey: Terre en Vues, 2006.

Robinson, Jancis, Julia Harding, and José Vouillamoz. *Wine Grapes: A Complete Guide to 1,368 Vine Varieties, including Their Origins and Flavours*. New York: Ecco, 2012.

Saint-Évremond. *Lettres*. Edited by René Ternois. 2 vol. Paris: Didier, 1967-68.

Saint-Évremond, *The Works of Monsieur de St. Evremond: Made English from the French Original*. 2 vols. London: J. Churchill, 1714.

Shaw, Thomas George. *Wine, the Vine, and the Cellar*. London: Longman, Green, Longman, Roberts, and Green. 1863.

Simon, André L. *Champagne*. London: Constable and Co, 1934.

Simon, André L., ed. *Champagne*. London: The Wine and Food Society, 1949.

Simon, André L. *The History of Champagne*. London: Ebury Press, 1962.

Simon, André L. *History of the Champagne Trade in England*. London: Wyman and Sons, 1905.

Simon, André L. *Wine and Spirits: The Connoisseur's Textbook*. London: Duckworth & Co., 1919.

Simon, André L. *Wine and the Wine Trade*. London: Sir Isaac Pitman, 1934.

Steidl, Gerhard, ed. *I Am Drinking Stars!: History of a Champagne*. Göttingen: Steidl, 2009.

Stevenson, Tom, and Essi Avellan. *Christie's World Encyclopedia of Champagne & Sparkling Wine*. Rev. ed. New York: Sterling Epicure, 2014.

Suetonius. *The Twelve Caesars*. Translated by Robert Graves and J. B. Rives. London: Penguin, 2007.

Sutcliffe, Serena. *Champagne: The History and Character of the World's Most Celebrated Wine*. New York: Simon and Schuster, 1988.

Thudichum, J.L.W. *A Treatise on the Origin, Nature, and Varieties of Wine; Being a Complete Manual of Viticulture and Oenology*. London: Macmillian, 1872.

Tomes, Robert. *The Champagne Country*. New York: George Routledge and Sons, 1867.

Tovey, Charles. *Champagne: Its History, Manufacture, Properties, &c*. London: Hotten, 1870.

Victor, Sextus Aurelius. *Liber De Caesaribus*. Translated by H. W. Bird. Liverpool: Liverpool UP, 1994.

Vizetelly, Henry. *Facts About Champagne and Other Sparkling Wines*. London: Ward, Lock, and Co., 1879.

Vizetelly, Henry. *A History of Champagne, with Notes on the Other Sparkling Wines of France*. London: Vizetelly and Co., 1882.

Waldin, Monty. *Biodynamic Wines*. London: Mitchell Beazley, 2004.

Wilson, James E. *Terroir*. Berkeley: University of California Press, 1998.

致　谢

在本书的撰写过程中，有许多人对我伸出了援手，毫不夸张地说，没有他们的帮助，便没有本书的诞生。我对所有支持过我的人皆心怀感激，我对下列人士表示特别的感谢（按照字母排序）：

Pascal Agrapart, Patrick Arnould, Philippe Aubry, Chantale Bara, Monique Baron, Loïc Barrat, Françoise Bedel, Raphaël Bérêche, Vincent Bérêche, Laetitia Billiot, Jean-Emmanuel Bonnaire, Jean-Etienne Bonnaire, Jon Bonné, Cédric Bouchard, Francis Boulard, Emmanuel Brochet, Cyril Brun, Nicole Burke, Etienne Calsac, Emma Campion, Régis Camus, Jean-Jacques Cattier, Julie Cavil, Delphine Cazals, Laurent Champs, Philippe Charlemagne, Alexandre Chartogne, Angelina Cheney, Louis Cheval, Pierre Cheval, Antoine Chiquet, Jean-Hervé Chiquet, Laurent Chiquet, Nicolas Chiquet, Gabriel Clary, Jérôme Coessens, Olivier Collin, Christophe Constant, Eric Coulon, Katherine Cowles, Jean-Baptiste Cristini, Levi Dalton, Hervé Dantan, Erick De Sousa, Jérôme Dehours, Dominique Demarville, Jane Tunks Demel, Didier Depond, Isabelle Diebolt, Jacques Diebolt, Gilles Descôtes, Marie-Pascale Do Dinh, François Domi, Pascal Doquet, Windy Dorresteyn, Davy Dosnon, Charles Doyard, Yannick Doyard, Charline Drappier, Michel Drappier, Charles Dufour, Francis Egly, Matt Elsen, Charlotte Elkin, Nathalie Falmet, Jean-Pierre Fleury, Jean-Sébastien Fleury, Charles-Henry Fourny, Emmanuel Fourny, Séverine Frerson, Valérie Frison, Bertrand Gautherot, Andrea Gentl, Jean-Baptiste Geoffroy, Richard Geoffroy, Aurélien Gerbais, Pascal Gerbais, Peter Gibson, Didier Gimonnet, Claude Giraud, Hugues Godmé, Xavier Gonet, Rosemary Gray, Laurent d'Harcourt, Jean-Paul Hébrart, Christian Holthausen, Olivier Horiot, François Huré, Martin Hyers, Wendy Ing, Karen Ivy, Cyril Janisson, Hervé Jestin, Daniel Johnnes, Jason Kearney, Olivier Krug, Benoît Lahaye, Aurélien Laherte, Arnaud Lallement, Jean-Luc Lallement, Jean-Pierre Lamiable, Ophélie Lamiable, Gilles Lancelot, Pierre Larmandier, Sophie Larmandier, Emmanuel Lassaigne, Vincent Laval, Kate Leahy, Eric Lebel, Jean-Baptiste Lécaillon, David Léclapart, Marie-Noëlle Ledru, Joonhyuk Lee, Sabra Lewis, Caleb Liem, Bertrand Lilbert, Sandrine Logette-Jardin, Martine Loriot, Michel Loriot, Daniel Lorson, Lucie Maillart, Nicolas Maillart, Antoine Malassagne, Paulette Malot, Jean-Pierre Mareigner, Arnaud Margaine, Benoît Marguet, Brian Martin, Aurélie Masson, Valerie Masten, Julie Médeville, Johann Merle, Bruno Michel, José Michel, Christophe Mignon, Caroline Milan, Jean-Charles Milan, Nicole Moncuit, Sébastien Moncuit, Dominique Moreau, Cédric Moussé, Sébastien Mouzon, Claude Nominé, Alice Paillard, Antoine Paillard, Bruno Paillard, Quentin Paillard, Frédéric Panaïotis, Franck Pascal, David Pehu, Alexandre Penet, Bronwen Percival, Francis Percival, François Péters, Rodolphe Péters, Charles Philipponnat, Laurence Ployez, Fabrice Pouillon, Jean-François Préau, Jérôme Prévost, Hannah Rahill, Margaret Reges, Lisa Regul, Allison Renzulli, Delphine Richard, Éric Rodez, Frédéric Rouzaud, Frédéric Savart, Mary Scott, François Secondé, Jean-Marc Sélèque, Anselme Selosse, Guillaume Selosse, Serena Sigona, Kelly Snowden, Kaya Stuart, Aurélien Suenen, Pierre-Emmanuel Taittinger, Shirley Tan, Benoît Tarlant, Mélanie Tarlant, Terry Theise, Emily Timberlake, Denis Varnier, Jean-Pierre Vazart, Delphine Vesselle, Aaron Wehner, Erin Welke, Daniel Wikey, Frédéric Zeimett, and Barbara Zimmerman.

我很幸运能和大家分享香槟的乐趣，希望我们能再一次举杯。

Krug Millésime 1929
29X29800
(bouteille remuée)
Dégustation avant 1997 : 2X/93L

Krug Millésime 1920
2083/800
(bouteille remuée)
Codification avant 1993 : 80 -

1928 •

作者简介

彼得·林是一位美国葡萄酒作家及香槟指南网（一个备受推崇的获奖网站，提供对香槟区葡萄酒及酿酒者的指南）创始人。在从事大约 10 年葡萄酒贸易后，他成了《葡萄酒与烈酒》杂志的资深编辑、评论家、鉴酒师，其关于香槟及其他葡萄酒的著述刊登在《美酒世界》（the World of Fine Wine）、《品醇客》（Decanter）、《美食艺术》（the Art of Eating）、《旧金山纪事报》（San Francisco Chronicle）等刊物上。与赫苏斯·巴尔金（Jesús Barquín）合作，撰写过一本关于雪利酒的著作《雪利酒、曼萨尼亚与蒙蒂利亚》（Sherry, Manzanilla & Montilla），他还担任了休·约翰逊（Hugh Johnson）与让西·鲁滨逊（Jancis Robinson）合著的《世界葡萄酒地图》第七版（The World Atlas of Wine）的香槟顾问。

彼得·林和纽约拉波勒（La Paulée de New York）的丹尼尔·约翰纳（Daniel Johnnes）同为在美国享有盛誉的"香槟盛典"（La Fête du Champagne）创始人。"香槟盛典"于 2014 年 10 月首次举办，其特色是拥有一批香槟区精英酿酒者带来的品尝当地最佳美酒的空前良机。林近来在纽约和香槟区的埃佩尔奈两地生活。

索 引

图书在版编目（CIP）数据

寻找香槟 /（美）彼得·林著；马千译. -- 北京：
社会科学文献出版社，2020.2
书名原文: CHAMPAGNE：The essential guide to
the wines, producers, and terroirs of the iconic
region
ISBN 978-7-5201-5388-1

Ⅰ.①寻… Ⅱ.①彼… ②马… Ⅲ.①香槟酒－基本
知识 Ⅳ.①TS262.6

中国版本图书馆CIP数据核字（2019）第180117号

寻找香槟

著　　者 / 〔美〕彼得·林
译　　者 / 马　千

出 版 人 / 谢寿光
责任编辑 / 杨　轩
文稿编辑 / 王　雪

出　　版 / 社会科学文献出版社·北京社科智库电子音像出版社（010）59367069
　　　　　　地址：北京市北三环中路甲29号院华龙大厦　邮编：100029
　　　　　　网址：www.ssap.com.cn
发　　行 / 市场营销中心（010）59367081　59367083
印　　装 / 北京雅昌艺术印刷有限公司

规　　格 / 开　本：889mm×1194mm 1/16
　　　　　　印　张：21.25　字　数：413千字
版　　次 / 2020年2月第1版　2020年2月第1次印刷
书　　号 / ISBN 978-7-5201-5388-1
著作权合同
登 记 号 / 图字01-2018-7138号
定　　价 / 298.00元